山地城市建造丛书
SHANDI CHENGSHI JIANZAO

DAXING CHENGSHI ZONGHETI
SHEJI JI JIANZAO JISHU

大型城市综合体
设计及建造技术
——重庆来福士广场

主　编◎任志平　张兴志
副主编◎武雄飞　侯春明　王　隽　张志强

U0281869

重庆大学出版社

内容简介

近年来，国内出现了许多"立体空间"大型城市综合体，重庆来福士项目是其中非常典型的一例。山地临江复杂城市综合体建造面临结构设计超限、抗震体系复杂、建筑气动及风振控制影响建筑舒适性、异形塔楼建筑变形分析及预调、建造标准高和300 m长空中连廊结构等难题。本书详细阐述了设计师如何通过创新的设计解决场地稳定性、结构抗风、塔楼结构体系、空中连廊减隔震等一系列难题，建造师通过临江复杂地质地基与基础建造技术、风帆造型超高层塔楼建造技术、空中连廊施工技术、大型商业机电安装关键技术等一系列创新技术解决"复杂空间立体城市建筑"在复杂环境下的建造难题。

本书是大型城市综合体建设的经验和技术的总结，特别是可以为临江山地复杂地质条件及地形条件下的大型城市综合体的建设提供详细的参考与借鉴。

图书在版编目（CIP）数据

大型城市综合体设计及建造技术：重庆来福士广场／
任志平，张兴志主编. -- 重庆：重庆大学出版社，2020.8
（山地城市建造丛书）
ISBN 978-7-5689-2135-0

Ⅰ.①大… Ⅱ.①任…②张… Ⅲ.①城市建筑–建
筑设计–重庆Ⅳ.①TU984.271.9

中国版本图书馆 CIP 数据核字（2020）第 119125 号

大型城市综合体设计及建造技术
——重庆来福士广场

任志平　张兴志　主编

责任编辑：林青山　　版式设计：林青山
责任校对：谢　芳　　责任印制：赵　晟

*

重庆大学出版社出版发行
出版人：饶帮华
社址：重庆市沙坪坝区大学城西路 21 号
邮编：401331
电话：（023）88617190　88617185（中小学）
传真：（023）88617186　88617166
网址：http://www.cqup.com.cn
邮箱：fxk@cqup.com.cn（营销中心）
全国新华书店经销
重庆新金雅迪艺术印刷有限公司印刷

*

开本：787mm×1092mm　1/16　印张：18.75　字数：412千
2020 年 8 月第 1 版　　2020 年 8 月第 1 次印刷
ISBN 978-7-5689-2135-0　定价：138.00 元

编 审 委 员 会

主　任：王江波

副主任：宋　芃　马卫华

委　员：邓伟华　钟小军　余仁国

　　　　赵卫林　周佳军　丁治敏

　　　　张永亮　熊　锐　黄　浩

主　编：任志平　张兴志

副主编：武雄飞　侯春明　王　隽　张志强

编　者：华建民　杜福祥　戴　超　赵云鹏

　　　　黄乐鹏　王　丹　马靖华　余　崟

　　　　刘　军　彭文川　时兴洪　李家勇

　　　　朱立刚　黄家惠　柳　杰　余冠民

　　　　余　洋　刘旭冉　赵长江　刘五常

　　　　黄和飞　牟财杰　陈　亮　梁俊海

　　　　李俊良　王　雪　马维新　张　智

参与单位：

　　　　中建三局集团有限公司

　　　　重庆大学

　　　　重庆凯德古渝雄关置业有限公司

　　　　奥雅纳工程咨询(上海)有限公司

　　　　中建科工集团有限公司

　　　　中建深圳装饰有限公司

　　　　重庆市设计院

前　言

　　随着中国城镇化推进，城市人口快速增长，如何在提升城市容纳力和功能性的同时，使人类的本原需求得到尊重，这已经成为众多专家、学者思考探索的热点问题。麻省理工学院著名的 Kent Larson 教授曾阐述过，"成功的城市化，应该使城市变得和以前的小村庄一样舒适"。在未来城市中，高层建筑需要承载的不仅仅是建筑本身的责任，还应满足人类对于舒适性本源的需求。因此，建筑师、设计师与建造师们不断反思功能主义的城市规划理论，重新思考传统"垂直城市"的概念。至此，"立体空间城市"的理念逐渐进入大众视野。

　　近年来，为不断满足人们日益增长的美好生活需要，国内出现了许多大型"立体空间"综合连体建筑群，重庆来福士项目也是其中非常典型的一例。古渝雄关朝天阙，扬帆来福踏浪行。建筑师以代表城市启航的时代之帆为设计基点，将"空间立体城市"的理念融入其中延展创作：来福士面向两江流水，其曲线形体宛如前行巨舶飞扬的风帆，而空中连廊这一点睛之笔更彰显了来福士作为城市新地标"潮平两岸阔，风正一帆悬"的磅礴之势。

　　像吉隆坡石油双塔（452 m）、新加坡金沙酒店（198 m）、中央电视台总部大楼（234 m）等大型连体建筑群一样，重庆来福士建筑群同样面临着大型建筑群的建筑难题：结构设计超限，抗震体系复杂，建筑气动及风振控制影响建筑舒适性，异形塔楼建筑变形分析及预调，建造标准高和 300 m 长空中连廊结构，等等。为满足建筑需要，结构设计师需要解决"空间立体城市"带来的场地边坡稳定设计及多塔连廊设计等结构难题；为满足建筑及结构的需要，建造师需要解决"复杂空间立体城市建筑"在复杂环境下的建造难题。

　　本书将从六个方面系统地阐述解决这些建筑难题的方法，包括复杂结构设计分析、临江复杂地质地基与基础建造技术、风帆造型超高层塔楼建造技术、300 m 超长空中连廊建造技术、大型商业综合体机电工程关键技术及 BIM 技术应用与创新。例如,为满足立体空间城市的建筑设计,结构工程师通过抗滑桩、工程桩增强结构的整体性设计,解决场地边坡稳定性难题;通过"结构保险丝"组合伸臂墙创新设计解决正负 24°超高层风帆角度变化;通过抗震支座+阻尼器解决超高超长空中连廊抗震等设计难题。机电设计师引入工业机房民用等措施解决大型立体城市的机电需求。建造师通过施工模拟与预调、钢-混组合结构大截面叠合梁等技术手段解决超高层风帆造型塔楼建造难题;通过连廊数字化预拼装、大吨位超高空连廊钢结构整体提升及超大集成双曲幕墙整体提升等创新技术解决空中连廊建造难题。

项目团队通过不断地设计、创新、优化、实践、再优化,充分践行了来福士项目的设计理念,总结出了一套适用于超大型"立体空间"城市综合体的设计及建造技术体系,同时也为项目赢得了多个国内外科技奖项及荣誉。本书不仅凝聚了全体参与者的智慧与汗水,也得到了企业内多位领导和行业内众多专家、学者的指导与帮助,在此对他们无私的奉献和勤勉的工作表示衷心的感谢!

现在,项目团队将种种经验著于竹帛,望本书能为日后修筑此类与地理环境、人文环境及周边环境相互融合的超大型立体城市综合体的同仁提供一二借鉴、参考。

目　录

CONTENTS

项目大事记

一、里程碑节点大事记

2015 年 5 月 1 日,项目正式开工。

2015 年 8 月 21 日,T4N 首桩 T4N-P9 顺利通过验收。

2015 年 9 月 16 日,重庆来福士广场项目完成了第一根全套管跟进施工工艺的旋挖桩。

2015 年 10 月 1 日,T4N 第一根巨柱桩混凝土顺利浇筑完成。

2015 年 11 月 14 日,重庆来福士广场项目首节型钢柱吊装。

2017 年 3 月 10 日,重庆来福士广场项目 4 栋塔楼均突破 100 m,并获重庆晨报整版报道。

2017 年 7 月 13 日,重庆来福士广场项目 T4S 塔楼封顶。

2017 年 12 月 13 日,项目观景天桥首段开始提升。

2017 年 12 月 19 日,项目 T5、T6 塔楼封顶。

2018 年 6 月 19 日,第二段观景天桥(T2 与 T3S 之间段)提升。

2018 年 7 月 1 日,最后一段观景天桥(T4S 与 T5 之间段)提升。

2018 年 11 月 8 日,T4N 主体结构封顶。

2019 年 1 月 7 日,重庆来福士广场项目车库、裙房消防验收合格。

2019 年 1 月 14 日,观景天桥下幕墙完成最后一次吊装,获得 CCTV1《朝闻天下》报道。

2019 年 6 月 10 日,重庆来福士广场项目人防竣工验收顺利通过。

2019 年 6 月 27 日,重庆来福士广场项目地下室、裙房通过竣工验收。

2019 年 9 月 5 日,重庆来福士广场项目 T4S 塔楼通过消防验收、联合竣工验收。

2019 年 9 月 6 日,重庆来福士广场商场隆重开业。

2019 年 11 月 15 日,重庆来福士广场项目 T6 塔楼通过竣工验收。

2020 年 1 月 8 日,重庆来福士广场项目观景天桥通过竣工验收。

二、建设过程大事记

2015 年 5 月 29 日,重庆市首届建设行业技能大赛在重庆来福士广场项目成功举办。

2015 年 12 月 1 日,重庆来福士项目开展公司首届法律文化节系列活动之"普法知识进社区、进工地"活动。

2016 年 2 月 17 日,重庆市委副书记、市政府市长、党组书记黄奇帆赴重庆来福士广场项目调研。

2016 年 3 月 8 日上午,重庆来福士广场项目荣获渝中区 2015 年度"安全文明十佳工地"及"扬尘控制十佳工地"称号。

2016 年 4 月 21 日,重庆来福士广场(A 标段)工程项目部获得"重庆市工人先锋号"以及"重庆市重点工程建设劳动竞赛先进班组"两项荣誉。

2016 年 7 月 20 日,重庆来福士广场项目施工总承包工程(A 标段)立项"第五批全国建筑业绿色施工示范工程"。

2016 年 8 月 11 日,重庆市委副书记张国清调研重庆来福士广场项目,并看望慰问一线施工人员。

2016 年 9 月 3 日,多位新加坡部长和企业代表参观了中建三局重庆来福士广场及项目体验中心。

2016 年 10 月 17 日,重庆来福士广场项目通过德国 TUV 国际认证机构外审检查。

2016 年 11 月 17 日,公司协办"2016 混凝土工程技术新进展高峰论坛",项目迎接 200 多人的专家及代表团队参观。

2016 年 12 月 15 日下午,重庆来福士广场项目与重庆市渝中区人民检察院"检企共建"启动仪式暨推进会在项目会议室召开。

2017 年 4 月 10 日,国务院安委会第六巡查组到重庆来福士广场项目开展安全生产巡查。

2017 年 5 月 19 日，重庆来福士广场项目荣获"2016 年重庆市重点工程劳动竞赛先进班组"，两人获"先进个人"，项目荣获"重庆市工人先锋号"。

2017 年 6 月 29 日，重庆来福士广场项目扬帆 QC 活动成果获评全国质量管理小组活动优秀成果一等奖。

2017 年 7 月 28 日，重庆来福士项目荣获"龙图杯"全国 BIM 大赛一等奖。

2017 年 8 月 8 日，世界级建筑设计大师、重庆来福士广场建筑设计师莫瑟·萨夫迪（Moshe Safdie）视察重庆来福士广场项目。

2017 年 9 月 20 日，国务院安委会督查组到重庆来福士广场项目开展安全生产大检查。

2017 年 10 月 17 日，世界顶级学府比利时鲁汶大学与重庆交通大学一行莅临重庆来福士广场项目开展建筑垃圾再生材料技术交流。

2017 年 11 月 7 日，项目获"第三届中国建设工程 BIM 大赛卓越工程项目"一等奖。

2017 年 12 月 19 日，"观景天桥"首段整体桁架提升，获得 CCTV1 综合频道《新闻联播》及 CCTV13 新闻频道《新闻直播间》报道，同时人民网总站、新华社、重庆日报等媒体也进行了相关报道。

2018 年 3 月 14 日，在央视 13 套午间两会特别节目《两会有啥事 我们帮你问》中，来自中建三局重庆来福士广场项目部的一名工人代表，给全国观众分享了自己在工地干活的微幸福。

2018 年 4 月 16 日，项目荣获"2018 年全国工人先锋号"。

2018 年 4 月 27 日，重庆市渝中区总工会为项目"张兴志高技人才创新工作室"授牌，张兴志本人获评"渝中区建功立业标兵"。

2018 年 5 月 30 日，项目荣获"WBIM 国际数字化大赛施工卓越奖"。

2018 年 7 月 16 日，央视 CCTV13《新闻直播间》持续报道重庆来福士广场项目。

2018 年 8 月 6 日，全国总工会到重庆来福士广场工地送文化、送清凉。

2018 年 8 月 10 日，湖北省土木建筑学会一行到重庆来福士项目参观交流。

2018 年 9 月 26 日，2018 年"一带一路"建设者金融知识首场讲座走进重庆来福士广场项目。

2018 年 12 月 12 日，重庆来福士广场项目荣获 2018 年"全国建设工程项目施工安全生产标准化工地"称号。

2018 年 12 月 18 日,公司协办《建筑结构学报》创刊四十周年纪念暨第五届建筑结构基础理论与创新实践论坛,项目接待院士及专家近百人代表团参观。

2019 年 4 月 16 日,湖北省住建厅一行莅临中建三局重庆来福士广场项目检查调研。

2019 年 5 月 24 日,京津沪渝直辖市建筑业协会莅临项目指导工作。

2019 年 6 月 14 日,重庆来福士广场项目(A 标段)项目部喜获"2017—2018 年度全国青年文明号"。

2019 年 7 月 9 日,重庆大学 2019 年国际夏令营到项目参观交流。

2019 年 10 月 15 日,中国副总理与新加坡副总理在重庆来福士广场为中新互联互通展厅揭幕,共同参观观景天桥。

2019 年 11 月 30 日,西部十二省市建筑业协会一行莅临重庆来福士广场项目指导交流。

(注:该书出版时项目建设还在继续,故本书只记录了项目在 2015—2019 年发生的大事。)

第 1 章
项目设计概况

　　重庆来福士广场项目位于重庆市渝中区朝天门片区。长江与嘉陵江交汇处,与江北嘴 CBD、南岸滨江风情商业街隔江相望,是渝中半岛解放碑 CBD 的延伸,地理位置显耀,从古至今均是重庆的门户和城市的象征(见图 1.1)。项目总占地面积为 91 782 m²,总建筑面积约 1 134 264 m²(包含市政配套设施)。由 3 层地下车库、6 层商业裙楼和 8 栋超高层塔楼(1 栋高约 350 m 高级住宅、1 栋高约 350 m 超高层办公和酒店综合楼、1 栋高约 250 m 办公楼、1 栋高约 250 m 公寓式酒店和办公综合楼及 4 栋住宅楼)以及连接其中 4 座塔楼的 300 m 长空中连廊组成,是集大型购物中心、高端住宅、办公楼、服务公寓和酒店为一体的城市综合体项目。在商业裙楼中还包括公交总站、地铁站和轮渡码头等各种公共交通设施。

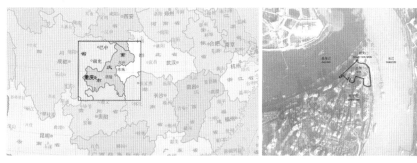

图 1.1　项目地理位置

左上图审图号:GS(2019)1838 号

1.1　建筑设计

该多功能综合体的设计项目,正坐落在这座城市的门户朝天门的正后方。项目的建筑设计采用帆船的形象设计概念,即水面上一副强而有力的巨帆。8 栋塔楼的建筑外立面(面向水面的透明建筑表皮)唤起了人们对乘满风的中国古代舰队的回忆。弧线形的表面以及塔楼类似船首的摆放方式形成的形态,寓意这座伟大城市传承的水上商业城市理念,扬帆起航,乘风破浪。

整体的建筑设计,除了表达对外开放的城市大门形象外,设计上还想在这座城市半岛上创造强烈的登峰感。而在面向南面的立面上(弧形塔楼群的内弧),则采用了拥抱城市的姿态去反观城市,同时形成了最大化的角度去观察城市(见图 1.2)。

设计灵感源于水面上强而有力的风帆

图 1.2　项目设计造型

现存主要的城市连接通道,从南部切入到这座城市端头的街区,形成了未来的商业"街道"和廊道,同时为该项目与城市提供了一种强有力的、流动的融合。同样的,港口区域不仅包含了渡口部分,还包含了景观步行大道,一直延伸至公共港口区域。整个项目的交通流线在不同的层面,汽车、游轮、轨道交通、客运码头,均是经过细致、精简的优化设计,都具备直接进入基地的途径。整体流线还可以在商店、文化街、住宅、办公以及酒店等功能区之间轻易穿梭(见图 1.3)。

T3、T4 北塔楼为项目中的两座中心塔楼,直接面向水面,向北部汇拢。两栋塔楼的北区是项目中最高的结构(控制在海拔标高约 550 m)。它们的中心轴线向后延续并最终交汇在城市的中央。T3 及 T4 南塔楼,以及 T2、T5 塔楼坐落成弧线形态,每座分别 40~50 层。穿越这 4 座塔楼之上,是一座长达 300 m 的连接顶部的空中连廊,形成了面向重庆市一侧景观的独有建筑。

剩下的 T1、T6 两座独立的塔楼在商业建筑平面弧线的末端,完成了整体 6 座塔楼的弧形阵列。T1、T6、T2、T5 这 4 座塔楼均为住宅,每层层高为 3.5 m,为该项目提供了 336 000 多平方米的住宅面积。T3 塔楼北区亦为高级住宅,每层层高达 3.8 m。这 4 座塔楼的朝向和位置不但实现了最大的景观视角,同时提供了极佳的日照环境,还在立面上设置了景观阳台,可供住户往解放碑方向眺望,将渝中繁荣景象尽收眼底。这种景观的融合方式,同时也重点运用到了地下空间和旁支空间的融合,通过吸收和二次引导连通了重庆的主要商区的现存街道(见图1.4~1.8)。

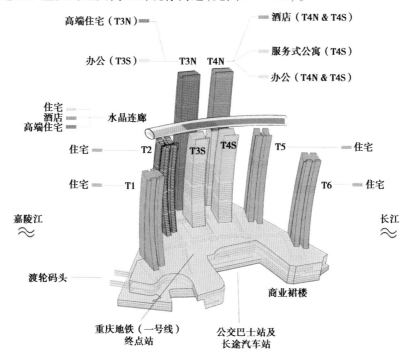

图1.3　项目业态分布

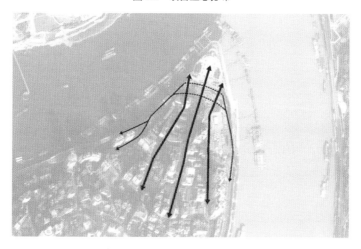

图1.4　项目连接的主要通道

　　综上所述,该项目将会日夜不停地运营着。不仅仅是该建筑的使用者、生活在建筑里的人,或者住在酒店里的访客,包括重庆市的市民,他们都可以来这里购物,参加影剧院里的文化活动,还可以和充满历史感的河畔亲密接触。通过"门"这一象征,在过去的几百年代表了重庆的"包容""开放""共荣"。

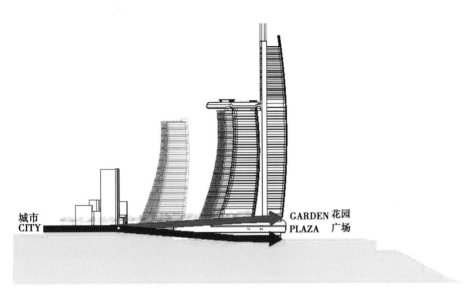

图 1.5　城市至水边的连接以及屋顶花园

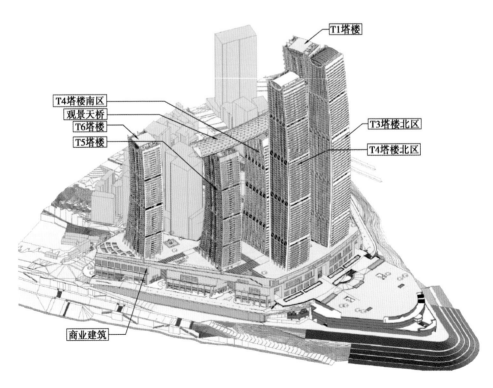

图 1.6　项目东北向轴侧图

图 1.7　裙楼商场效果图（一）

图 1.8　裙楼商场效果图（二）

1.2　结构设计

场地总体地势南高北低，中部高、东西两侧低，位于构造剥蚀丘陵及朝天门一、二级阶地地貌部位，后经人工改造，呈多级台阶状。用地范围地面标高多在 +191.00 ~ +223.00 m（以下除注明为吴淞高程外，均为黄海高程）。地形平面为梯形，北面的东西宽约 220 m，南面的东西宽约 495 m，南北长约 310 m，占地面积 91 782 m^2。

1.2.1　塔楼结构设计

北塔楼 T3N 和 T4N 塔楼结构高度约 350 m，为超 B 级高层建筑。两栋塔楼高度一致,立面造型也一致,只是功能不同。两塔楼核心筒和结构平面布置对称,塔楼底部平面尺寸约为 38 m×38 m,其南北向尺寸在中上部沿立面突出,在约 L34 层附近达到最宽,平面尺寸约为 44 m×38 m,向上其南北向平面尺寸逐渐减小,顶层最窄处约为34 m×38 m。钢筋混凝土核心筒基本位于结构正中,整体结构布置规则,对称、无凹进。其中,抗侧体系为带有腰桁架的巨型外框+伸臂系统+钢筋混凝土核心筒组成的整体抗侧体系(见图 1.9)。竖向传力体系为:重力荷载经楼板传递给核心筒和周边外框,核心筒和外框向下延伸,穿过地下室,直达基础;传递给次框架的荷载,通过转换桁架传递给四个巨型角柱,最终传递给基础。

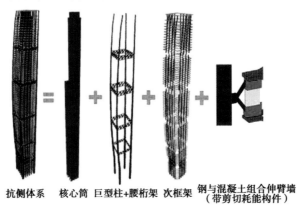

抗侧体系　　核心筒　巨型柱+腰桁架　次框架　钢与混凝土组合伸臂墙
（带剪切耗能构件）

图 1.9　抗侧体系示意图

南塔各塔楼在东西方向约为 31 m,南北向向北面呈帆形,框架柱斜率每层变化,从而导致了每层平面布置的南北方向随外立面曲线变化而逐层改变,南北方向长度在45~61 m 不等。4 座由空中连廊相连的塔楼高度均为 250 m,T1/T6 结构高度约为240 m。塔楼 T1/T2/T5/T6 为住宅楼,典型层高为 3.5 m,T3S 及一半的 T4S 为小办公楼,层高 4.3 m,T4S 还有一半塔楼用作 3.5 m 层高的公寓。

T2/T5 塔楼结构体系主要由框架-核心筒-伸臂桁架-腰桁架组成。地震作用和风荷载产生的剪力及倾覆力矩,由周边框架、核心筒和伸臂桁架组成的整体抗侧体系共同承担。其中,框架柱在加强层处由伸臂与核心筒连接形成了共同作用的整体,腰桁架协调框架柱之间的差异变形使得加强层在伸臂桁架和腰桁架在加强层保持协调。总体来说,框架柱与伸臂桁架和核心筒共同承担倾覆力矩;核心筒承担主要剪力;外框承担一部分剪力。重力荷载经楼板传递给核心筒和周边框架结构。核心筒和外框筒向下延伸,穿过地下室,直达基础,各柱通过腰桁架的协调作用使得受力均匀。

T3S 及 T4S 塔楼结构体系与 T2/T5 类似,但由于核心筒尺寸较小,且除了空中走廊,屋顶还有通向北塔的空中连廊,荷载较重,伸臂桁架数量比 T2/T5 多。

T1/T6 塔楼与 T2/T5 塔楼相比,外形及层高都基本相同,但屋顶未与空中连廊相连,结构体系为框架-核心筒-腰桁架,经过伸臂敏感分析并考虑成本控制,未设置伸臂桁架。

1.2.2　空中连廊结构设计

空中连廊长约 300 m,宽约 30 m,其上设游泳池、观景台、宴会厅、餐厅等设施。置于 T2、T3S、T4S、T5 塔楼屋顶上,离底板约 250 m 高,总建筑面积约 1.2 万 m^2。在 T4N 与 T4S 之间的连廊有一个 20 m 宽的小连桥与酒店区域相连,用途为酒店大堂。T3N 与 T3S 之间的连廊有一个窄连桥与住宅区域相连,用途为消防疏散通道。

空中连廊在项目概念阶段提出了 5 种不同的方案:整体连接、独立连接(设置抗震缝)、动态连接(单设抗震支座)、动态连接(抗震支座与阻尼器的组合)、部分塔楼固定连接与部分塔楼动态连接。从位移需求、剪力需求、用钢量以及塔楼和空中连廊间的相互影响等多方面,确定了动态连接(抗震支座与阻尼器组合)方式作为最终空中连廊支座方案。如图 1.10 所示。

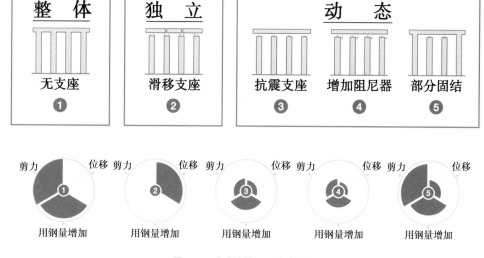

图 1.10　支座连接不同方案比较

使用隔震支座连接,以释放地震能量,辅以黏滞阻尼器降低空中连廊的总位移,减少支座的滑动半径,降低造价。从总体结构设计概念上,空中连廊主结构形成刚度较好的盒形桁架结构,自身刚度分布均匀,能提供整体变形内力,在隔震支座作用下能起到整体位移变形的效果,以减少空中连廊自身相对位移导致的次应力。

最终,空中连廊结构设计如下:空中连廊主体结构由连接其下各塔楼的三榀主桁架、与主桁架垂直的次桁架、平面内钢支撑及组合型钢混凝土楼梯系统组成。三榀主桁架连接塔楼各支座形成总体抗侧刚度;每隔 4.5m 左右引入次桁架为主桁架提供面外刚度,协调主桁架变形,将三榀主桁架形成整体,并有效地传递楼面荷载。主桁架与次桁架上下弦杆由交叉平面支撑提供面内刚度。组合型钢楼混凝土板系统承担空中连廊竖向荷载。

1.3 机电设计

1.3.1 给排水系统

工程给水系统是由市政供水,进入地下室生活水泵房水箱,由设于水泵房内的加压泵将水逐级提升至高层水箱,重力直接供水或经二次加压供水,或者由地下室泵房内的变频给水设备经减压阀减压后供给供水(见图1.11)。

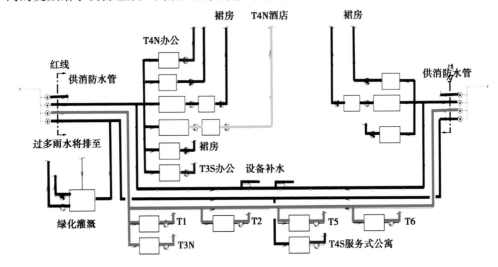

图 1.11 供水系统示意图

污、废水排水采用分流制,由污水管道系统收集排入室外污水井,经处理后排入市政污水管网;屋面雨水采用内排水,高层区经过雨水减压池减压,汇集后排入市政雨水检查井。

1.3.2 消防系统

工程消防系统分为消火栓消防系统、自动喷淋系统、自动报警系统、应急照明系统。消防水通过市政管网接入 2 个 340 m³ 的消防混合水池,再由消防转运泵将水送至塔楼上的消防水池,通过 3 级提升最终把水源送至 T4N 屋面以满足自动喷淋及室内消火栓用水。自动报警系统采用二总线制,控制机房设在 T6 的 S6 层,高低压配电房设有气体灭火系统。

1.3.3 暖通系统

(1)供热系统

工程热源位于地下一层轴 RE-9 交轴 T6-A 处酒店锅炉房,主要供给酒店及服务式公寓生活热水及地暖热源,塔楼设置板式换热器,通过板式换热器,分区将热水供给用户。

（2）冷冻水系统

T4 酒店制冷机房位于地下一层轴 E-AE 交轴 E-6 处,塔楼设置热交换器,通过换热器,分区将冷水供给 T4 的酒店及空中连廊空调系统。裙楼及地下室制冷机房位于地下二层,主要供给地下室及裙楼的空调系统,冷却塔设置在 S3 层。

（3）通风空调系统

地下室采用机械通风系统,兼作事故工况的防排烟系统。裙楼采用一次回风全空气系统,T5、T6 高层住宅或办公区采用 VRV 系统,T4 北办公区采用 VAV 变风量空调系统,T4 南为酒店和服务式公寓采用 PAU+FCU 风机盘管加独立新风系统。

1.3.4　电气系统

供电局供电引至设在地下一层轴 E-B/E-2 的 110 V 变电站,变电后由地下一层的 10 kV 高压变电房的高压配电柜通过高压电缆供电到东部裙楼、T5、T6、T4N、T4S 区域的变配电房,变压后由 0.4 kV 低压配电柜统一对本标段工程各用电末端进行供配电。其中,地下室、裙房、办公楼、酒店、服务式公寓由 0.4 kV 低压配电柜直接供电至用户;住宅由 0.4 kV 低压配电柜经用户或者物业电表后供电至用户或公共区域。发电机房位于地下一层轴 RE3~RE6,发电机组发电经过电缆配电至东部裙楼、T5、T6、T4N、T4S 区域的变配电房低压配电柜,发生紧急情况时给重要设备供电(见图 1.12)。

图 1.12　地下室、裙房、办公楼、酒店、服务式公寓供电系统

1.3.5　土建防雷接地系统

防雷接地系统主要分为防雷系统和接地系统。本项目预计年雷击次数为 1.19 次,在重庆市属于一类防雷建筑,主要施工目的为防直击雷、防侧击雷、防感应雷、防电磁脉冲和防止雷电波侵入。本项目采用各种接地系统共用同一接地装置的公用接地系统,公用接地装置接地电阻不大于 1 Ω,项目利用基础内钢筋网作为接地体,分为强电系统接地、弱电系统接地、电信系统接地、总等电位及局部等电位联结等。

1.3.6　电梯及电动扶梯设计

垂直运输系统的设计主要是提供高效率及畅顺的电梯和电动扶手梯,以应付特定的客流量及服务需求。所有设备均符合有关部门所制订的要求和规定。实际电梯和电动扶手梯的数量则视其交通流量计算确定。

每台自动扶梯或自动人行道需提供速度控制变频器及乘客感应器,侦测位于出入口附近的人流。当在可预见的时间内无人搭乘时,此感应器需减低自动扶梯或自动人行道的速度;而当有乘客进入自动扶梯或自动人行道时,自动扶梯或自动人行道的速度需恢复额定速度。当设置 3 台及以上电梯时将会采用群控控制,若设 2 台电梯时则使用并联控制。

第 2 章
复杂结构设计

2.1 场地稳定性分析与评估

2.1.1 项目场地概况

场地总体地势南高北低,中部高、东西两侧低,位于构造剥蚀丘陵及朝天门一、二级阶地地貌部位,后经人工改造,呈多级台阶状。用地范围地面标高多在 +191.00 ~ +223.00 m(以下除注明为吴淞高程外,均为黄海高程)。地形平面为梯形,北面的东西宽约 220 m,南面的东西宽约 495 m,南北长约 310 m,占地面积 91 782 m²。

根据场地详细勘察成果,场地内基岩趋势为中部和南部高,北部及东西部低(见图 2.1)。东西两侧的建筑边坡类型也存在差异,场地东部以土质边坡为主,其边坡主要破坏形式以土体内圆弧滑动为主;西侧以岩土质混合边坡为主,边坡主要破坏形式受岩土交界面、砂泥岩交界面、岩体节理裂隙面以及岩体自身强度影响。场地无断层通过,岩层倾向西北,岩层倾角由东、北向西南逐渐变缓。同时,场地东、西两侧与江水联系密切,连通性好,水量大,地下水位受江水影响大。场地东西向地层与拟建建筑物相对关系示意图参见图 2.2。

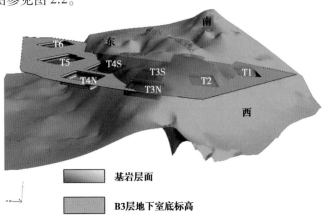

图 2.1 基岩平面分布图

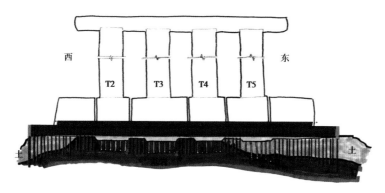

图 2.2 场地东西向地层与建筑物相对关系示意图

项目建成后,场地东、西两侧道路(即地下室顶板)标高约为+195 m,最大高差(南侧至地下室顶板)约为 28 m。底层地下室建筑地面绝对高度约为+182.50 m,地下室平场后高程为+180.85 m。

项目开发体量大,场地复杂性极其罕见,尤其是包含近水的不同类型的高边坡并存在潜在的软弱滑移面。因此,对建筑场地稳定性的分析和评估显得尤为重要,以保证拟建建筑物和既有建筑边坡及其相关支挡构筑物的安全。

2.1.2 分析原则及方法

根据现行国家建筑边坡工程技术规范,本场地边坡为一级边坡,一般工况下边坡稳定安全系数为 1.35。

建筑边坡地震条件下稳定性要求,依据重庆地方规范对滑坡防治要求并结合其他相关行业规范,如水利行业标准等相关要求,地震力计算方法采用拟静力法,边坡稳定安全系数要求为 1.15。

对于场地外既有边坡的岩土强度参数,根据现行国家建筑边坡工程鉴定与加固技术规范,采用反演分析法确定滑动面抗剪强度指标,即边坡稳定性系数按 1.00~1.05 考虑,反算岩土抗剪强度参数。

结合建筑边坡的地形地貌、工程地质条件以及建筑布置方案等影响因素,建筑边坡稳定性分析选择有代表性的剖面,建立相应的地质模型。

边坡稳定性分析采用 OASYS SLOPE 软件,根据地质模型建立相关分析计算模型。对于红线外边坡岩土层走向,按场地内地层走向延至模型边界位置,地震力采用拟静力法进行分析;分析主要考虑建筑群外围临近边坡的 6 座塔楼(T1、T2、T3N、T4N、T5 和 T6)的影响,西侧岩质边坡采用折线法,考虑岩质边坡沿砂泥岩软弱面及岩石本身节理面的滑动稳定性,并综合考虑了塔楼桩基部分的抗剪强度对整体稳定性的贡献。东侧边坡采用圆弧滑动法,考虑土质边坡的内部滑动。

边坡位移分析采用 PLAXIS 2D 软件,对东西两侧典型剖面在地震条件下的位移进行计算分析。模型分析中采用板单元模拟建筑地下室底板、建筑桩基及抗滑桩,综合考虑建筑结构整体条件下的边坡位移。

2.1.3　分析条件及内容

广泛搜集地层条件、场地周边现状、水文条件、岩土参数、荷载水平等信息。

塔楼位置筏板厚度采用3.0 m(T1、T2、T3S、T4S、T5及T6)及4.0 m(T3N、T4N),混凝土等级为C40;裙房位置筏板厚度为0.5~0.65 m,混凝土等级为C40。

场地西侧部分,塔楼采用大直径人工挖孔桩,基桩将塔楼的竖向荷载全部传递至潜在滑动面以下稳定岩层,桩端嵌入稳定中风化岩层,裙楼采用较小直径的人工挖孔抗拔或抗压桩;对于东侧填土较深区域,塔楼采用大直径人工挖孔桩,裙楼采用较小直径的人工挖孔抗拔或抗压桩,桩端均嵌入稳定中风化岩层。基桩平面布置示意图参见图2.3。

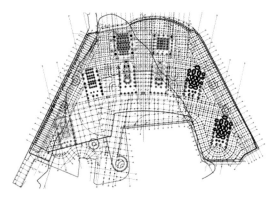

图2.3　基桩平面布置示意图

表2.1　裙楼区荷载

位　置	建筑方案	裙楼区荷载(kPa)			
		竖向荷载		水平荷载	
		低水位	高水位	小震工况	中震工况
T1 区	52F/-3F	195	60	2	6
T2 区	54F/-3F	195	60	2	6
T3N 区	78F/-3F	195	60	2	6
T3S 区	50F/-3F	195	60	2	6
T4N 区	76F/-3F	195/59*	60/18*	2	6
T4S 区	54F/-3F	195	60	2	6
T5 区	54F/-3F	195/59*	60/18*	2	6
T6 区	52F/-3F	195/59*	60/18*	2	6

注 * :边坡稳定性系数计算中假定东侧裙楼区域竖向荷载的70%传递至桩基底部,30%由桩间土体承担。

2.1.4　分析结果

1)稳定性分析结果

建筑边坡稳定性分析选取穿过6座塔楼(T1、T2、T3N、T4N、T5及T6)的典型剖面进行分析,剖面位置如图 2.4 所示。

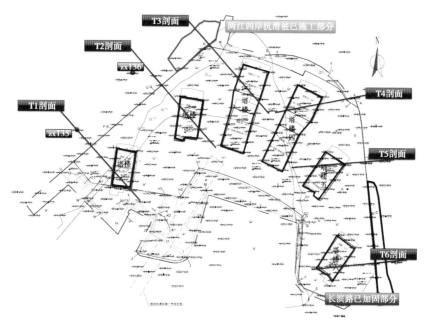

图 2.4　典型分析剖面平面图

上述典型剖面之剖面图如图 2.5~2.10 所示。各个典型剖面的稳定性分析结果参见表 2.2 和表 2.3。

塔楼1(T1剖面)
—OASYS SLOPE模型
—地质剖面18—18′
—潜在滑移面S1,S2,S3(整体);　S4,S5,S6(裙楼)

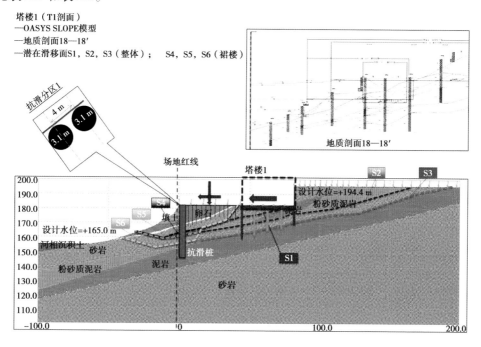

图 2.5　塔楼 1 剖面

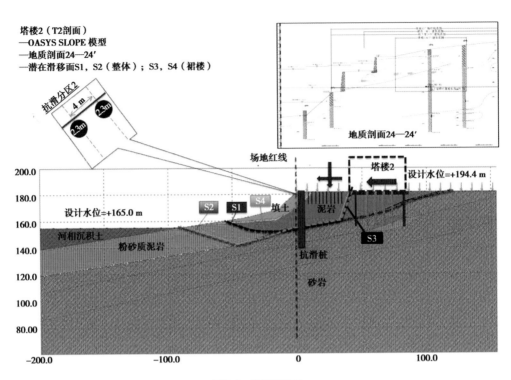

图 2.6　塔楼 2 剖面

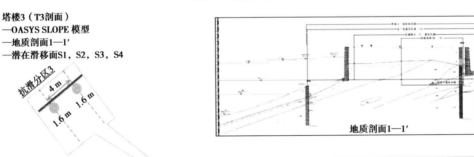

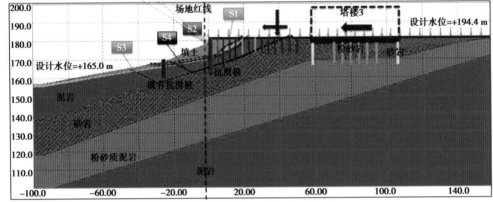

图 2.7　塔楼 3 剖面

18

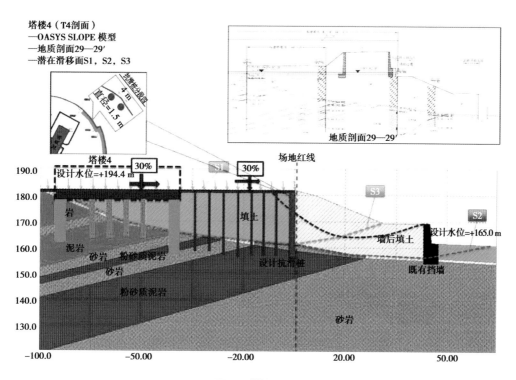

图 2.8 塔楼 4 剖面

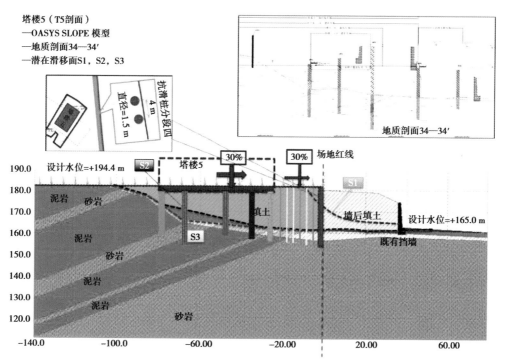

图 2.9 塔楼 5 剖面

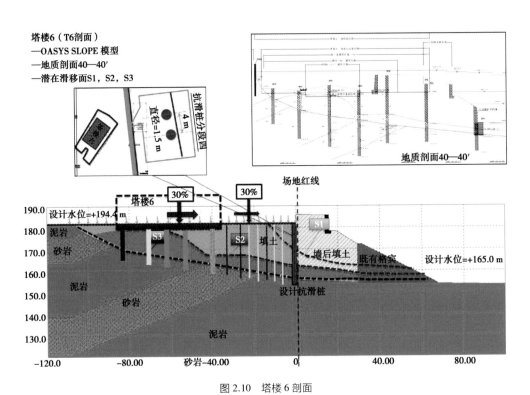

图 2.10 塔楼 6 剖面

表 2.2 西侧边坡分析结果

位　置	抗滑条件	荷载条件	边坡稳定性系数	
			裙楼局部	裙、塔楼整体
塔楼 1	无抗滑设计	静力	1.157 5<1.35	1.744 9>1.35
		小震	1.076 9<1.15	1.514 2>1.15
		中震	0.957 3<1.15	1.227 2>1.15
	有抗滑设计	静力	1.453 1>1.35	1.844 2>1.35
		小震	1.351 8>1.15	1.599 4>1.15
		中震	1.200 2>1.15	1.296 4>1.15
塔楼 2	无抗滑设计	静力	1.261 0<1.35	1.671 9>1.35
		小震	1.233 2>1.15	1.489 9>1.15
		中震	1.070 1<1.15	1.204 1>1.15
	有抗滑设计	静力	1.482 7>1.35	1.818 2>1.35
		小震	1.357 5>1.15	1.567 6>1.15
		中震	1.177 9>1.15	1.266 8>1.15

位　置	抗滑条件	荷载条件	边坡稳定性系数	
			裙楼局部	裙、塔楼整体
塔楼3	无抗滑设计	静力	1.179 0<1.35	—
		小震	1.110 0<1.15	—
		中震	1.003 0<1.15	—
	有抗滑设计	静力	1.385 0>1.35	—
		小震	1.292 2>1.15	—
		中震	1.151 0>1.15	—

表 2.3　东侧边坡分析结果

位　置	抗滑条件	荷载条件	边坡稳定性系数
塔楼4	无抗滑设计	静力	1.189 0<1.35
		小震	1.074 0<1.15
		中震	0.912 0<1.15
	有抗滑设计	静力	1.561 0>1.35
		小震	1.411 0>1.15
		中震	1.197 0>1.15
塔楼5	无抗滑设计	静力	1.259 0<1.35
		小震	1.148 0<1.15
		中震	1.000 0<1.15
	有抗滑设计	静力	1.473 0>1.35
		小震	1.343 0>1.15
		中震	1.151 0>1.15
塔楼6	无抗滑设计	静力	1.274 0<1.35
		小震	1.160 0>1.15
		中震	1.000 0<1.15
	有抗滑设计	静力	1.494 0>1.35
		小震	1.371 0>1.15
		中震	1.192 0>1.15

2）抗滑结构设计结果

根据现行国家建筑边坡工程技术规范以及重庆市地质灾害防治工程设计规范等，运用下滑剩余推力法计算西侧塔楼潜在滑动面的滑坡推力，并进行抗滑桩设计。具体设计结果见表2.4。

表 2.4 抗滑结构设计结果

位　置	荷载条件	要求安全系数	滑坡推力（kN/m）	抗滑设计
塔楼 1	静力	1.35	非控制	直径 3.1 m、间距 4 m
	小震条件	1.15	非控制	
	中震条件	1.15	1365	
塔楼 2	静力	1.35	非控制	直径 2.3 m、间距 4 m
	小震条件	1.15	非控制	
	中震条件	1.15	616	
塔楼 3	静力	1.35	非控制	直径 1.6 m、间距 4 m
	小震条件	1.15	非控制	
	中震条件	1.15	719	

基于本项目建筑边坡稳定性计算分析结果，抗滑桩设计平面布置见图 2.11。

场地西侧部分，在塔楼桩基作用下，将塔楼的竖向荷载全部传递至潜在滑动面以下稳定岩层，需在建筑边坡外缘设置圆形截面抗滑桩，塔楼 1 处采用直径 3.1 m 截面，塔楼 2 处采用直径 2.3 m 截面，塔楼 3 处采用直径 1.6 m 截面，间距 4 m，抗滑桩长边沿潜在滑动推力方向，桩长均达到潜在滑移面以下 1/4 桩长；对于东侧填土较深区域，考虑竖向荷载 70% 传递至下部岩层，在建筑裙房外缘设置圆形截面抗滑桩（兼做工程桩），桩直径 1.5 m，间距 4 m，桩端嵌入中风化岩层中。

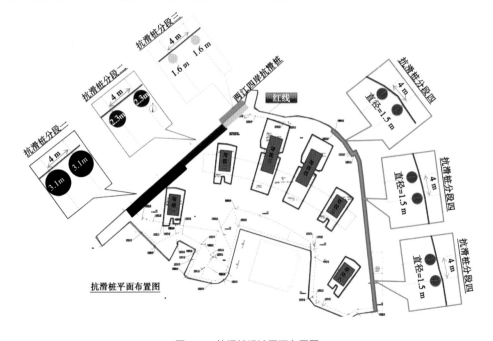

图 2.11 抗滑桩设计平面布置图

3）位移分析结果

根据场地各个典型剖面的稳定性分析结果,应用 PLAXIS 2D 软件对各典型剖面在静力和地震条件下的位移进行计算分析,西侧选取塔楼二剖面,东侧选取塔楼四北,分别作为东、西侧典型剖面,分析时为了整体考虑场地稳定性问题,分别将典型剖面延伸,西侧穿过塔楼二延至南侧基良广场,东侧穿过塔楼四北和塔楼三南至中部岩区,如图 2.12 所示。

东侧典型剖面如图 2.13 所示。对于东侧在小震和中震条件下的不同区域的位移,笔者分别对比分析了现状条件以及项目建成并考虑采取抗滑措施后的位移变化。限于篇幅,以下仅列出了中震条件下的水平位移分析结果(见表 2.5~2.7)。

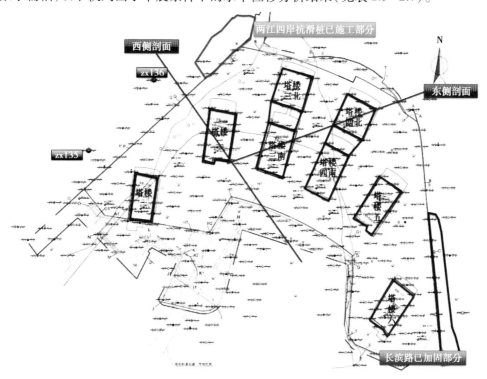

图 2.12　位移分析剖面平面位置图

由表中结果可见,项目建成前后塔楼处水平位移基本无变化,项目建成后裙楼处水平位移降低,坡面水平位移也降低。这说明在同等条件下,项目建成后没有对长滨路边坡造成不利影响,反而因为增加了基桩减少了在地震作用下对长滨路边坡的影响。

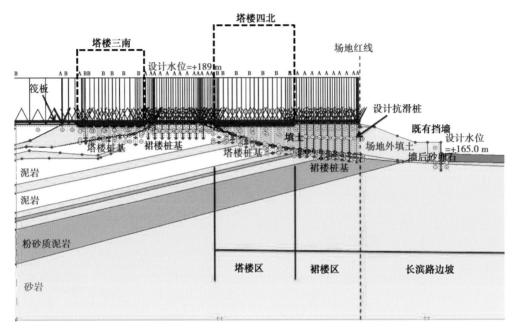

图 2.13　东侧剖面示意图

表 2.5　中震下塔楼区 (T4N) 位移

现　状		建成后	
岩层位移 (mm)	土层位移 (mm)	岩层位移 (mm)	土层位移 (mm)
25~75	50~120	15~50	50~70

表 2.6　中震下裙楼区位移

现　状		建成后	
岩层位移 (mm)	土层位移 (mm)	岩层位移 (mm)	土层位移 (mm)
25~75	75~450	15~50	50~90

表 2.7　中震下场地外边坡区位移

现　状		建成后	
岩层位移 (mm)	土层位移 (mm)	岩层位移 (mm)	土层位移 (mm)
25~75	75~480	15~50	50~281

西侧典型剖面如图 2.14 所示。对于西侧在小震和中震条件下的不同区域的位移,分别对比分析了现状条件以及项目建成并考虑采取抗滑措施后的位移变化。限于篇幅,以下仅列出了中震条件下的水平位移分析结果(见表 2.8~2.10)。

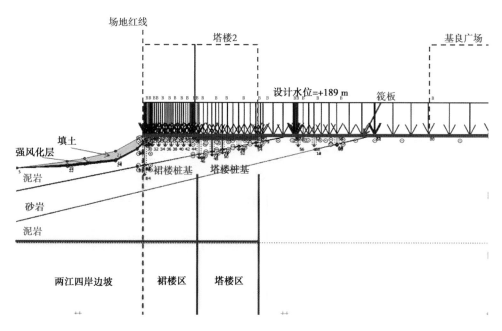

图 2.14　西侧剖面示意图

表 2.8　中震下塔楼区(T2)位移

现　状		建成后	
岩层位移(mm)	土层位移(mm)	岩层位移(mm)	土层位移(mm)
20~47	——	10~30	——

表 2.9　中震下裙楼区位移

现　状		建成后	
岩层位移(mm)	土层位移(mm)	岩层位移(mm)	土层位移(mm)
20~70	——	20~50	——

表 2.10　中震下场地外边坡区位移

现　状		建成后	
岩层位移(mm)	土层位移(mm)	岩层位移(mm)	土层位移(mm)
20~64	20~190	20~50	20~125

　　由表中结果可以看出,塔楼建成后裙楼以及塔楼岩层水平位移均未发生显著变化,这说明塔楼对场地内部岩层的水平位移影响有限。场地外部边坡处,由于上覆有填土,并有强风化带经过此区域,相对水平位移较场地内部大,故建成塔楼对坡面整体水平位移有影响,但外部抗滑桩可有效降低坡顶处位移。

在项目实施过程中,同时采取其他适当的结构抗滑措施及加强对周边边坡的监测仍然是非常必要的。

本工程地质和水文地质条件极其复杂,拟建重要建筑物毗邻临水的土质以及包含潜在滑移面的岩质边坡,抗震设防要求亦高于普通高层建筑,因此场地在静力和地震条件下的稳定性显得尤为重要。基于场地稳定性与变形分析和评估,可以得到以下结论:

①东西两侧塔楼外侧建筑边坡在没有设置抗滑桩情况下,边坡的安全储备不足,边坡稳定性不满足规范要求,设置抗滑桩后,场地稳定性可满足规范要求。

②与现状条件相比,项目的实施并不会对长滨路、嘉滨路边坡产生不利的影响,在地震作用下的水平位移反而因为基础桩和抗滑桩的设置而得到了遏制。

③本项目场地是稳定的,适宜于按既定的建筑方案进行建设。

④在项目实施过程中,建议同时采取其他必要的结构抗滑措施并加强对周边边坡的监测。

2.2　结构抗风设计

2.2.1　项目风荷载概况

该项目风荷载具有以下特点:

①该项目周边场地情况复杂,需要考虑不同风向(如嘉陵江、长江与渝中半岛等)的来风差别,地形效应不容忽视。

②T3N/T4N 塔楼高度约 360 m,且结构平面尺寸较小,塔楼整体较细柔,风荷载及响应的大小直接影响到建筑成本和用户舒适度体验。

③T2/T3S/T4S/T5 与空中连廊组成复杂连体多塔结构风荷载与风致响应特别复杂,其风致响应与等效静力风荷载问题需要重点关注。

④八栋塔楼间距离较近,需考虑多塔之间风荷载的干扰效应。

为了解决本项目存在的上述风工程问题,Arup 风工程团队对本项目进行了如下研究:

①风气候分析以提供不同重现期风速与风向分布。

②复杂地形风洞试验以获取复杂地形下项目周边的风场信息。

③高频测力天平试验(对于连体多塔结构采用多天平同步试验),以在项目早期提供确定地基基础与结构体系的设计风荷载。

④高频压力积分试验结果与单塔高频测力天平试验结果进行验证,以及分析多塔连体结构间的相互作用,并对复杂连体多塔结构进行第三方独立风洞试验。

⑤为了考虑空中连廊结构隔振支座在风荷载的性能,采用 LS-DYNA 软件在时域中对该问题进行了研究。

在本项目的专项审查会议上,专家一致认为本项目的设计风荷载是安全合理的,为其他复杂地形下多塔连塔结构抗风设计提供参考。

2.2.2　风气候分析

重庆地区的风气候分析数据来自沙坪坝区的重庆气象站测得的 1987—2012 年共 26 年的小时地面数据。重庆气象站的风速仪大约位于项目以西 12 km。由于我国城市化发展迅速,周边新建建筑可能会对气象站风速仪的风速数据产生影响。因此,我们使用工程科学数据库(ESDU)方法评估了所有风向的上风向地面粗糙度和地貌对风速仪测站中风速的影响,并根据该影响调整风速至标准开阔场地情况。重庆气象站的地形修正系数如图 2.15 所示。

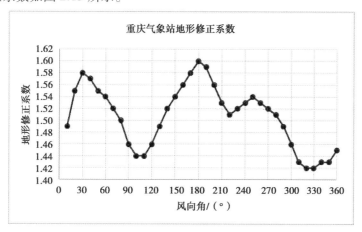

图 2.15　重庆气象站的地形修正系数

图 2.16 给出了重庆地区用于结构设计的风气候分析结果。图 2.16(a)说明重庆、贵阳和成都地区 100 年重现期不同风向的风速相似,但是重庆地区的最不利设计风速比贵阳和成都地区要高,这与荷载规范 GB 50009—2012 的规定是一致的。GB 50009—2012 中,成都和贵阳的 50 年和 100 年重现期的风压值分别为 0.30 kN/m^2 和 0.35 kN/m^2,而重庆为 0.40 kN/m^2 和 0.45 kN/m^2。

2.2.3　地形试验

由于本项目周边地形非常复杂,位于长江与嘉陵江交汇处,周边存在大量山体,复杂地形可能对本项目的设计风荷载产生显著影响。因此,项目设计团队进行了地形风洞试验以考虑周边山体对项目周边气流的影响。

由于项目的常规测力或测压试验缩尺比例为 1∶400,无法模拟项目周边存在的复杂地形。项目设计团队首先进行 1∶3 000 大比例模型试验[见图 2.17(a)]。考虑复杂地形对远场来流的影响,得到项目位置区域远场来流信息(特征高度处的平均风速、脉动风速与湍流强度),然后在 1∶400 模型试验[见图 2.17(b)]中模拟 1∶3 000 大比例模型试验中得到项目区域的远场来流信息。

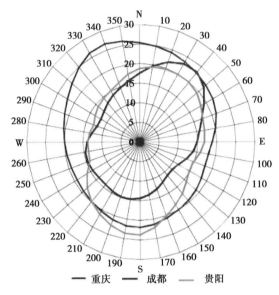

（a）100年重现期下不同风向设计风速

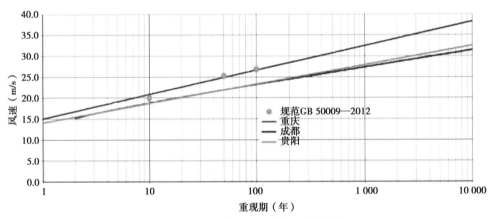

（b）不同重现期下10 m高度处的设计风速

图2.16　重庆地区风气候分析结果

（a）1:3 000地形试验

（b）1:400缩尺试验

图2.17　地形试验

图 2.18 给出了 1:3 000 大比例模型地形试验得到的项目区域远场来流信息,在 1:400 模型缩尺试验中的实现情况,从图中可以看出 1:400 模型缩尺试验基本模拟了 1:3 000 大比例模型地形试验中项目区域的远场平均风速与脉动风速。本项目 210°~240° 风向角接近中国规范 D 地貌,其他风向角介于中国规范 B 类与 C 类之间。

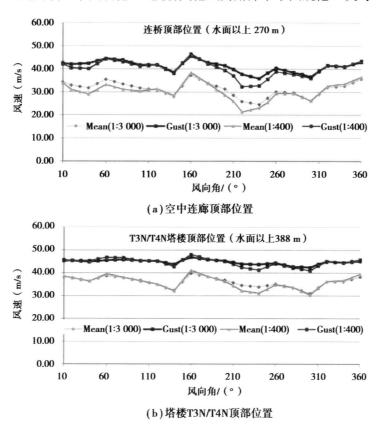

图 2.18　1:3 000 与 1:400 缩尺比下的风速模拟

2.2.4　单塔(T3N/T4N/T1/T6)结构抗风设计

得到项目周边的风气候信息与远场地形来流信息后,项目团队进行了高频测力天平试验(HFFB)与高频压力积分试验(HFPI),来得到结构的设计风荷载与风致响应。试验模型如图 2.19 所示。

表 2.11 给出了单塔结构(T1/T6/T3N/T4N)在 1 年、5 年与 10 年重现期下的加速度响应,四栋塔楼的加速度响应都能满足规范要求,最大加速度响应不超过 10 milli-g。

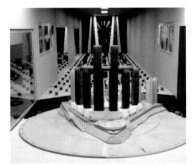

(a)高频测力天平试验　　　　　　　　　**(b)高频压力积分试验**

图 2.19　高频测力天平试验与高频压力积分试验

表 2.11　单塔结构 1/5/10 年重现期下加速度响应

塔楼	重现期(年)	合加速度(milli-g)	X(milli-g)	Y(milli-g)	扭转(milli-g)
T1	1	3.5	1.5	3.4	1.0
	5	6.3	2.4	6.2	1.6
	10	7.9	2.7	7.8	1.9
T3N	1	4.1	2.8	3.9	0.8
	5	7.3	4.5	7.0	1.3
	10	8.9	5.5	8.6	1.5
T4N	1	5.3	3.9	5.0	1.4
	5	9.4	7.1	8.9	1.9
	10	12	8.3	11	2.2
T6	1	3.3	1.9	3.2	0.9
	5	5.7	2.9	5.5	1.4
	10	6.9	3.3	6.7	1.7

采用 HFFB 与 HFPI 试验,得到 50 年与 100 年重现期下单塔结构 T1/T6/T3N/T4N 高层建筑的基底剪力、弯矩与扭矩,其中 50 年设计风荷载用于正常使用状态设计,100 年设计风荷载用于极限状态设计。HFFB 与 HFPI 试验结果间的差别主要是由于不同设计阶段的动力特性以及设计调整导致。给出了采用同一动力特性后,塔楼 T3N 基底弯矩的相互比较,证明了单塔结构 HFFB 与 HFPI 试验结果的一致性。

2.2.5　多塔（T2/T3S/T4S/T5+空中连廊）结构抗风设计

塔楼 T2/T3S/T4S/T5 与空中连廊组成的复杂多塔连体结构在风荷载下的动力行为异常复杂,设计团队分别采用多天平同步测力试验（MHFFB）、高频压力积分试验（HFPI）与第三方独立高频压力积分试验等手段在不同设计阶段提供设计风荷载,同时对多塔连体结构风致响应分析及空中连廊隔震支座 LS-DYNA 风振时程分析。

1）多天平同步测力试验

在项目设计早期,为了得到多塔连塔结构的初步设计风荷载,项目设计团队进行了多天平同步测力试验,即将空中连廊结构分成 4 份,并分别与 4 栋塔楼连接成一个整体[见图 2.20(a)],同时安装 4 个测力天平,从而同时得到 4 栋塔楼外加 1/4 空中连廊的基底气动力谱,再基于随机振动理论得到 4 栋塔楼连塔结构的总体设计风荷载,但是很难提供空中连廊结构的竖向风荷载与加速度响应。但是由于空中连廊结构设计时间较晚,可在后期的高频压力积分试验中得到。

2）高频压力积分试验

由于多塔结构的复杂性,为了提供安全、合理、经济的设计风荷载,项目团队还进行了多塔结构的第三方独立风洞试验,其目的主要是检查主风洞试验单位试验过程是否存在错误或失误,主要比较平均风荷载与背景响应风荷载。同时由于不同风洞试验室所使用的分析方法也存在不同,需要校核主风洞试验室的结果是否安全经济。图2.20给出了高频压力积分试验的结构坐标系与风向角。

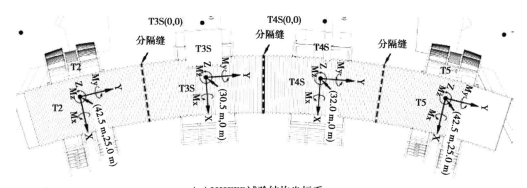

(a) MHFFB试验结构坐标系

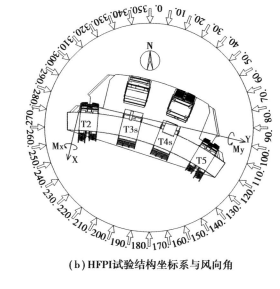

(b) HFPI试验结构坐标系与风向角

图 2.20　多塔连体结构风洞试验坐标系与风向角

为了验证主风洞试验室试验结果的合理性,将T2/T5塔楼外加1/4空中连廊结构HFFB、HFPI和第三方独立风洞试验结果进行比较,平均基底弯矩M_y(统一采用HFPI结构坐标系)随风向的变化趋势一致,略有变化,但是变化差别不大。改变风向角,得到T2/T5塔楼外加1/4空中连廊结构背景响应(平均值±均方根值)。两者随风向角的变化趋势一致,最大值接近,误差在10%以内。说明两家不同风洞试验的试验方法是合理的。

3)多塔连体结构风致响应分析

由于多塔连体结构的风致响应的复杂性,项目团队还采用不同的分析方法,以求给出更加安全、经济的设计风荷载。

由于塔楼的截面方向尺寸相对较小,在进行风振分析时,设计团队将结构各层等效为质量元,将串联塔楼作为一维线型结构来处理,采用"串联多质点系"力学模型来建立有限元模型(见图2.21)。对"串联多质点系"每层质点考虑两个方向的平动质量和绕竖向参考轴的转动惯量,在风振计算时考虑了塔楼结构前20阶模态。对于该多塔结构简化的"糖葫芦串"模型,设计团队采用了两种方法来分析。

第一种为基于随机振动理论的简化方法,将空中连廊结构简化为4段(相当于4个质量块),并分别与塔楼组成整体的"糖葫芦串"模型[见图2.21(a)],然后基于不同阶振型分布与不同响应的影响线,通过随机振动理论考虑各塔楼基底的最不利响应与4段空中连廊连接处的最不利响应(剪力、弯矩与扭矩),给出了120种荷载组合以考虑多塔连塔结构的整体设计风荷载,其中96种组合给出空中连廊结构的设计风荷载。

第二种方法将多塔结构体系简化为图2.21(b)所示的串联多质点模型,采用线性系统随机振动响应分析的广义坐标合成法进行分析,在时域中对多塔结构体系进行了分析。通过塔楼顶部的最大位移以及空中连廊结构不同部位的位移差来考虑多塔结构的风致响应,合计考虑了72组不同的工况,最终简化为36组等效静力风荷载用于结果设计。

时域分析方法的结果比频域分析方法要小,最后采用两种方法的包络值进行设计。

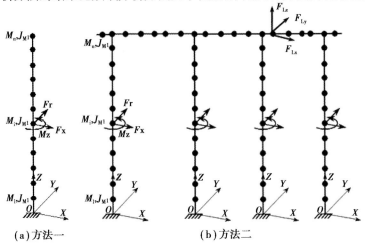

(a)方法一　　　　　　　　(b)方法二

图2.21　串联多质点系模型

　　表 2.12 给出了多塔结构顶部的加速度响应,与同样高度的 T1/T6 塔楼相比,相似高度的多塔结构顶部的平动向加速度响应更小,这主要是空中连廊与多塔结构在风振情况下的刚性连接使多塔结构之间能够相互作用,从而减小了平动向的加速度响应,但是多塔间的相互作用增大了 T3S 塔楼的扭转向加速度响应。

表 2.12　多塔结构顶部 1/5/10 年重现期下加速度响应

塔楼	重现期(年)	合加速度(milli-g)	X(milli-g)	Y(milli-g)	扭转(milli-g)
T2	1	1.7	1.6	1.5	0.6
	5	2.7	2.4	2.4	0.9
	10	3.2	2.8	2.8	1.1
T3S	1	1.6	1.4	1.5	3.2
	5	2.6	2.2	2.4	0.7
	10	3.0	2.6	2.8	0.8
T4S	1	1.6	1.5	1.5	0.4
	5	2.6	2.2	2.3	0.6
	10	3.0	2.6	2.8	0.7
T5	1	1.8	1.7	1.5	0.6
	5	2.8	2.5	2.4	0.9
	10	3.3	3.0	2.8	1

　　由于空中连廊结构跨度达 300 m,且位于近 250 m 高塔楼顶部,空中连廊结构在风荷载下的竖向加速度响应可能会影响结构的使用舒适度问题。研究团队发现本项目多塔连体结构前 1~20 阶振型没有主要为竖向振动的振型,实际上竖向振动不超过侧向振动的 16%,因此竖向加速度可以通过整个结构的模态分析得到。对于每个模态,竖向加速度由全局模态加速度和空中连廊每个点的最大竖向振动变形决定,竖向加速度结果可由采用 SRSS 方法得出的各模态下竖向加速度保守相加得到。

　　空中连廊顶部 10 年重现期的最大水平加速度为 3.3 milli-g,故竖向振动加速度最大为 0.5 milli-g,完全能够满足行人的竖向舒适度要求。

　　4)空中连廊隔震支座 LS-DYNA 风振时程分析

　　空中连廊与 4 个塔楼之间使用隔震支承连接,以释放地震能量。这些隔震支座主要功能是减小大震下的地震力,但是隔震支座在风作用下的性能如何,设计团队对这一问题进行了专门研究。

　　隔震结构体系的风致振动为非线性响应,需要在时域中分析这一问题。由于风振时域分析耗时很长(地震一般为 0.5~1 min,而风致振动分析至少需要 1 h,本项目的时程长度为 3 h),需要简化模型以减少计算成本。

　　项目团队将塔楼用梁单元来简化,在 LS-DYNA 中通过使每个梁单元产生单位位移来得到等效刚度,而梁的质量采用实际模型的质量,从而将塔楼等效为 10 个梁单元,且平动周期与简化前模型实际周期误差不超过 5%,图 2.22 给出了某一最不利风向角下 LS-DYNA 简化模型计算结果与风洞试验的比较,误差在 10% 以内,说明本文的简化模型是合理的。

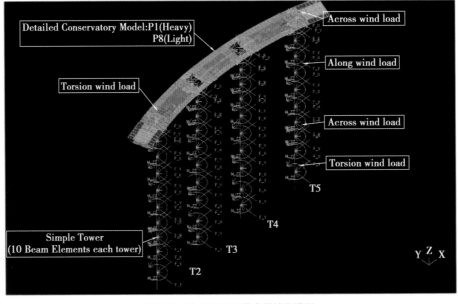

图 2.22　LS-DYNA 单塔简化模型 10° 风向角下计算结果与风洞试验结果比较

　　图 2.23 给出了用于计算空中连廊结构在不同设计风速下与支座相对滑移的计算模型。对于 T2/T3S/T4S/T5 塔将每个单塔简化为 10 个变截面的梁单元,而空中连廊结构由于其为曲线杆件,用变截面梁单元来等效比较复杂,故直接采用空中连廊结构实际模型,简化模型的前 3 阶周期与实际模型误差不超过 5%。计算结果表明,当空中连廊质量一定时,在采用球形摩擦隔震支座的情况下,只有作用在空中连廊上的风力超过空中连廊静摩擦力后,空中连廊将滑动,但是空中连廊滑动后将待在自锁范围区域,而不能自动回到初始位置。设计团队决定,空中连廊在风荷载作用下将采用措施使空中连廊在风荷载作用下不产生滑动,比如增大摩擦支座的静摩擦系数或增加防护装置,使空中连廊结构在风荷载下与塔楼顶部进行固结。

图 2.23　LS-DYNA 三维多塔简化模型

通过对重庆来福士广场项目进行大量的风工程研究,得到了以下主要结论:

①风气候分析是一切风工程研究的基础,合理有效的风速与风向信息是项目设计风荷载是否安全经济的保证。

②对于周边地形特别复杂的项目,应通过地形风洞试验得到合理的来流风场信息,从而保证项目风荷载的安全经济性。

③对于高柔单塔超高层建筑,建议在项目的不同设计阶段,基于设计任务分别进行高频测力天平试验与高频压力积分试验,两者的相互验证可以保证风洞试验结果的可靠性。

④对于连体多塔复杂结构,可在项目早期进行多天平同步测力试验以考虑多塔结构间的相互作用,进而确定结构体系与基础设计,在项目后期阶段通过高频压力积分试验进行更细致的抗风研究,并为施工图设计提供更合理的设计风荷载。

⑤对于复杂连体结构或高柔超高层建筑,建议进行第三方独立风洞试验,并由有经验的风工程团队进行管理,以保证试验结果的可比性。

⑥隔震支座在风荷载的性能需要引起重视,本项目采用的基于 LS-DYNA 时域分析的方法是一种不错的选择。

2.3　塔楼结构体系设计分析

2.3.1　北塔楼四巨柱体系设计

1)北塔楼结构体系回顾

(1)四巨柱相关实例

目前国内 400 m 以上高度的超高层越来越多地采用巨柱形式,例如天津 117 等采用四巨柱的结构体系,广州东塔、北京中国尊等采用八巨柱结构体系。其中,天津 117 抗震设防为 7.5 度,北京中国尊抗震设防为 7.5 度,为满足双重体系的外框剪力分配要求,采用外框架巨型斜撑+核心筒结构体系;广州东塔抗震设防为 7 度,采用巨柱框架+核心筒+伸臂体系。本项目在方案设计阶段,考虑到重庆地区设防烈度低,地质条件好,风荷载作用大于小震,为避免影响建筑立面和使用功能,外框架没有采用斜撑体系,而是仅仅采用次框架体系。

(2)北塔楼结构体系介绍

T3N 和 T4N 塔楼结构高度约 356 m,为超 B 级高层建筑。两栋塔楼高度一致,立面造型也一致,只是功能不同。两塔楼核心筒和结构平面布置对称,塔楼底部平面尺寸约为 38 m×38 m,其南北向尺寸在中上部沿立面突出,在约 L34 层附近达到最宽,平面尺寸约为 44 m×38 m,向上其南北向平面尺寸逐渐减小,顶层最窄处约为 34 m×38 m。钢筋混凝土核心筒基本位于结构正中,整体结构布置规则、对称、无凹进(见图 2.24)。

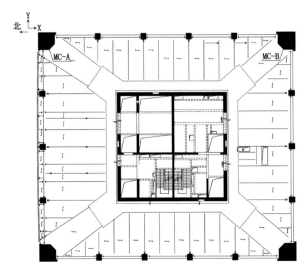

图 2.24　典型平面布置图

抗侧体系:带有腰桁架巨型外框+伸臂系统+钢筋混凝土核心筒组成的整体抗侧体系(见图 2.25)。

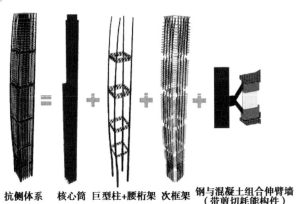

抗侧体系　　核心筒　巨型柱+腰桁架　次框架　钢与混凝土组合伸臂墙
（带剪切耗能构件）

图 2.25　抗侧体系示意图

竖向传力体系:重力荷载经楼板传递给核心筒和周边外框。核心筒和外框向下延伸,穿过地下室直达基础。传递给次框架的荷载,通过转换桁架传递给四个巨型角柱,最终传递给基础。

原方案中,次框架柱在每个区段顶层与转换桁架通过长圆孔螺栓实现竖向滑动连接,如图 2.26 所示。故外部次框架只传递竖向荷载,对水平抗侧刚度的贡献几乎可以忽略。

（3）主要计算结果

结构整体分析采用 ETABS 9.7.2 软件,前三阶主要周期结果如下:$T_1 = 6.8$ s,$T_2 = 6.41$ s,$T_3 = 2.27$ s,周期基本在合理范围,剪重比也能满足规范要求。但是由于外框架缺少斜撑,以及次框架截面较小且不落地,仅承担竖向荷载,故外框剪力分配较小,大

部分楼层外框剪力只在 5%~8%（见图 2.27）。在抗震咨询会上,专家也对此给出如下意见:

　　a.T3N 和 T4N 外框架刚度较弱;

　　b.外部框架承担的剪力比例太小,多数不宜小于 8%,极个别不应小于 5%;

　　c.次框架体系宜调整,部分外框小柱截面宜加大并且应全部贯通落地。

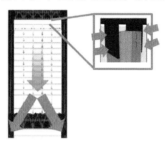

图 2.26　次框架柱连接示意图

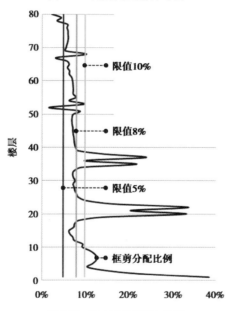

图 2.27　原方案外框剪力分配

（4）原方案极限大震下弹塑性分析

由于重庆地区是低烈度区,本项目外框架剪力分配只有 5%~8%,而且抗侧力框架柱仅有 4 个巨柱,是否需要对外框架做进一步加强?结构体系是否存在安全隐患?我们采用通用有限元 LS-DYNA 程序,通过对不同程度的大震进行弹塑性分析,进一步研究外框架剪力分配的必要性。

不同程度的大震分析采用如下 3 个工况:a.设计烈度下罕遇地震;b.设计烈度下罕遇地震+0.5 度;c.设计烈度下罕遇地震+1 度。

各工况下原方案主要整体计算指标见表 2.13,剪力墙和外框架柱的损伤情况见图 2.28、图 2.29。

设计大震   设计大震+0.5度   设计大震+1度

图 2.28 剪力墙损伤情况

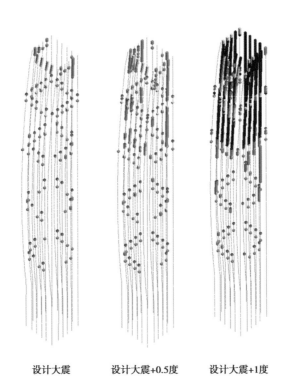

设计大震   设计大震+0.5度   设计大震+1度

图 2.29 外框架柱损伤情况

灰—无结构性破坏;绿—轻微结构性破坏,可运行;黄—尚可修复,
可保证生命安全;红—破坏

表 2.13　主要计算指标

T3N 原方案	设计大震	设计大震+0.5 度	设计大震+1 度
最大基底剪力（MN）	156	174	221
	173	197	227
最大层间位移角	1/134	1/113	1/85
	1/174	1/135	1/108

弹塑性分析表明,剪力墙开裂之后,外框架承担的剪力进一步增大,但是外框架整体刚度偏弱,在设计大震+1 度工况下,高区外框架柱损伤非常严重,尤其是中高区,剪力墙在 20 s 时发生破坏,结构发生局部倒塌,结构在极端大震下存在安全问题。

2）外框架剪力分配优化

（1）优化措施

根据前面的分析可以看出,在设计罕遇地震(低烈度)下结构抗震性能是能满足要求,但是在极端大震下,由于外框剪力分配能力较低,核心筒承担较多的地震力,局部损伤较严重,结构抗二次倒塌的能力不足。我们参考全国抗震审查专家咨询会中有关专家要求,即大部分楼层框架剪力分配能满足 8%。经过大量敏感性分析,外框剪力分配优化可以通过以下结构优化措施实现：

①加大次框架柱截面并全部落地

在原方案的基础上调整次框架体系：外框 SRC 小柱全部落地（将原本与腰桁架下弦竖向释放掉的外框柱全部连上）在不影响建筑表达的裙房和地下室部分（B3-S1 层）外框小柱尺寸由原方案的 1 200 mm×1 200 mm 加大至 1 500 mm×1 500 mm,L1-塔楼顶外框小柱尺寸由原方案的 850 mm×550 mm 加大至 850 mm×1 200 mm。

新方案削弱了核心筒,加大了外部次框架 SRC 小柱子的尺寸。从改进后方案与原方案的墙柱面积比的计算结果（见图 2.30）可以看到：

a.柱总面积与墙总面积比原来方案提升一倍；

b.外框刚度的提升大幅提高了框架剪力分担的比例。

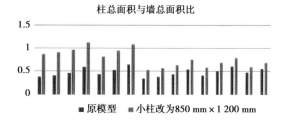

图 2.30　柱总面积与墙总面积比

②次框架与巨柱体系相连

原方案次框架柱每隔 15 层在腰桁架处断开,该区次框架柱基本只承担本区竖向荷载而不提供水平抗侧刚度。

为增加外框冗余度和刚度,外框架柱在腰桁架处刚性相连,从底到顶,次框架柱连续贯通与巨柱形成完整外框抗侧体系。

③长墙开洞

塔楼核心筒尺寸较大,削弱核心筒部分墙肢(外墙加大洞口,去掉部分内墙)。北塔楼削弱墙肢示意图如图 2.31 所示。

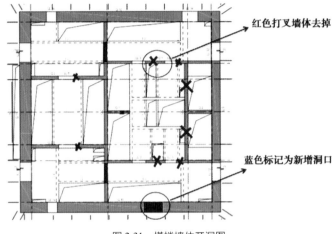

图 2.31　塔楼墙体开洞图

④优化顶部伸臂

因塔楼整体刚度相对较大,刚重比和剪重比均有一定富余,层间位移角也远小于规范限值,故可取消掉顶部伸臂。取消伸臂后,高区以弯曲型为主变形趋向于剪切型为主,使得外框剪力分配进一步提高,进一步发挥外框抗侧力作用(见图 2.32)。

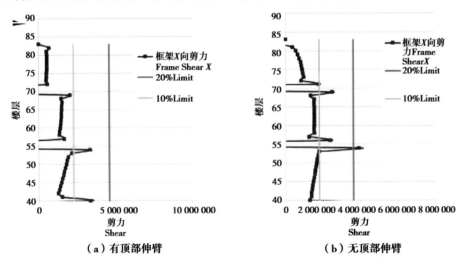

图 2.32　有无伸臂高区外框剪力分配

（2）优化后外框剪力分配

在综合考虑上述 4 项改进方案后,外框架分配到的地震剪力有大幅度的提高(见图 2.33),分析结果如下:

a.外框剪力超过 5% 的比例由原方案的 52% 增加为 90%;

b.外框剪力超过 7% 的比例由原方案的 27% 增加为 82%;

c.外框剪力超过 8% 的比例由原方案的 22% 增加为 75%。

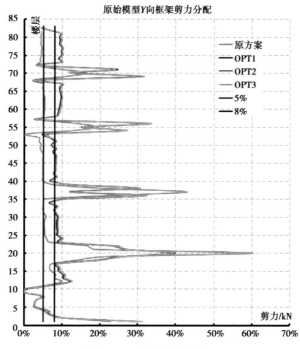

图 2.33　现方案外框剪力分配

（3）优化后弹性整体分析结果

方案改进后,重新对北塔楼(T3N)各项整体指标进行核算,如表 2.14 所示。

表 2.14　北塔楼(T3N)各项整体指标

北塔楼整体指标	周期	剪重比		刚重比		最大层间位移角（100 年风）
		X 向	Y 向	X 向	Y 向	
原方案	6.82	0.84%	0.82%	2.28	1.99	1/862
现方案	6.97	0.82%	0.80%	2.21	1.91	1/830

从上表计算结果可以看出:

a.现方案周期比原方案周期略有增长,增长率在 2% 左右;

b.修改后方案在底层最小剪重比为 0.80%(剪重比限值为 0.85%),基本满足要求;若按剪重比限值的 85%(即 0.85%×85%≈0.72%)控制,则塔楼两个方向的剪重比

均满足要求;

c.修改后塔楼两个方向的刚重比仍然满足规范 1.40 的要求;

d.修改后塔楼两个方向最大层间位移角在 100 年风荷载作用下仍然满足规范 1/500的限值要求。

(4)方案改进后巨柱大震净拉力验算

方案改进后,重新对巨柱大震作用下的净拉力进行验算。考虑本工程巨型柱的布置和构造特点,在地震工况内力的选取上除施加了 X 及 Y 向单向地震外,还补充施加了正交双向地震和 45、135 度的地震工况。

从上述计算结果图 2.34 得到:

①MC-A 和 MC-B 巨柱(详见图 2.24 典型平面布置图)在弹性大震作用下,底层均无净拉力产生;

②MC-A 巨柱最大净拉力在 L20 层,约为 24 MN,即截面平均压应力为 2 MPa;

③MC-B 巨柱最大净拉力 L20 层,约为 29 MN,即截面平均压应力为 2.2 MPa;

④本塔楼钢骨巨柱在 L20 上下配钢率为 8%,可完全承担此净拉力。

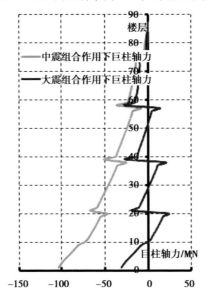

图 2.34　巨柱净拉力复核

3)调整后方案极端大震弹塑性分析验证

(1)调整后弹塑性分析结果(见图 2.35、图 2.36)

设计大震　　　　设计大震+0.5度　　　　设计大震+1度

图 2.35　剪力墙损伤情况

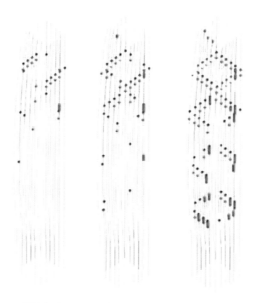

设计大震　　　　设计大震+0.5度　　　　设计大震+1度

图 2.36　外框架柱损伤情况

（2）新旧方案弹塑性分析对比（见表 2.15）

表 2.15　新旧方案弹塑性分析对比

T3N		设计大震		设计大震+0.5 度		设计大震+1 度	
		原方案	现方案	原方案	现方案	原方案	现方案
最大基底剪力（MN）	X	156.5	148.3	174.5	179.2	/	221.3
	Y	173.9	147.0	196.8	195.9	/	226.9
最大顶部位移（m）	X	1.24	1.26	1.45	1.39	/	1.87
	Y	0.95	0.96	1.19	1.21	/	1.73
最大层间位移角	X	1/134	1/128	1/113	1/110	/	1/85
	Y	1/174	1/171	1/135	1/145	/	1/108

　　调整后结构整体损伤也大大好过原方案。由表 2.16 可以看出，在采取相应外框加强措施后，外框架整体刚度有明显增强，在设计大震+1 度工况下，外框架柱损伤减弱，中高区剪力墙损伤明显减小，有效避免了结构发生局部倒塌或在极端大震下存在安全问题。

表 2.16　新旧方案损伤对比

T3N		基本周期	设计大震	设计大震+0.5 度	设计大震+1 度
原方案	x	6.39 s	7.07 s	7.40 s	/
	刚度损伤		−18%	−25%	/
	y	6.69 s	7.42 s	7.68 s	/
	刚度损伤		−19%	−24%	/
现方案	x	6.67 s	7.15 s	7.20 s	7.34 s
	刚度损伤		−13%	−14%	−17%
	y	6.87 s	7.35 s	7.47 s	7.58 s
	刚度损伤		−13%	−15%	−18%

　　重庆来福士广场北塔楼为超 B 级高层建筑，结构体系采用核心筒+伸臂腰桁架+外框四巨柱+外部次框架体系，是目前国内第一栋四巨柱无大支撑的超高层结构。原方案各区外部次框架采用与上部转换桁架竖向滑动连接，造成外框刚度较弱，地震剪力分配过小。

　　根据专家建议，当采取一系列优化措施后，外框刚度明显增强，地震剪力分配明显增加，通过弹塑性分析不同程度的地震作用，验证整体结构在设计大震+1 度工况下，外框架柱损伤减弱，中高区剪力墙损伤明显减小，有效避免极端大震下结构发生局部倒塌的安全问题。

通过分析也可以看出,在低烈度区(6度),外框剪力分配要求可以适当降低,但是在高烈度区(7.5度及以上),外框剪力分配至少要保证大部分楼层能达到8%,才能确保结构的二道防线,从而提高结构的安全冗余度。

本工程外框架采用四巨柱及落地次框架,而不是采用大支撑体系,除了满足建筑立面效果,总体经济指标也优于外框架大支撑体系。本项目高宽比接近10,但总体用钢量仅为120 kg/m²。

2.3.2　南塔结构设计

南塔各塔楼在东西方向约为31 m,南北向向北面呈帆形,框架柱斜率每层变化,平面布置随外立面曲线逐层变化,45~61 m不等。四座由空中连廊相连的塔楼高度均为238 m,T1/T6结构高度约为227 m。塔楼T1/T2/T5/T6为住宅楼,典型层高为3.5 m,T3S及一半的T4S为办公楼,层高4.3 m,T4S还有一半塔楼用作3.5 m层高的公寓。

1)南塔基本设计信息

(1)荷载

南塔主要功能为高端住宅、办公楼及公寓,根据业主的使用要求及《建筑结构荷载规范》(GB 5009—2012)取用。由于结构立面及连体结构的复杂性,本项目邀请安邸咨询上海有限公司(RWDI)对此项目的风荷载进行专项研究,同时邀请了中国建筑科学研究院建研科技股份有限公司(CABR)的风洞实验室对本项目进行了独立的第三方风洞试验验证工作,最终结构设计风荷载依据为风洞试验报告结果。地震设计反应谱形状参数按规范取用,加速度峰值采用场地安全评估报告,小震加速度峰值为25 gal,中震和大震的峰值加速度按照小震安评与规范之比进行相应放大,分别为70 gal和175 gal;最大影响系数多遇地震为0.056 3,设防地震为0.157 5,罕遇地震为0.393 8;场地特征周期统一按照多遇与设防地震时为0.45 s,罕遇地震时为0.50 s。场地类别为Ⅲ类,阻尼比为0.05,详细可见《重庆来福士项目超限审查报告》。

(2)主要设计参数

由于T2/T5/T3S/T4S顶部有空中连廊,结构设计要求相对T1/T6有所提高。T1/T6根据《建筑抗震设计规范》(GB 50011—2010,以下简称"抗规")及《高层建筑混凝土结构技术规程》(JGJ 3—2010,以下简称"高规")进行主塔楼结构分析和设计,T2/T5/T3S/T4S相对提高一点,南塔采用的建筑物分类参数见表2.17。

表 2.17　南塔楼主要设计参数

项　目	T1/T6	T2/T5/T3S/T4S
结构设计基准期	50 年	50 年
结构设计使用年限	50 年	50 年
建筑结构安全等级	二级	关键构件一级 次要构件二级

续表

项　目	T1/T6	T2/T5/T3S/T4S
结构重要性系数	1.0	1.1(关键构件) 1.0(次要构件)
建筑抗震设防分类	丙类(裙房上部) 乙类(裙房部分)	乙类
建筑高度类别	超B	超B
抗震措施	6度	7度
剪力墙等级	L1层及以上:二级 B3～S6:一级 加强层及上下相邻一层:一级	全楼层采用一级(加强层及其上下层抗震措施提高至特一级,底部加强部位抗震构造措施适当提高)
框架柱等级	L1层及以上:二级 B3～S6:一级 加强层及上下相邻一层:一级	一级

注:表中"关键构件"指的是核心筒及连梁、伸臂桁架、腰桁架、T2/T3S/T4S/T5 的外框柱和外框梁、支撑景观天桥的各塔楼屋顶的深梁及其他注明的重要构件,"次要构件"指的是除重要构件以外的其他结构构件。

(3)南塔结构体系介绍

T2/T5 塔楼结构体系主要由框架-核心筒-伸臂桁架-腰桁架组成。地震作用和风荷载产生的剪力及倾覆力矩,由周边框架、核心筒和伸臂桁架组成的整体抗侧体系共同承担,其中框架柱在加强层处由伸臂与核心筒连接形成了共同作用的整体,腰桁架协调框架柱之间的差异变形使得加强层在伸臂桁架和腰桁架在加强层保持协调。总体来说,框架柱与伸臂桁架和核心筒共同承担倾覆力矩;核心筒承担主要剪力;外框承担一部分剪力。重力荷载经楼板传递给核心筒和周边框架结构。核心筒和外框筒向下延伸,穿过地下室,直达基础。各柱通过腰桁架的协调作用使得受力均匀。

T3S 及 T4S 塔楼结构体系与 T2/T5 类似,但由于核心筒尺寸较小,且除了空中走廊,屋顶还有通向北塔的空中连廊,荷载较重,伸臂桁架数量比 T2/T5 多。

T1/T6 塔楼与 T2/T5 塔楼相比,外形及层高都基本相同,但屋顶未与空中连廊相连,结构体系为框架-核心筒-腰桁架,经过伸臂敏感分析并考虑成本控制,未设置伸臂桁架。

2)南塔项目特点

各塔楼相似的外形和结构形式,为屋顶空中连廊的"支座"具备相似的刚度创造了良好的前提。本文以 T2/T5 塔楼为例进行分析,塔楼主要有以下特点:

①立面曲线,所有外框柱为单方向弯曲曲线,斜度 0°～15°,裙房顶直柱变斜柱处角度最大,个别可达 20°。

②由于塔楼建筑平面布置及机电通风需要,核心筒开洞各楼层不能相互对齐,与

外框柱呈相似曲线布置,同时,在立面开洞位置,平面上也存在开洞(见图 2.37)。

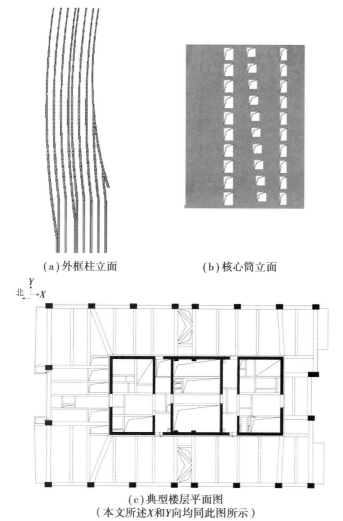

（a）外框柱立面　　　　　　　（b）核心筒立面

（c）典型楼层平面图
（本文所述 X 和 Y 向均同此图所示）

图 2.37　T1/T2/T5/T6 开洞说明

③T2/T3S/T4S/T5 顶部由空中连廊相连,各塔之间存在一定相互影响。

④嵌固层在筏板顶部与一定范围裙房相连,并在 S5 层与整个项目连接成一体,组成箱体提高整体刚度。抗震缝设置如图 2.38、图 2.39 所示。

由以上可以看出,南塔存在以下多重复杂超限,见表 2.18。

表 2.18　南塔超限统计表

塔　楼	转换层	加强层	错　层	大底盘	连　体
T1/T6	/	√	/	√	/
T2/T5	/	√	/	√	√
T4S/T3S	/	√	/	√	√

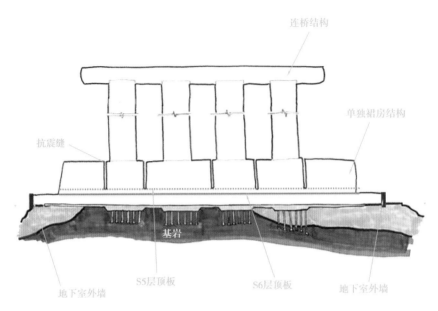

图 2.38　抗震缝示意图

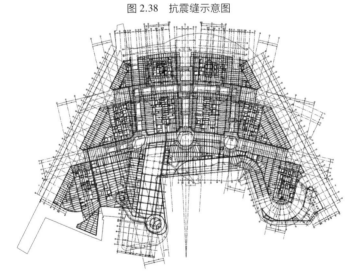

图 2.39　裙房抗震缝示意图

（注:红色粗线为抗震缝）

根据抗规及高规的有关规定,南塔主要存在以下超限不规则的情况,见表 2.19。

表 2.19　南塔平面不规则表

项　目	T1T6	T2T5	T3S	T4S
扭转不规则	不规则	不规则	不规则	不规则
凹凸不规则	不规则	不规则	规则	规则
楼板不连续	不连续	不连续	连续	连续

项　目	T1T6	T2T5	T3S	T4S
侧向刚度不规则	L1、L12、L25、L38 为薄弱层	L1、L12、L25、L38 为薄弱层	S1、L12、L23、L33 为薄弱层	S1、L12、L23、L35 为薄弱层
立面尺寸突变	S1,S5 突变	S1,S5 突变	S5 突变	S5 突变

3) 针对南塔特点的"对症"分析

(1) 针对立面曲线的思考及分析

①P-Δ 影响分析

由于塔楼在立面上是曲面,相对于立面对称的结构 P-Δ 效应会有所增大,因此对比分析了 P-Δ 效应对结构的影响,结果如表 2.20 所示。

表 2.20　P-Δ 效应敏感性分析

对比项		不考虑	考　虑
周期(s)	T1	6.17	6.4
	T2	4.11	4.18
	T3	2.89	2.91
最大层间位移角	小震 X 向	1/2 193	1/2 141
	小震 Y 向	1/1 139	1/1 082
	50 年 X 风	1/2 986	1/2 857
	50 年 Y 风	1/981	1/905
顶点位移(mm)	X 向	78	81
	Y 向	156	165
底部剪力(MN)	X 向	18.2	18.2
	Y 向	15.2	14.9
底部倾覆弯矩(MN·m)	X 向	1 940	2 203
	Y 向	2 106	2 590

可见,P-Δ 效应对结构影响较明显,塔楼设计需考虑该项影响。

②稳定性分析

对于不对称立面曲线带来的整体稳定性问题,在设计中从刚重比及整体屈曲分析两个方面进行计算复核,以 T2/T5 验算为例。

根据《高层建筑混凝土结构技术规程》,塔楼整体稳定应符合规范刚重比要求。考虑到 T2/T5 顶部有大空中连廊,即顶部存在很大的集中力,按照规范中倒三角形荷载分布计算的刚重比可能偏不安全,故分别采用倒三角形、结构实际承受的风荷载、结构实际承受的地震作用 3 种荷载模式,计算结构弹性等效侧向刚度。

表 2.21 给出了两个方向上刚重比验算,此处的取重力荷载代表值的设计值。

表 2.21 T2 刚重比

荷载形式	ETABS 单塔		YJK 单塔		满足与否(>1.0)
荷载形式	$EJ_d/1.4GH^2$		$EJ_d/1.4GH^2$		满足与否(>1.0)
荷载形式	X 向	Y 向	X 向	Y 向	
倒三角形	2.39	1.18	2.72	1.36	满足
地震	2.39	1.19	/	/	满足
风荷载	2.39	1.22	/	/	满足

为了进一步验证 T2T5 塔楼的稳定性,采用 SAP2000V14.1.0 对结构进行整体屈曲分析。框架柱、梁、支撑等采用梁单元,剪力墙采用壳单元。分析方法按照线性及几何非线性两种方法分别进行了研究。

线型屈曲分析是在弹性阶段选取 1.0 恒载+1.0 活载这一荷载分布模式进行线弹性分析。图 2.40 显示了 T2 塔楼结构前三阶线性屈曲分析图形:第一阶为结构的短轴方向失稳,第二阶为结构整体长方向失稳,第三阶为短方向二阶失稳。之后的各阶模态为整体扭转及局部薄弱层渐次出现局部屈曲,核心筒未发生屈曲。模态整体失稳的屈曲系数 λ 均大于 10,能够满足稳定性要求。T3S/T4S/T5 均进行了相同分析,稳定性均满足要求。

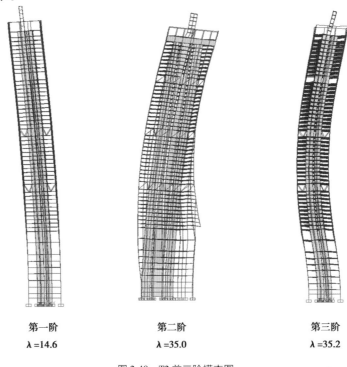

第一阶	第二阶	第三阶
λ =14.6	λ =35.0	λ =35.2

图 2.40 T2 前三阶模态图

几何非线性屈曲分析以整体屈曲模态的位移形态作为初始缺陷,以屋顶结构顶点水平位移为屋顶结构高度的 1/500 为基准,重新生成所有点的坐标。利用 SAP2000 软件分析时,通过修改单元节点坐标的方式来考虑初始几何缺陷对结构稳定性的影响。计算了 3 种荷载模式下的非线性屈曲(见表 2.22)。

表 2.22　T2 非线性屈曲临界荷载系数表

荷载模式	临界荷载系数
1.0 恒荷载+1.0 活荷载	10.5
1.0 恒荷载+1.0 活荷载+1.0 风荷载	9.5
1.0 恒荷载+1.0 活荷载+1.0 地震作用	9.6

计算结果表明,"1.0 恒荷载+1.0 活荷载+1.0 风荷载"最不利,整体结构的临界荷载系数最小值 $K=9.5>5$,满足稳定性要求。

③水平变形的影响

一般立面对称的建筑在竖向荷载工况下水平变形较小,可忽略不计。南塔各塔楼立面不对称曲线的造型,在竖向荷载作用下会产生一定的水平变形。为了避免塔楼完成时影响塔楼的使用及电梯等的安装使用,在设计中对竖向荷载作用下水平向变形量进行了分析,供施工过程中纠偏及电梯招标使用。设计过程中考虑了施工完成时核心筒在竖向荷载下的最大弹性水平变形为 50 mm,考虑收缩徐变影响,施工完成 2 年的徐变变形为 30 mm,总变形约为 80 mm,供施工过程中纠偏及电梯招标使用。分析结果如图 2.41 所示。

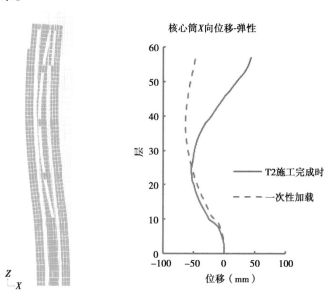

图 2.41　竖向荷载下核心筒变形示意图

④柱及墙肢拉力分析

由于建筑外立面曲线的不对称性,在不同水准水平和竖向地震荷载用作下,往复作用对外框和核心筒可能产生轴向拉力,同时考虑到该塔楼结构体系中有伸臂桁架,此拉力的效应会更加显著。随着荷载作用的增加,结构自身重力无法平衡该拉力因而会产生净拉力。因此,分析了南塔塔楼四个角柱的在风、小震和中震标准组合下的轴拉力情况。值得注意的是,此处仅仅考虑了恒荷载的作用,不考虑活荷载的有利因素。分析表明,在每个塔楼不超过2根角柱在部分楼层中震下产生了较小的静拉力,出现较小净拉力的柱子为SRC框架柱,能够满足抗拉承载力要求。

由于塔楼立面为曲面,造成结构在竖向荷载作用下,结构存在较大倾覆弯矩并引起内力重新分配,因此分析了墙肢在风、小震及中震组合下的轴力情况。根据计算结果来看,墙肢在风、小震下未出现拉力;中震工况下个别墙肢在高区局部楼层出现较小拉力,但是截面拉应力小于混凝土抗拉强度,满足要求。

(2)针对平面开洞及立面开洞的影响分析

T1、T2、T5、T6塔楼中,典型楼层为了满足自然通风、视觉效果等机电及建筑功能要求,每层的中间有一块楼板开洞。该处核心筒开洞也呈现曲线状,该处的外框梁为隔层布置,看上去结构体系一分为二,变得较为薄弱,两部分是否能够协同工作对塔楼的安全性至关重要,两部分联系构件的安全性对塔楼的安全也起着重要作用。因此,对开洞处两半塔连接的各构件进行了敏感性分析,以确认两半塔能够协同工作,同时对联系构件的承载力进行了复核。

①联系构件的敏感性分析

联系左右半塔的构件主要有隔层布置的外框梁、非加强层核心筒连梁、加强层墙体以及中间小空中连廊,如图2.42所示。

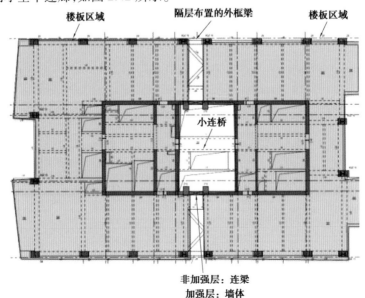

图2.42　左右半塔联系构件示意图

对各个部分的连接作用分别进行了敏感性分析,如表 2.23 中各方案所示。由计算结果及各振型(图 2.43~2.45)的对比可以看出,加强层墙体较为重要,有加强层墙体连接的情况下,左右半塔各主要振型能够协调工作,未出现相互独立的振型;核心筒中间小空中连廊的作用不明显,在第四阶振型左右两部分出现了相互独立的扭转振型。

表 2.23　连接构件敏感性分析

方案编号		M01	M02	M03
外框梁		/	/	/
核心筒连梁		/	/	/
加强层墙体		/	有	/
小空中连廊		/	/	有
周期(s)	T1	6.71	6.58	6.64
	T2	6.12	4.71	5.76
	T3	5.81	3.67	4.2
	T4	5.28	1.77	1.98

M01、M02 和 M03 的前四阶振型如图 2.43~2.45 所示。

此外,外框梁及连梁折减对刚度的影响也进行了分析(见表 2.24)。从计算结果可以看出,外框梁及连梁折减对周期的影响不是特别明显,但有一定的贡献。

表 2.24　外框梁及连梁作用敏感性分析

方案编号		M04	M05	M06	M07
外框梁折减系数		/	100%	50%	0%
核心筒连梁折减系数		50%	70%	50%	0%
核心筒墙		有	有	有	有
小空中连廊		/	有	有	有
周期(s)	T1	6.56	6.58	6.59	6.61
	T2	4.60	4.55	4.56	4.73
	T3	3.44	3.37	3.38	3.66
	T4	1.77	1.77	1.78	1.78

②联系构件的承载力分析

针对以上对塔楼安全性有重要影响的联系构件,对各构件在各种工况下的承载力进行了分析复核,并且在开洞处隔层加 K 型水平撑,核心筒弧形洞口旁边设端柱。

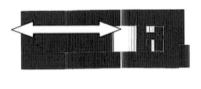

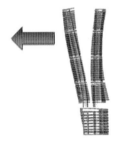

（a）第一阶振型
两半塔均为Y向平动振型，但左右半塔不同步，
相互独立振动

（b）第二阶振型
左半塔X向平动，右半塔静止

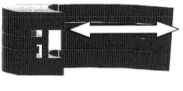

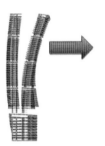

（c）第三阶振型
左半塔静止，右半塔X向平动

（d）第四阶振型
左半塔Y向平动，右半塔为扭转振型

图 2.43　M01 振型图

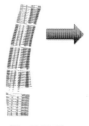

(a) 第一阶振型
左右半塔同步进行 Y 向扭转

(b) 第二阶振型
左右半塔同步进行 X 向扭转

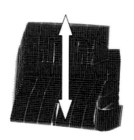

(c) 第三阶振型
整体同步扭转振型

(d) 第四阶振型
二阶整体平动（Y 向）

图 2.44　M02 振型图

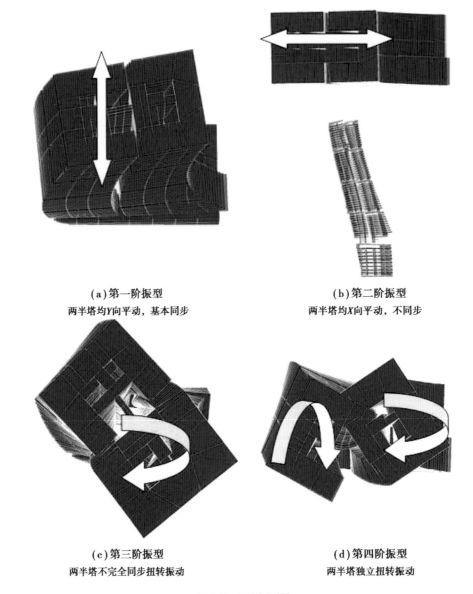

(a)第一阶振型
两半塔均Y向平动，基本同步

(b)第二阶振型
两半塔均X向平动，不同步

(c)第三阶振型
两半塔不完全同步扭转振动

(d)第四阶振型
两半塔独立扭转振动

图 2.45　M03 振型图

　　各联系构件承载力验算时，考虑地震作用下左右半塔存在相对运动和同向运动等工况(见图 2.46,Y 向同理)，并且取各工况进行包络设计。

　　此外，考虑结构安全性还补充验算了中震工况下联系构件失效，结构成为两个独立半塔时的主要抗侧构件外框柱、核心筒及框架拉梁的承载力。验算表明，该情况下构件承载力仍满足相应性能目标的要求。

　　(3)针对顶部空中连廊对塔楼影响分析

　　T2/T3S/T4S/T5 塔楼在屋顶由空中走廊连接在一起，塔楼的动力性能及构件内力可能会产生变化，为了分析塔楼内力的具体影响，设计过程中建立了多塔模型(见图

2.47),并与单塔情况进行对比,也为屋顶空中连廊的支座设计提供参考依据。

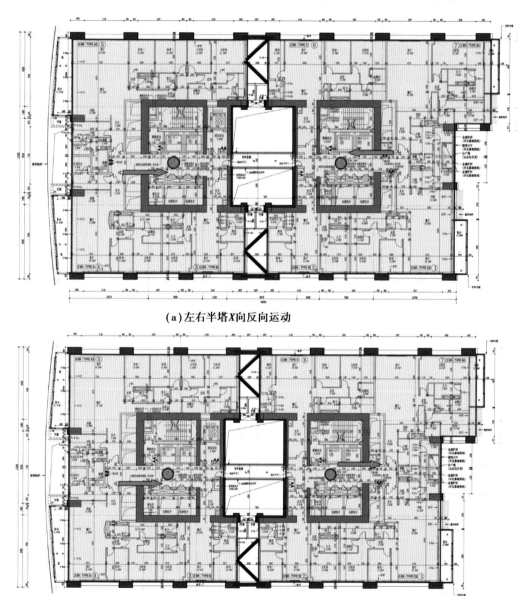

(a)左右半塔 *X* 向反向运动

(b)左右半塔 *X* 向同向运动

图 2.46 地震作用下左右半塔验算工况示意图

①特征值分析

在分析单塔时,尽量将各塔楼之间的动力参数调整的尽量接近,空中连廊本身为一个整体柔性结构,因此对于模态的总体影响不大。由模态分析可知,塔楼的动力特性在前 3 阶基本表现为整体运动,第一周期为沿塔楼弱轴平动;第二周期为沿强轴平动,第三周期为塔楼整体扭转,但是对于单塔还是有平动的成分。

图 2.47　多塔 sap 模型示意图

②多塔与单塔对比

表 2.25 为 T2 楼塔的多塔与单塔的反应谱对比结果,T3S/T4S/T5 结果类似。分析表明:多塔计算结果与单塔计算结果相当,部分多塔模型的塔楼反应略小于单塔模型,因此塔楼可先按单塔设计,最后以时程分析复核,以包络进行设计。

表 2.25　T2 多塔与单塔反应谱结果对比

对比项		单　塔	多　塔	多塔/单塔
底部总剪力(MN)	X 向	17.9	14.9	0.83
	Y 向	14.5	12.6	0.87
底部倾覆弯矩(MN·m)	X 向	2 135	1 691	0.79
	Y 向	2 568	2 116	0.82
顶部位移(mm)	X 向	76.9	68.4	0.89
	Y 向	138.2	112.4	0.81
最大层间位移角	X 向	1/2 263	1/2 557	0.89
	Y 向	1/1 192	1/1 460	0.82

(4)嵌固层特点及塔楼与裙房连接特性

来福士广场项目由于场地条件特殊,场地三面无覆土为边坡,只有一面有覆土,地下室不能满足嵌固条件,所以本项目的嵌固层为基础筏板顶。

①嵌固层与抗震缝设置

在上部楼层(S4 至 L2/Roof)裙房自身开洞多,裙房不考虑塔楼刚度时,抗侧刚度太弱,因此需将部分裙房和各自相连的塔楼作为整体分析。目前采用的方案是每个塔楼将与其相连的小部分裙房作为一个结构分区,在 S5 层及以下各部分连接在一起增强底部整体性,以实现共同抗侧。

②单塔与单塔带裙房结果对比

在设计过程中,为了复核结构的安全性,对单塔模型及单塔带裙房模型进行了对比,如表 2.26 所示,仅列出 T2 塔楼,其他塔楼结果类似,设计中按不利工况进行包络。分析表明单塔和单塔带裙房整体指标接近。

表 2.26　单塔与单塔带裙房结果对比

对比项		单塔	单塔带裙房
周期(s)	T1	6.43	6.23
	T2	4.56	4.48
	T3	3.19	3.05
底部总剪力(MN)	X 向	17.5	25.2
	Y 向	15.3	24.8
底部倾覆弯矩(MN·m)	X 向	2592	2759
	Y 向	2268	2432
顶部位移(mm)	X 向	95	96
	Y 向	163	161
最大层间位移角	X 向	1/1650	1/1565
	Y 向	1/1066	1/1030

对造型独特的建筑,结构工程师应根据项目的特点进行相应分析,以确保结构安全性并尽量达成建筑效果。根据项目特点,有针对性地分析了存在的特殊结构问题,保证了结构设计的安全合理性,同时也为类似超高层项目的设计提供了一定参考。

2.4　空中连廊减隔震设计

本项目其中一个重要设计问题是空中连廊结构设计及其和 4 座南塔楼的连接设计和分析方法。空中连廊面临风荷载以及地震荷载的双重考验,塔楼与空中连廊之间的相互作用、空中连廊结构体系与连接方式等是其主要的设计议题。

在项目概念设计阶段和初步设计阶段,对不同空中连廊与塔楼连接方式做了以下研究:①固定连接;②部分固定连接、部分柔性连接;③全柔性连接(隔震减震支座);④全柔性连接(隔震减震支座以及阻尼器)。最终连接方案优化比选了塔楼和空中连廊的相互作用、剪力需求、位移需求、结构用钢量、节点构造连接等方面,从而提出合理的结构解决方案。

在结构设计过程中所采用的设计理念、设计方法、分析方法以及规范应用等方面将在本节中做详细介绍。

2.4.1 空中连廊结构体系和塔楼连接

奥雅纳公司设计的诸多工程项目中也有许多包含空中连廊的结构,其中较为著名的是北京央视总部大楼和新加坡滨海湾金沙酒店(见图2.48)。前者采用了完全固结的整体连接形式;后者采用平板滑动支座和抗震缝结合的独立连接形式。而重庆来福士项目空中连廊采用了一种动态连接方式。

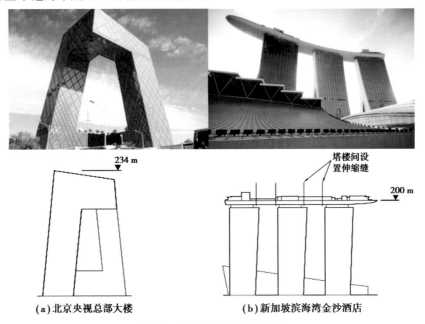

图 2.48 不同连接形式建筑结构

1)空中连廊与塔楼连接设计

在250 m高空连接4座塔楼,是目前较为复杂和困难的结构设计议题。在项目概念阶段提出了5种不同的方案:整体连接、独立连接(设置抗震缝)、动态连接(单设抗震支座)、动态连接(抗震支座与阻尼器的组合)、部分塔楼固定连接与部分塔楼动态连接(见图2.49)。从位移需求、剪力需求、用钢量以及塔楼和空中连廊间的相互影响等多方面,确定了动态连接(抗震支座与阻尼器组合)方式作为最终空中连廊支座方案(见图2.50)。

使用隔震支座连接,以释放地震能量,辅以粘滞阻尼器降低空中连廊的总位移,减少支座的滑动半径,降低造价。本方案对总体结构有以下优势:

①由滑动支承释放空中连廊结构内力,减少用钢量。

②空中连廊可形成连续结构,去除所有变形缝,不影响建筑外观和幕墙设计。

③粘滞阻尼器协助吸收地震能量和空中连廊滑移量,减少空中连廊与塔楼的相对位移,避免过大的局部变形缝,使得对建筑、机电的影响最小。

④由于隔震支座和粘滞阻尼器的采用,使得最大需求反力是可预估的,简化节点设计,支承空中连廊的转换梁与转换结构易于满足大震下性能目标。

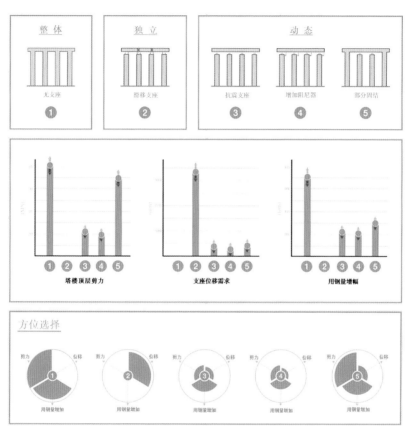

图 2.49 支座连接不同方案比较

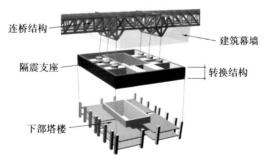

图 2.50 空中连廊与塔楼连接示意图

2)空中连廊结构体系设计

空中连廊的主桁架为 3 组东西向连续桁架跨越 4 个塔楼,垂直于主桁架方向,每大约 4.5 m 安装一梯形次桁架连接 3 组主桁架。空中连廊上下各浇注 250 mm 混凝土组合楼板。空中连廊构件主要于反弯点(塔楼两侧)断开,设置连接点方便施工后期连接中间段。两组从空中连廊主结构悬挑出的小空中连廊作为空中连廊与北塔楼之间的建筑通道,但结构上小空中连廊与北塔楼之间设置抗震缝。

主桁架主要构件为方钢管,增强局部抗扭。次桁架主要由工字钢组成,方便施工连接。空中连廊结构体系如图 2.51 所示。

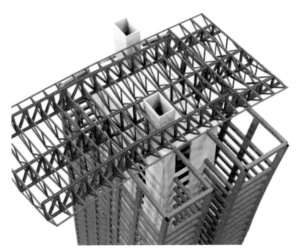

(a)空中连廊主结构体系

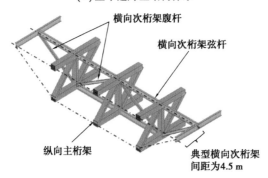

(b)空中连廊主、次桁架三维图

图2.51 空中连廊结构体系示意图

由于机电和建筑对使用空间的要求,空中连廊组合楼板结构未与主体桁架结构直接相连,因此主、次桁架平面内刚度不足导致结构出现整体扭转振型,对控制结构变形与内力不利。在概念设计与初步设计阶段,结构工程师与建筑、机电协调,在主次桁架弦杆所在标高增设交叉水平支撑以提高平面内刚度。

从总体结构设计概念上,空中连廊主结构形成刚度较好的盒形桁架结构,自身刚度分布均匀,能提供整体变形内力,在隔震支座作用下能起到整体位移变形的效果,以减少空中连廊自身相对位移导致的次应力。从构件尺寸与内力分布结果可知,该结构体系刚度与承载力分布均匀。

2.4.2 空中连廊与其减隔震支座设计方法

对空中连廊进行了反应谱和时程分析,其基本设计思路为在小震和风荷载作用下,保证空中连廊不浮动;在中震和大震作用下空中连廊与塔楼之间动态连接,减小连廊动力响应对塔楼的影响及地震力对连廊自身的影响。

计算所用模型、计算方法及模型假设,如表2.27所示。

表 2.27　多塔空中连廊计算模型

多塔计算模型	多遇地震	设防地震	罕遇地震
计算分析方法	反应谱法(CQC) 补充弹性时程分析	反应谱法(CQC) 补充弹性时程分析	弹性时程分析 弹塑性时程分析
计算模型	SAP2000	SAP2000 LS-DYNA	LS-DYNA
支座模拟方式	固结	等效线性弹簧 摩擦摆动支座单元 阻尼器单元	摩擦摆动支座单元 阻尼器单元

1)空中连廊与多塔分析

空中连廊小震工况采用反应谱分析来计算,旨在分析空中连廊对塔楼的影响和空中连廊与塔楼之间的交界面力。设计理念是在小震工况下空中连廊与塔楼之间为固定连接,塔楼与空中连廊之间不能有相对错动,因此塔楼与空中连廊支座在小震和风工况下不涉及弹簧等非线性支座。非线性支座的分析和设计在后续小节中专门讨论。各工况下分析设计模型和假设如图 2.52 和图 2.53 所示。

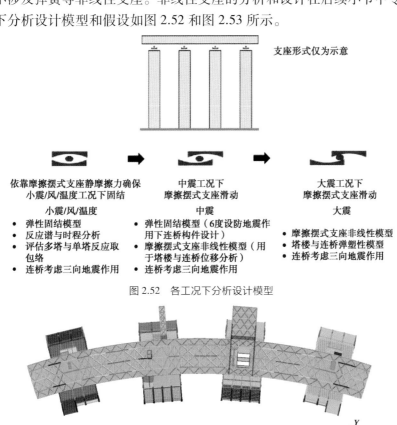

图 2.52　各工况下分析设计模型

图 2.53　设计模型平面图

多塔分析表明,小震反应谱分析未能捕捉塔楼鞭梢效应。采用弹性时程分析法捕捉塔楼鞭梢效应,该效应除放大空中连廊构件内力外,还会放大空中连廊支座小震剪力需求。在求取支座水平剪力需求时需该放大系数。对于空中连廊与塔楼支座固定弹性模型,中震支座剪力最大,除中震工况外,X 向风起控制作用,Y 向地震起控制作用,温度介于小震与风之间,考虑时程波放大作用后结论不变。如图 2.54 所示。

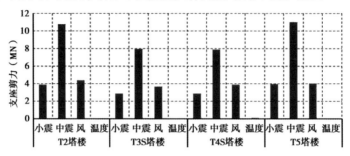

(a)连桥支座X向剪力不同工况比较(考虑时程波放大)

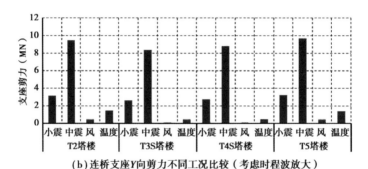

(b)连桥支座Y向剪力不同工况比较(考虑时程波放大)

图 2.54 空中连廊支座剪力工况比较(考虑时程波放大)

当地震输入时,工况分为满活荷载工况与无活荷载工况两部分。5%摩擦系数摆动支座不能确保空中连廊固定于塔楼顶部。由摩擦系数乘以重力荷载代表值的方法可知,当采用7%摩擦系数支座时可以确保空中连廊在小震输入时,空中连廊在塔楼上部不浮动,如图 2.55 所示(以 X 向为例),或采用摩擦摆式支座和阻尼器共同作用的方式使空中连廊在小震和风作用下不摆动。

2)空中连廊构件设计方法

空中连廊构件设计以空中连廊钢结构抗震等级、杆件长细比限值(整体稳定)、板件宽厚比(局部稳定)、承载力、以应力形式表达的稳定承载力等方面展开。空中连廊设计的最关键一环是确保由于隔震层的选择后,减震系数可小于0.4,从而使得空中连廊的抗震等级降低以减少板件宽厚比需求。

空中连廊钢结构尺寸要求主要分为两方面:一方面,抗震等级对受压构件长细比要求,该数值除直观表达受压构件受压刚度外,亦影响稳定应力表达的强度降低系数;另一方面,抗震等级对板件宽厚比要求,该要求主要控制构件板件的局部稳定性、局部屈曲行为,其总体概念为局部屈曲晚于构件整体屈曲或屈服,发挥构件和材料性能。

图 2.56 为中震、风、温度包络后的主桁架构件利用率。

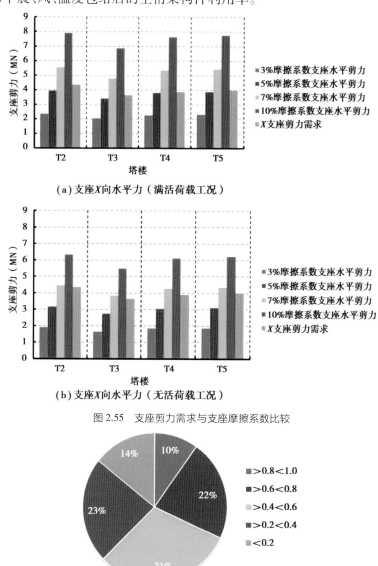

（a）支座 *X* 向水平力（满活荷载工况）

（b）支座 *X* 向水平力（无活荷载工况）

图 2.55　支座剪力需求与支座摩擦系数比较

图 2.56　桁架构件利用率

2.4.3　空中连廊与其减隔震支座方案分析与减隔震设计参数选取

　　由 LS-DYNA 模型中定义构件的非线性本构关系和滞回规则，建立非线性动力时程分析模型。模型的构件（除楼板外）都采用非线性材料和单元进行模拟。空中连廊和塔楼通过支座非线性单元连接模拟摩擦摆式支座和阻尼器（见表 2.28）。

表 2.28　支座参数

连接方式	铅芯橡胶支座	摩擦摆式支座	摩擦摆式支座和阻尼器组合
支座数量(单个塔楼)	6/8/10/12	6	6(支座)+2(阻尼器)
支座直径(m)	1.3/1.4/1.55	1.99	1.55
摩擦系数		6%~10%	5%
阻尼参数			0.03~0.5 2~5 MN

注:T4S 塔楼上由于有小空中连廊,因此放置 8 个摩擦摆式支座。

在概念设计阶段采用了铅芯橡胶支座(LRB),但是为抵抗在罕遇地震下较大的位移和剪力,需要非常大的支座尺寸,并且数量很多,不利于支座的布置。另外,LRB 类型支座自复位能力有限,因此采用摩擦摆式支座(FPB)(见图 2.57),并对其动力表现进行了研究。

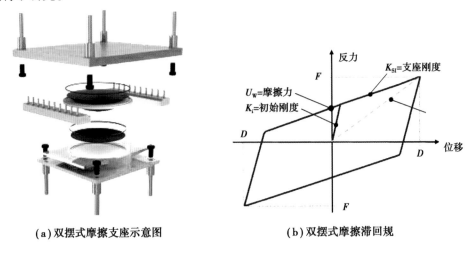

(a)双摆式摩擦支座示意图　　　　**(b)双摆式摩擦滞回规**

图 2.57　双摆式摩擦支座

选取了罕遇地震时程工况,对固结和隔震连接进行比较。空中连廊基底剪力在采用隔震系统方案时比采用固结方案减小约 61%,如图 2.58 所示。隔震系统有效减少剪力需求。

为了进一步减小空中连廊在罕遇地震工况下的位移,设计中增设阻尼器。设计时,采用了不同的阻尼器参数和布置以达到最理想的效果。由于塔楼和空中连廊的结构在设计阶段,结构会有不同程度的调整,选取了 3 组时程比较了只使用摩擦摆式支座和支座/阻尼器组合工况,如图 2.59 所示。

如图 2.59 所示,采用阻尼限位器不仅可以减小支座位移,而且可以降低空中连廊基底剪力需求。采用阻尼器对整体结构有以下影响:

①可以有效地减少空中连廊支座的位移。从研究工况结果可以看出,采用阻尼器的连廊支座震动位移相对于不采用阻尼器可以减小约 60%,这样可以考虑采用摩擦

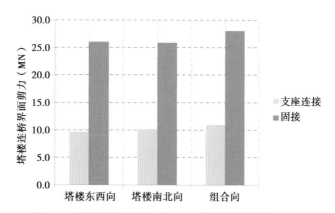

图 2.58　弹塑性模型固结和采用隔震措施空中连廊基底剪力

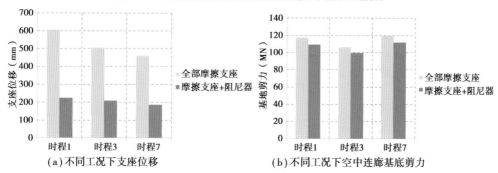

（a）不同工况下支座位移　　（b）不同工况下空中连廊基底剪力

图 2.59　弹塑性模型不同工况下空中连廊支座位移与基底剪力

系数小的支座,支座的半径也可以有效减少;并且减少空中连廊和塔楼的相对位移,从而简化空中连廊和塔楼电梯井的连接设计。

②可减少空中连廊基底剪力需求。虽然减少的幅度不大,但对结构的整体设计有利,可保证结构整体安全性提高。

③采用摩擦摆式支座是不允许支座中有拉力产生的,如果有拉力产生就会让支座上下部分分离导致支座破坏。采用阻尼器可以在出现拉力的情况下防止摩擦支座上下分离。

④摩擦摆式支座具有自恢复功能。

⑤阻尼器的采用使支座对疲劳载荷(温度)的敏感度降低。

空中连廊结构性能在不同的支座形式下的比较如表 2.29 所示。

表 2.29　空中连廊结构性能在不同的支座形式下的比较

项　目	橡胶支座	摩擦支座	摩擦支座+阻尼器
支座直径需求(m)	1.6	1.3	0.45
支座数量	8	6	6
支座位移(m)	0.9	0.6	0.22
空中连廊剪力(MN)	20	15	14
加速度*	0.92	0.90	0.72

注:加速度采用的是空中连廊的加速度和塔楼顶部的加速度的比值。

如图 2.60 所示,采用阻尼限位器不仅可以减小支座位移,对空中连廊基底剪力需求也是有利的。采用阻尼器对整体结构有以下影响:

①塔楼大部分连梁产生塑性铰,达可运行状态限值(绿色)。部分连梁塑性铰发展较大,尚小于生命安全状态限值(黄色)。破坏状态为可修复,可保证生命安全,没有连梁进入临近倒塌(红色),起到了很好的耗能作用。

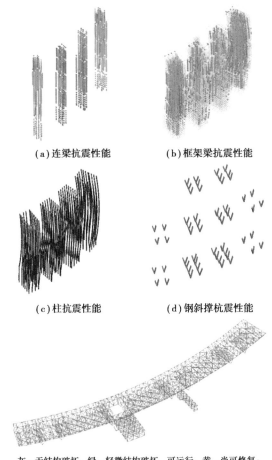

(a)连梁抗震性能   (b)框架梁抗震性能

(c)柱抗震性能   (d)钢斜撑抗震性能

灰—无结构破坏;绿—轻微结构破坏,可运行;黄—尚可修复;
可保证生命安全;红—破坏
(e)空中连廊桁架抗震性能

图 2.60 空中连廊桁架抗震性能

②塔楼低区和高区框架梁大部分仍处于弹性状态未发生破坏(灰色)。在中区框架梁大部分产生塑性铰,尚低于可运行状态限值(绿色),极少数梁塑性铰转角发展超过可运行状态限值尚小于"生命安全"破坏状态对应的限值,处于生命安全可修复状态(黄色)。

③塔楼少数柱子可见产生较小塑性铰(绿色),处于可运行状态。少数柱子进入生命安全状态(黄色)。其余柱未产生塑性铰,仍处于弹性状态(灰色),说明这些柱满足"强柱弱梁"的设计要求(如塔楼外框架柱),或具有足够的强度而不致屈服。

④塔楼钢斜撑和空中连廊桁架没有梁出现塑性铰(绿色),都处于弹性状态(灰色)。

在选择摩擦摆式支座和阻尼器的组合后,对阻尼器参数选择进行了优化,如图2.61所示。选择阻尼系数较高的阻尼器能有效控制支座位移,并在不同速度下提供较为稳定的阻尼力。空中连廊阻尼器布置如图 2.62 所示。

(a)阻尼器结构示意图

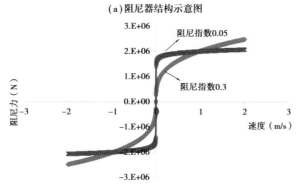

(b)不同阻尼指数速度曲线

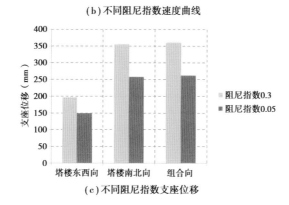

(c)不同阻尼指数支座位移

图 2.61　阻尼器及参数

阻尼器内力和速度关系如式 2.1 所示,

$$F = Cv^{\alpha} \tag{2.1}$$

式中　F——阻尼力(响应力);

　　　C——阻尼系数;

　　　v——阻尼器两端的相对速度;

　　　α——阻尼指数。

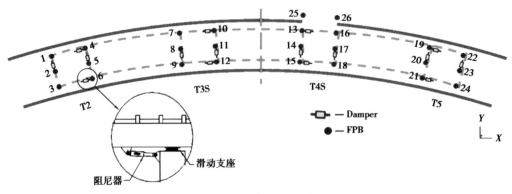

图 2.62　空中连廊阻尼器布置

2.4.4　减隔震支座连接节点设计

在 4 栋连体塔楼的顶端分别设置巨梁,用于支撑空中连廊并放置支座。巨梁本身及其支点的性能关系到空中连廊的使用及安全,因此建立三维实体有限元模型,考察在控制工况下:巨梁与混凝土墙肢之间连接是否可靠;混凝土的应力、应变状态;钢筋是否屈服,如果屈服,屈服区域大小;钢板与混凝土能否协同工作,力的传递效果如何等。同时根据分析结果,对节点区提出相应的构造加强措施。如图 2.63 所示。

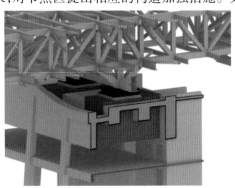

图 2.63　支撑空中连廊与支座巨梁节点示意图

巨梁截面尺寸如下(分两种,一种为普通巨梁,一种为缺口巨梁):高度 5 m,跨度 8~10 m,受力特点基本为深梁。巨梁一端支撑在截面为 650 mm×5 000 mm 的窄深梁上(窄深梁跨度约 7.8 m,受力特点也为深梁,根据规范抗剪截面验算,窄深梁内配置钢板);另一端支撑在内筒 400 mm 厚的剪力墙上,为便于钢筋锚固及应力扩散,与巨梁相交处局部墙体增厚为 800 mm。按规范深梁公式,验算巨梁和窄深梁抗剪、抗弯、裂缝、挠度、局压等各项指标,根据结果配置钢筋,建于有限元模型中。

巨梁和混凝土剪力墙均采用六面体实体单元建模,利用 LS-DYNA 进行分析。在实体单元内采用耦合的方式嵌固钢筋,从而考虑钢筋与混凝土的互相作用。模型如图 2.64 所示。

在准永久组合荷载作用下,一部分混凝土产生受拉开裂情况,开裂后即由钢筋承担抗拉载荷。巨梁混凝土主要开裂裂缝尺寸约 0.3 mm。

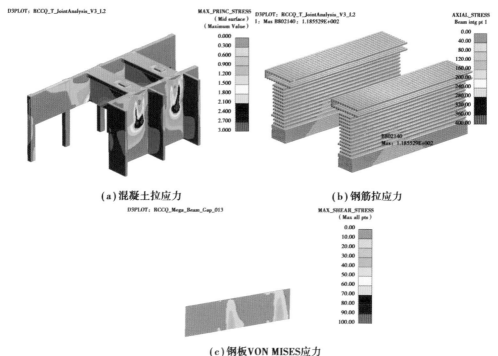

(a) 混凝土拉应力　　　　　　　　　**(b) 钢筋拉应力**

(c) 钢板VON MISES应力

图 2.64　混凝土与钢筋有限元模型应力云图

在准永久组合荷载作用下,巨梁的挠度值为 3 mm,考虑长期刚度的影响,挠度约 5 mm,挠跨比约 1/2 000,说明巨梁刚度很大,可以为景观天桥提供足够强的支撑。

大震不屈服工况下,混凝土本身无受压破坏。受拉钢筋应力也处于较低水平,巨梁下铁最大拉应力约 200 MPa,其他区域如支撑窄梁及墙中钢筋最大应力约240 MPa,均小于 HRB400 的屈服强度。

外框端窄深梁钢板应力水平较低,最大应力约 100 MPa,远低于钢板的屈服应力。

空中连廊结构体系可靠,刚度承载力分布均匀,在考虑建筑、机电等专业条件下,结构灵活布置,使得空中连廊本身形成一个整体。

设计考虑了小震、中震、大震、风、温度等不同设计工况,对不同设计工况采取了不同设计模型和假设,确保在各设计工况下空中连廊与隔震设计满足性能化设计要求。

减隔震技术的采用,使得空中连廊在大震下受力更加均匀,大幅减小了空中连廊与塔楼之间的相互作用,取得了良好的经济性。

减隔震设计能更好地把握各结构构件的性能目标,简化设计过程,将耗能与变形集中在隔震层,起到保护剩余结构部件的作用。

对于大震下隔震层变形的控制,引入了粘滞阻尼器吸收地震能量,减少空中连廊滑移量。在摩擦摆式支座与粘滞阻尼的参数选择时,找到了经济平衡点,共同作用一起发挥隔震层结构性能。

对于该体型复杂的建筑设计,从设计初期对空中连廊与塔楼连接方案做了大量的对比和分析,减隔震设计不仅满足结构的经济性,也为建筑效果的呈现提供了条件。

第 3 章
临江复杂地质地基与基础建造技术

3.1 基坑支护

3.1.1 地质概况

拟建场地位于重庆市渝中区朝天门长江与嘉陵江交汇处的三角形地带,地势总体趋势南边及中间高,北侧及东、西两侧低。场地内最高高程约 223 m,位于偏西南侧新华路附近,西侧低点高程约 172 m,东侧低点高程约 180 m,北侧低点高程约 195 m,场地最大高差约 51 m,总体坡角 4°~10°。场地位于重庆复式向斜之解放碑向斜北扬起端东翼,无断层通过,倾向北西,岩层倾角由东北向南西逐渐变缓,其中东侧稍陡,可达 20°~25°。向南西向逐渐变缓至 15°~18°,至南西角近向斜轴部,倾角平缓小于 10°,场地多数区域基岩未出露,岩体主要以泥岩为主,局部有砂岩。场地内见两组构造裂缝。

①150° ∠75°~80°,间距 0.7~18 m,延长伸长 1~3 m,面平直,呈微张~闭合状,无填充胶结物或局部少许泥质充填,结合程度较差,为硬性结构面。

②40° ∠70°,间距 0.5~12 m,延伸长 2~5 m,面平直,裂隙呈微张~闭合状,无填充胶结构或局部少许泥沙充填,结合程度较差,为硬性结构面。场地内无断层等不良地质现象,局部区域存在地下洞室、地下管网分布广泛,且地下掩埋较多建筑物废弃基础构件。

3.1.2 基坑支护概况

重庆来福士广场基坑支护的结构形式如表 3.1 所示,部分典型大样如图 3.1、图3.2所示。

表 3.1 基坑支护结构形式

施工段	基坑高度（m）	基坑长度（m）	边坡类型	主要破坏模式	支护方式
D-E-F 段	9~17.15	125	土质边坡和岩土混合边坡	岩土面滑动或土体圆弧滑动	桩板式挡墙
F-G 段	17.15	81	岩土混合边坡	岩土面滑动或土体圆弧滑动	挡板式挡墙+肋板式锚杆挡墙
G-H 段	24.15~10.15	137	岩土混合边坡	岩土面滑动或裂隙面滑动	桩板式挡墙预应力锚+桩板式挡墙
H-I 段	31.15	93	岩土混合边坡	岩土面滑动或砂泥岩界面滑动	第一阶板肋式锚杆挡墙 第二阶预应力锚索+桩板式挡墙 第三阶土钉墙+坡面喷浆支护
I-I3-J 段	10.15	68	土质混合边坡	土体圆弧滑动	桩板式挡墙
I-I1-J1 段	23~5.5	61	岩土混合边坡	土体局部滑塌或裂隙面滑动	放坡+坡面喷浆预应力锚索+桩板式挡墙
I1-K1 段	17.5	19	岩土混合边坡	土体局部滑塌、裂隙交线滑动	悬臂式桩板挡墙
K1-K 段	17.5	30	岩土混合边坡	土体局部滑塌、裂隙面滑动	上阶预应力锚索桩板式挡墙 下阶悬臂式桩板挡墙
J-J1-K 段	13~7	60	土质边坡	土体局部滑塌	悬臂式桩板挡墙
K-L 段	19~10	40	岩土混合边坡	土体局部滑塌、裂隙面滑动	预应力锚索+桩板式挡墙
L-M 段	9~3.3	40	岩土混合边坡	土体局部滑塌、岩体强度	悬臂式桩板式挡墙
M-N1 段	3.3~2.5	31	岩土混合边坡	土体局部滑塌、裂隙面滑动	悬臂式桩板式挡墙
R1-S 段	11~15	68	岩土混合边坡	土体局部滑塌、裂隙面滑动	挡板式挡墙
T-U 段	4	64	土质边坡	土体圆弧滑动	重力式挡土墙
C-D 段	9~0	84	土质边坡	土体圆弧滑动	桩板式挡墙
H2-M1 段	19~0	152	岩土混合边坡	土体局部滑塌、裂隙面滑动、岩体强度	锚杆挡墙支护

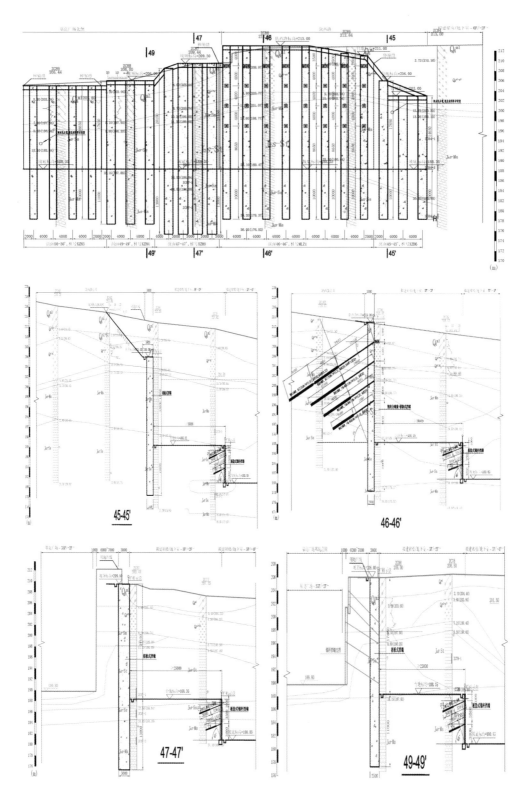

图 3.1　典型支护结构剖面图 G-H

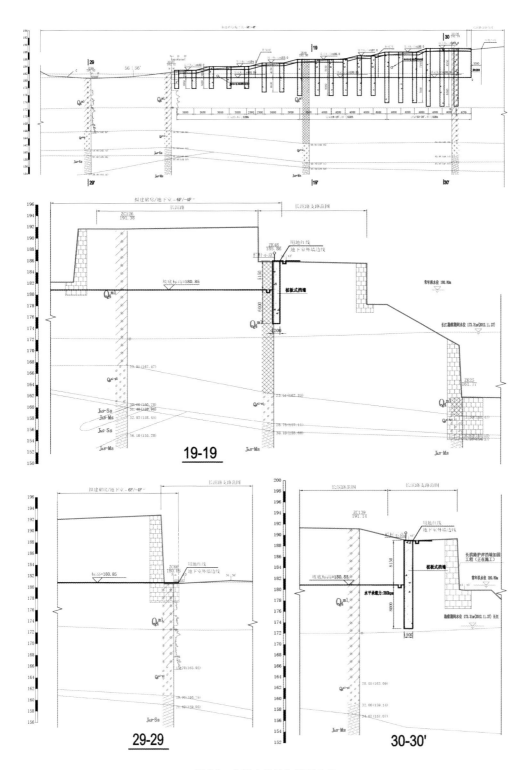

图 3.2 典型支护结构剖面 C-D

3.1.3 支护结构构造及要求

①本工程除注明外,桩采用混凝土强度等级为 C30,挡板及肋柱的混凝土强度等级均为 C30;灌浆材料采用 M30 水泥砂浆,锚索、挡板及桩的钢筋强度等级详见设计方案。

②保护层厚度:锚索≥30 mm,挡板为 30 mm,桩为 50 mm,基础为 40 mm。

③锚杆(索)施工前,应取各类型锚杆(索)3 根,按 GB 50330—2002 附录 C.2 的要求进行基本试验以确定设计所采用的各种参数的准确性,并考核施工工艺和施工设备的适应性。

④锚孔水平方向孔距误差不应大于 20 m,垂直方向孔距误差不应大于 20 mm;锚孔偏斜度不应大于设计倾角的 5%。

⑤锚索孔深不应小于设计长度;宜超过设计长度 0.5 m,且宜一次性钻至设计长度。

⑥锚杆(精轧螺纹钢锚杆)防腐要求如下:

a.自由段防腐:可采用除锈、刷沥青船底漆、沥青玻纤布缠裹其层数不少于两层,自由段外端应埋入钢筋混凝土构件内 50 mm 以上。

b.锚固段防腐:位于无腐蚀岩层中时,锚固段除锈、除油后,采用水泥砂浆防腐,施工中应使锚杆位于锚孔中部,要求杆体周围水泥砂浆保护层厚度不小于 35 mm;对位于腐蚀性岩土层内的锚杆的自由段及锚固段,应采取特殊防腐蚀处理。

⑦锚索防腐要求如下:

a.自由段防腐:每根钢绞线除锈、除油后,先在锚索表面涂润滑油或防腐漆,然后包裹沥青玻纤布,再在玻纤布上涂润滑油或防腐漆,并包裹玻纤布,形成"二涂二布",最后装入塑料套管中,并使塑料套管中充满油脂,最终形成双层防腐。自由段宜选用无接头的套管,当有接头存在时,接头处搭接长度应大于 50 mm,并用胶带密封,自由段外端锚头的锚具经除锈、涂防腐漆后应采用钢筋网罩、现浇混凝土封闭,且混凝土强度等级不应低于 C30,厚度不应小于 100 mm,混凝土保护层不应小于 50 mm。

b.锚固段防腐:钢绞线除锈、除油后,采用水泥砂浆防腐。施工中应使锚索位于锚孔中部,要求杆体周围水泥砂浆保护层厚度不小于 35 mm。

对位于腐蚀性岩土层内的锚索的自由段及锚固段应采取特殊防腐蚀处理。

⑧施工前应进行锚杆(索)的基本试验:施工完并达到设计强度后,应随机抽检做锚杆(索)验收试验。其试验要求及步骤按 GB 50330—2002 附录 C.3 要求进行,各类型锚杆(索)轴向设计值及锁定荷载详各图具体标注。锚杆(索)采用分级张拉,施工完且锁定后 48 h 内发现预应力损失值大于设计荷载的 10%时,应对其进行补偿张拉。

⑨泄水孔:泄水孔按 30 m×30 m 呈梅花形布置,孔径 ϕ 为 100 mm,外倾 5%;有裂隙处宜优先布置,并应设滤水层。

⑩伸缩缝:挡墙伸缩缝缝宽 30 mm,缝中嵌聚苯乙烯泡沫板,伸缩缝每 20~25 m 设一道。

⑪本工程边坡坡顶、坡底在施工期间,局部临时地表水通过设置的截水沟有组织排水,排水方向顺地形坡度总体流入长江及嘉陵江,基坑范围内的地表水收集由施工单位自行设截排水沟组织,永久性的排水组织由主体设计单位根据建筑总图组织。

⑫坡顶设截水沟,地表做封蔽处理,严防地表水渗入边坡体内。挡土板上设泄水孔,泄水孔内径 100 mm,外倾坡度不小于 5%,并按梅花形交错布置。最低排泄水孔距排水沟底面 200~300 mm,在泄水孔进水侧设置 500 mm×500 mm×500 mm 反滤包。坡度根据现场地形定,最小坡度不得小于 0.3%,排水沟做法详见大样图。

3.2　两江交汇复杂地质条件下基坑地下水治理

3.2.1　临江区域地质、水文概况及工程重难点

项目直面长江和嘉陵江,基岩面在项目中间位置的东西走向出现陡降。项目地质条件复杂,主要为滩涂回填场地,砂卵石透水层厚薄不均。项目基坑距离长江仅30 m,砂卵石透水层厚薄不均,水位高,地下水与江水联系密切,基坑内水位与江水持平。在目前现有施工机械难以满足超大直径桩基成孔及扩底的情况下,为了满足超高层建筑结构承载力及抗震设计的需要,结构顾问将项目塔楼及裙楼部分桩基设计为大直径及超大直径人工挖孔桩。类似连通器原理,项目地下水水位远高于桩基桩底标高,且桩基施工须穿透砂卵石层进入中风化岩,极易产生涌水、流沙(见图 3.3),并形成地下水水害,桩基施工过程中地下水治理难度非常大,地下水处理成为人工挖孔桩开展必须克服的难关。

图 3.3　桩基内涌水

3.2.2　地下水治理系统确定

目前国内深基坑地下水治理主要有两种思路:一是以高压旋喷桩为代表的注浆止水帷幕;二是以深井降水为代表的降水系统。高压旋喷注浆止水帷幕具有多年的施工应用经验,先后有单管花管注浆止水帷幕、双重管高压旋喷止水帷幕、三重管高压旋喷止水帷幕等施工工艺应用于地下水治理,施工经验相对成熟。但注浆止水帷幕仅适用于含水层厚度及分布较均匀的土质条件,在地质条件复杂的情况下,地下水治理效果不理想。项目进场初期对于止水帷幕进行了局部试验,发现止水帷幕无法满足现场需

要。为此,项目结合基坑深井降水的理念,采用"连续降水帷幕+坑内深井疏干排水"的治理方法(见图3.4)。在长滨路沿线以及T6靠朝东路侧每隔8～12 m设置降水井,形成降水帷幕。在场区内根据砂层厚度布置降水井,疏干砂卵石含水层水体,降低水头高度,防止抗压桩人工挖孔过程中发生突涌冒砂现象。

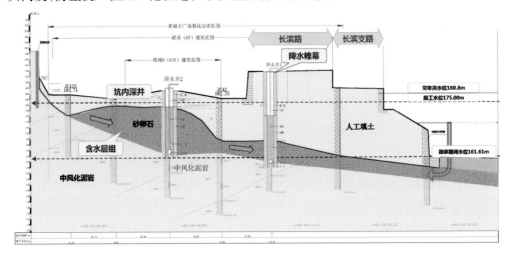

图3.4 连续降水帷幕+坑内深井疏干排水

3.2.3 地下水治理综合治理关键技术

1)三维数值模拟分析技术

地下水流和土体是由固体、液体、气体三相体组成的空间三维系统,土体可以模型化为多孔介质。求解土体中地下水渗流问题可以简化为求解地下水在多孔介质中流动的问题。

对整个基坑降水渗流模拟区域进行离散后,采用有限差分法将上述数学模型进行离散,可得到基坑降水模拟区域的渗流数值模型,以此为基础编制计算程序,计算、预测降水引起的地下水位的时空分布(见图3.5)。

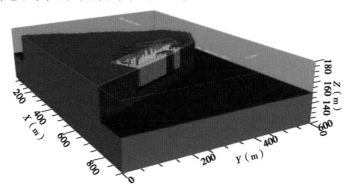

图3.5 离散模型三维俯视图

经分析,降水进入稳定期后,形成降水帷幕限制了长江水对坑内含水层的水源补给;基坑内经过长时间的稳定抽水,含水层内的地下水基本疏干,满足桩基施工要求(见图 3.6)。

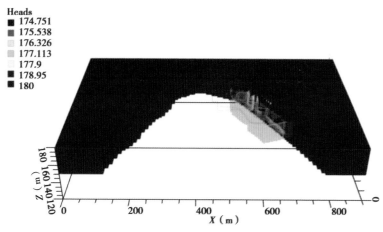

图 3.6　降水运行后降深等值线三维云图

2)降水系统深化技术

(1)降水试验

根据桩基不同的挖深要求,以及含水层的厚度分布规律,于基坑内设置单井抽水试验,在临江段(靠近长滨路)迎水面设置群井试验。单井试验以 2 口降水井为一组,1 口观测井、1 口抽水井,进行 1~2 个落程的抽水试验。群井试验以 5 口降水井为一组,2 口抽水井及 3 口观测井,进行 1~2 个落程的抽水试验。

通过抽水试验求取相关水文地质参数,查明地下水类型、埋藏条件、水位、富水性、补给来源,对地下水、地表水及与周边水体的水力动态联系作出评价。初步判断降水的"降、隔水"效果,了解局部降水的渗透变形规律(图 3.7、图 3.8)。

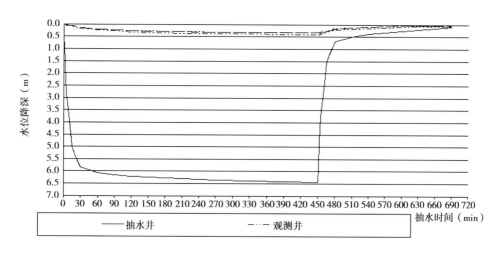

图 3.7　抽水试验 S-t 过程曲线图

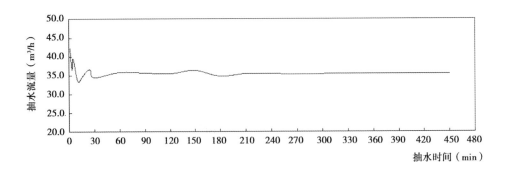

图3.8　抽水试验 Q-t 过程曲线图

（2）深化设计

地下水主要为孔隙潜水类型,赋存于下部砂卵石中,地下水位受江水水位影响明显,考虑地下水位远高于桩底标高,且桩基施工须穿透砂卵石底板进入中风化岩,极易产生涌水、流沙,形成地下水水患。因此,在桩基施工前考虑采用深井降排水,对地下水进行截流、疏干,将地下水降至卵石底层以下,确保无水的干作业面施工(见图3.9)。

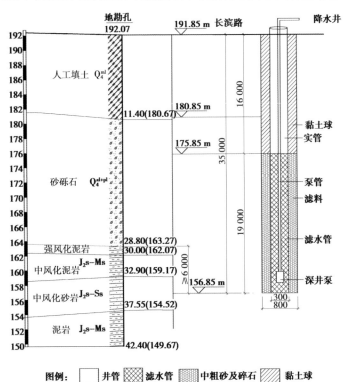

图3.9　典型降水井结构图

根据数值模拟分析结论以及抽水试验数据,结合江水水位标高、含水层埋藏深度、基岩不透水层深度等地质条件,以及试验得出的单位时间出水量,在迎水侧,每间隔

10~15 m 布置降水井;在场区内,在砂卵石层较厚、砂卵石底面标高较深处布置疏干井。为保证水体汇集,所有降水井以入岩 6 m 为控制深度。同时降水井根据现场抽水量及桩基施工难度分批次设置,避免超降,控制降水对周边环境造成的沉降影响(见图 3.10)。

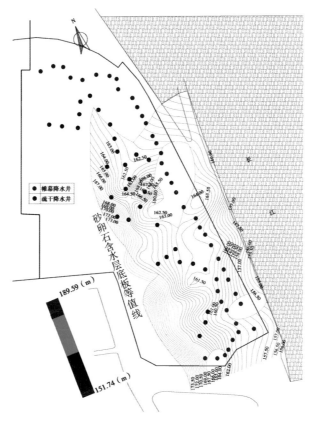

图 3.10　降水帷幕降水井布置图

结合项目实际情况,对降水井施工工艺进行改进简化。使用"液压振动锤埋设全钢护筒+旋挖钻机成孔"的新型成井工艺,同时舍弃传统水泥滤管的做法,选用"钢滤管+钢丝网+尼龙滤网"的滤水管工艺,保证地下水的渗透汇集(见图 3.11)。

图 3.11　过滤管及滤网处理图

3)降水系统施工技术

(1)降水井成孔

采用液压振动锤埋设护筒及旋挖钻机钻孔的方式成孔,全钢护筒采用直缝钢管制作,管径 900 mm,壁厚 1.5 mm,单节长度 3 m,降水井成孔孔径 800 mm。

(2)井管加工及安装

井管采用履带吊进行吊装安放(见图 3.12),井管下置前根据设计要求提前对滤水管和实管的长度进行配置,并逐节进行编号,井管下置时按编号逐节吊装、焊接。严禁强行将管井压入井孔。

井管接长处采用焊接,焊缝顺直饱满,不得虚焊漏焊。最下面一节管底部采用钢板封底,井管上端口高出地面至少 500 mm。

图 3.12 履带吊吊装井管

(3)滤料回填

井管与钻孔间隙填入粒径 2~6 mm 砾石滤料。填料时井管居中,采用循环水填料法进行回填,用铁锹将滤料均匀地抛撒在井管四周,滤料回填至井管口顶面标高以下 5 m,井中剩余深度填黏土球。当实际回填方量接近理论方量的 80% 时,及时下置测绳对滤料回填高度进行实测校正,并逐渐填至设计要求深度,经洗井密实后补填砾石料及填入黏土封闭(见图 3.13)。

图 3.13 人工围填滤料(绿豆砂)

（4）清孔洗孔

填料完成后应采用活塞抽拉和空压机送风联合洗井,洗井完毕后立即下入深井潜水泵进行抽水,疏通水路。洗井时间一般不得小于 30 min,确保抽排出的地下水水清砂净,肉眼观察无混浊和可见颗粒。单井洗井完毕后对出水量进行量测。

（5）安装水泵、管路连接

根据数值模拟分析及抽水试验确定的降深需求,降水井采用 20 m³/h、32 m³/h、50 m³/h 高强潜水泵,泵管采用成品钢泵管,直径 70 mm、90 mm,采用法兰螺栓连接,泵管连接后,采用履带吊安装(见图 3.14)。

图 3.14　高强水泵、泵管连接及吊装

在降水区域内设置排水主管和集水池,法兰盘连接(见图 3.15)。

图 3.15　排水主管系统

4）降水系统使用及维护技术

（1）降水系统使用

安装好排水系统,以及配备有安全装置的供配电系统后,可开启水泵抽排地下水。抽水期间根据实测的地下水水位高度调节抽水力度,采用分段分级降水,以砂卵石层干燥无水为控制标准。按降水要求逐渐开启降水井数量,严格控制因降水引起的周边地层不均匀沉降。成立现场专班,做好抽水期间各项记录,确保各抽水、排水和供配电系统的正常运行。

(2)监测分析

抽水前,于场区内布置 26 个监测点,进行水平位移、竖向位移、坑底隆起等方面的监测(见表 3.2)。降水帷幕运行时,每隔 24 h 监测一次,根据监测数据结果,结合三维地下水非稳定流数值模型,对降水区进行综合监测分析,根据分析结果,调整降水力度。

表 3.2 主要监测内容

区　域	监测内容
道路	对长滨路进行水平位移、沉降位移、倾斜位移监测
基坑支护结构	水平位移、沉降位移、倾斜位移监测
周边建筑	水平位移、沉降位移、倾斜位移监测
坑底	坑底隆起或塌陷监测
水位	江水位、地下水位实时监测

(3)井点保护

对每口井设置醒目标志,并且对可能受车辆行走碾压的电缆线和管路的相关部位加以防护。

3.3　万吨级大直径挖孔灌注桩施工技术

3.3.1　大直径异形桩人工成孔技术

1)大直径异形桩概况及工程重难点

机械成孔桩对场地要求高、设备投入大,项目最大圆桩成桩桩径为 2.6 m,机械无法进行扩底桩及椭圆桩等异形桩施工;同时,桩底沉渣厚度难以控制,单桩承载力较小,成桩质量难以保证。因此,对于超高层建筑大直径桩基,采用更加科学、更为经济的人工挖孔扩底桩施工是一种更为合理的设计方案。

(1)大直径异形柱概况

项目共设置异型桩 432 根,其中裙楼最大圆柱桩径 2.6 m,扩大头 5.3 m;塔楼桩基属于超大直径桩基,桩基设计尺寸较大,圆形桩最大桩径 5.8 m,扩大头 9.4 m,最大桩深 28 m。基坑位于长江与嘉陵江交汇口,东侧为长江、西侧为嘉陵江,距离长江最小距离仅 30 m。

(2)工程重难点

①地质条件差,塌孔风险高

场内杂填土回填深度较深,且地层中存在卵石层及流沙层,降水与地下水系联系密切。人工挖桩成孔过程中存在较大的塌孔风险,因此需对护壁进行科学的深化设计。

②大直径桩基成孔难度大

工程出土量大,对提升速度及安全性要求高,常规卷扬机施工效率慢;桩基扩大头位置成孔角度难以控制,工人长时间斜向钻孔工效较低。

③安全防护要求高

桩内人工成孔主要涉及高空落物、物体打击、通风不畅、照明不足等安全隐患。为保证人工成孔桩安全进行,需落实安全防护及保障措施。

2)人工挖孔桩施工防坍塌技术

(1)护壁深化设计

为确保护壁稳定性,在设计图纸的基础上,对各类型桩基护壁厚度及配筋进行深化设计,在确保施工安全的前提下,节约施工成本。

根据《建筑桩基技术规范》(JGJ 94—2008):人工挖孔灌注桩混凝土强度等级不应低于桩身设计混凝土强度等级;根据结构设计说明,桩护壁的混凝土强度等级应与桩身混凝土强度一致。本工程东、西两侧分区 KHZE 和 KHZW 的抗滑桩,混凝土等级采用 C40,其余桩身混凝土设计强度为 C35,故选择 C35、C40 作为桩身护壁混凝土强度,其配合比设计见表 3.3。

表 3.3　护壁混凝土配合比　　　　　　　　　　　　　　单位:kg

混凝土等级	配合比(质量比)						
	水	水泥	细骨料	粗骨料	掺合料 1	外加剂 1	外加剂 2
C35	164	320	799	1 059	70	8.2	/
C40	160	353	792	1 049	67	9.2	67

(2)护壁内支撑设计

出于结构设计要求,本工程塔楼桩大多数设计为异形椭圆,最大桩径 3.4 m,其中平直段达 3 m。由于异形人工挖孔桩平直段两侧土体不能形成土拱效应,护壁内存在正负弯矩,对护壁的要求较传统圆桩护壁要求高出很多;且护壁混凝土均为现浇混凝土,达到设计强度需要一定时间。工人孔内作业过程中,上部护壁存在不稳定风险,需在浇筑完成后进行加固处理,确保作业安全。

传统异形人工挖孔桩护壁浇筑,不可重复利用,耗时、耗工、不环保,不仅稳定性较差,且架体拆除时,扣件、钢管、顶托等构件零散易落,容易造成物体打击伤害。因此,本工程在实践过程中,总结研制了一种成品化、标准化、适应多种桩径、可周转使用的异形人工挖孔桩护壁内撑(见图 3.16)。

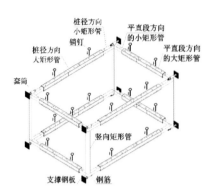

图 3.16 护壁支撑加固图

3）人工挖孔桩成孔技术

（1）土方开挖

桩基开挖根据规范需按跳挖的原则进行，施工前需对桩基开挖分批进行部署。对于超大直径桩，为加快施工进度，可配合使用小型挖机进行土方开挖；表层 1~3 m 土层利用反铲在地面开挖，4~6 m 土层将小型挖机吊入孔内作业（见图 3.17）。

图 3.17 大直径桩土方开挖示意图

对于石方的挖掘采用水钻掘进，水钻钻孔将挡土桩桩芯与四周基岩分离。水钻钻完后用锤子把楔形錾子沿钻缝打进（见图 3.18），把钻好岩芯挤压断裂后将其取出。基底不平整处人工捡底修平。基底修平后立即封底，避免岩石裸露时间太长。

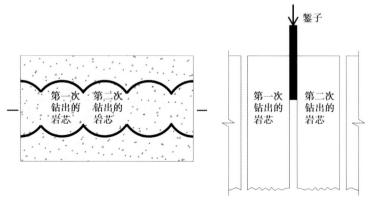

图 3.18 岩层水钻施工示意图

（2）简易人字桁车吊

工程出土量大,对提升速度要求及安全性要求高,特采用龙门式人字桁车吊（见图 3.19）。其结构稳定,提升力大,提升速度快,安全性高,特别适用于大尺寸桩基施工。

（3）护壁施工

①模板选型

一级开挖完成后,按设计要求绑扎钢筋,然后支设模板。内模采用 6 mm 厚一节组合式钢模板拼装而成（见图 3.20）,拆上节支下节,循环周转使用,拆除模板时护壁强度不低于 1.0 MPa。

图 3.19　简易人字桁车吊　　　　　　图 3.20　护壁模板选型

②模板支撑

采用 A48 钢管与螺旋顶托结合支撑,支撑水平间距≤1 200 mm。

③护壁钢筋绑扎

a.绑扎钢筋前由项目工程师向班组进行交底,内容包括绑扎顺序（主筋在外,环形钢筋在内）、规范、间距、位置和保护层、搭接长度与接头的错开位置,以及弯钩形式等要求。

b.主筋应预先调直,箍筋施工前应在主筋上等分画出其绑扎位置。对于椭圆桩,主筋安装前预先吊垂线定位 1#、2#圆心点,根据纵筋中心至圆心点的距离,然后放出圆弧部分纵筋位置;放出后得出 3#、4#、5#、6#基点,再根据纵筋间距划分出直线段纵筋位置。

c.护壁钢筋成型后,须经现场施工人员、质检员全面检查绑扎、焊接质量。

d.弯曲不直的钢筋经校正后方可使用,沾染油渍和污泥的钢筋必须清洗干净方可使用。

e.加强施工工序质量管理,在钢筋绑扎过程中,除班组做好自检外,质检、技术应随时检查质量,发现问题及时纠正。

④浇筑护壁混凝土

浇筑护壁混凝土时,采用小型振动棒进行振捣,受场地限制,无法使用振动棒的地方采用人工敲击模板的方法进行振捣（见图 3.21）。

图 3.21　护壁浇筑成型图

（4）桩基扩底施工

本工程桩基扩大头开挖斜率包括 1∶2、1∶3 两种类型。进行扩大头段开挖时，桩基已入岩，岩层开挖需采用水钻分层掘进。

为固定水钻，并确保钻孔角度，项目技术人员研发了一种可调角度的人工挖孔桩扩大头施工水磨钻，如图 3.22 所示。

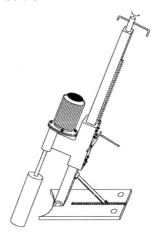

图 3.22　可调角度水磨钻

（5）终孔及浇筑封底混凝土

桩孔挖至孔底设计标高或持力层时，施工单位会同建设、勘察、设计、监理及有关质检人员共同对孔底进行检查验收，待桩孔验收后，立即组织浇筑封底混凝土（见图 3.23）。

图 3.23　终孔混凝土浇筑

封底混凝土高度为 200~300 mm,强度同桩身混凝土设计强度,采用导管或串筒进行混凝土浇筑。为保证塔楼桩孔桩基施工质量,须抽干积水后方能浇灌封底混凝土。若裙房桩孔浇灌封底混凝土时,当孔内渗水量较少,可先抽出孔底积水,在积水深度未超过 100 mm 按常规方法浇灌混凝土;若渗水量较大,孔底积水深度大于 100 mm 时,采用水下混凝土施工方法浇灌。

3.3.2　双层钢筋笼孔内绑扎技术

1)超大直径桩基钢筋施工重难点

本工程部分桩基采用双层钢筋笼,单桩最大钢筋笼总质量约 30 t,受外层钢筋笼加强环内撑钢筋和双层钢筋笼间极小的层间净距两方面因素的影响,双层钢筋笼不能分笼独立进行吊装,须采用传统绑扎成型后整体吊装的方式施工,因此所需汽车吊重较大。然而,桩间场地往往不具备大型汽车吊架设条件,导致无法使用整体吊装方法进行施工。

2)双层钢筋笼安装流程

采用"骨肉分离"的方法分层进行大直径桩基超重双层钢筋笼的施工,即在短时间内在孔外进行双层钢筋笼骨架及操作架的制作及搭设,将极少部分外层主筋与外层加强环焊接成型,内层加强环采用铁丝与外层钢筋笼骨架绑扎牢固,钢筋笼骨架采用外层加强环外置,内层加强环内置。此外,在钢筋笼骨架中穿插搭设操作架骨架,再采用汽车吊辅助塔吊将制作搭设完成的钢筋笼骨架和操作架骨架吊入孔内后,对操作架进行补充搭设及加固,完成剩余钢筋的绑扎。

3)大直径桩基超重双层钢筋笼安装关键技术

(1)钢筋笼及操作架骨架制作技术

①将极少数外层纵筋与外层加强环焊接成型,内层加强环采用铁丝绑于外层加强环,形成钢筋笼骨架。

②钢筋笼纵向每隔 3 m 设置一道加强环,加强环内设置加强钢筋,加强环大小根据桩径尺寸及钢筋保护层厚度而定,外层加强环设在外层主筋外侧,内侧加强环设在内层主筋内侧,如图 3.24 所示。

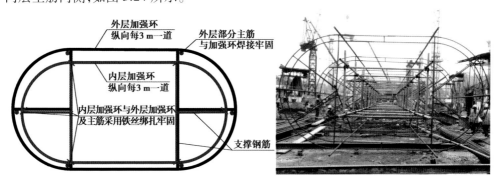

图 3.24　钢筋笼及操作架骨架的制作

③根据桩径不同尺寸,采用不同规格的加强环及加强钢筋,具体加强环如图 3.25 所示(内、外层加强环及加强钢筋设置方式相同)。

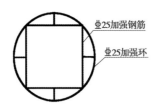
(a)圆形桩加强环(3 m≤d≤3.6 m)

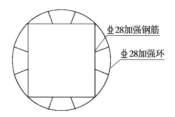
(b)圆形桩加强环(3.6 m≤d≤5.8 m)

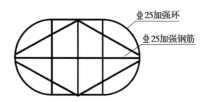
(c)椭圆桩加强环(3 m≤d≤3.4 m)

图 3.25　桩基钢筋加强环示意图

(2)钢筋笼及操作架骨架吊装技术

采用 25 t 汽车吊辅助塔吊对骨架进行竖立,最后采用塔吊将竖立的骨架吊入孔内 (见图 3.26)。

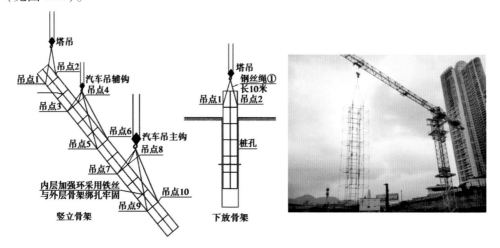

图 3.26　钢筋笼及操作架骨架的吊装

(3)操作架加固技术

操作架具体尺寸根据各桩桩径大小确定。竖向每隔 3 m 间距在横杆上设置一道短钢管,短钢管末端支撑于护壁上,确保架体的稳定。架体上铺设移动木跳板,形成操作平台(见图 3.27)。

图 3.27 操作架示意图

（4）钢筋绑扎技术

①外层主筋的吊装及绑扎

将在孔外连接好的 3 根主筋成捆固结后进行吊装。为防止钢筋束竖直吊运的过程中单根钢筋滑落，纵向每隔 2 m 采用白棕绳捆紧系牢，并在套筒接头两端采用铁丝将各主筋绑扎成束（见图 3.28）。此外，在桩顶端头处采用短钢筋与各主筋端头进行点焊，钢筋束下放完成后，在桩顶处对短钢筋进行破除。

钢筋吊装就位后，各操作架的作业人员将钢筋放置到加强环上的设计处，采用铁丝完成主筋与定位箍的绑扎。

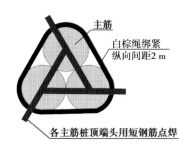

图 3.28 主筋捆绑示意图

图 3.29 外层主筋的绑扎

②防扭斜向支撑钢筋的绑扎

片面主筋绑扎完成后，及时在立面上从底到顶采用 C22 钢筋设置斜向支撑钢筋，支撑钢筋与主筋节点处采用 24# 铁丝进行满绑，防止钢筋笼扭曲。

③外、内层箍筋的传递及绑扎

外层主筋绑扎完成后（见图 3.29），操作人员将单根箍筋（长 9 m）从桩口往下传至盘绕高度，从下往上进行外层箍筋的绑扎。外层箍筋绑扎完成后，进行内层箍筋的传递及盘绕，内层箍筋先与外层主筋进行简单的定位绑扎，待内层主筋吊装绑扎完成后，再反绑于内层主筋（见图 3.30）。

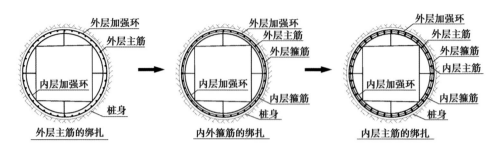

图 3.30 主筋及箍筋的绑扎

④内层主筋的吊装及绑扎

因主筋下落孔隙狭小,采用塔吊将孔外连接好的主筋单根吊入孔内,吊装就位后采用20#铁丝与内层加强环满绑牢固。

⑤内层箍筋的反绑

内层主筋吊装绑扎完成后,采用火烧丝将内层箍筋与内层主筋进行满绑。

3.3.3 双导管混凝土灌注技术

1)超大直径桩基水下混凝土灌注重难点

临江地区桩基基岩裂隙发育完整,并受长江江水连通的直接影响。桩基在成孔后,因桩底基岩裂隙水涌水及桩壁渗水量过大,常规浇筑桩基混凝土方式不能确保桩基质量要求。为确保桩基施工质量,项目采用水下混凝土浇筑方式进行施工。项目部分塔楼桩底直径 6.4 m,平直段长 2.5 m,即长轴方向长 8.9 m,短轴方向宽 6.4 m,最大扩底面积达到 48 m^2,采用水下混凝土浇筑方式初灌混凝土方量达 44.9 m^3,传统的混凝土灌注方式无法达到水下混凝土初灌要求。为保障大直径桩基混凝土施工的质量,在高水压情况下初灌混凝土必须在短时间内覆盖整个桩底及导管。

2)超大直径桩基双导管水下混凝土灌注管井技术

(1)超高流态混凝土性能研究

综合考虑大直径桩基水下混凝土坍落度、扩展度及水化热等性能的要求,以及混凝土在运输、浇筑准备过程中性能损失等因素。为确保大直径桩基混凝土能够在初灌时间内扩展覆盖整个桩底,且在混凝土初凝时间内完成桩基混凝土的整体浇筑,需提前对水下混凝土进行研发。

①优化配合比

根据自密实混凝土的技术要求,通过大量试配,在综合分析了胶凝材料体系、胶凝材料总量、水胶比、砂率等因素后,项目上通过满足自密实性能细集料颗粒级配的研究,提高混凝土流动性、降低黏度,提高混凝土在 U 形箱中的通过性。最终得出了满足施工需求的 C45 水下自密实混凝土最优配合比(按照项目桩基混凝土强度要求提高两个等级进行设计),C45 水下自密实混凝土基本性能检测结果如图 3.4 所示。

表 3.4　C45 水下自密实混凝土基本性能检测结果

编号	倒筒流空时间（s）		坍落度（mm）		扩展度（mm）		U 形箱填充高度（mm）		抗压强度（MPa）	
	0 h	3 h	0 h	3 h	0 h	3 h	0 h	3 h	R7	R28
1	15	17	240	230	600	590	290	280	39.7	51.2
2	9	11	245	235	660	630	320	310	40.3	53.5
3	5	7	260	245	700	670	340	325	43.5	55.6
4	11	15	230	210	610	590	300	280	38.8	50.9
5	8	10	250	230	630	600	310	300	40.5	58.7

②原料对混凝土性能影响分析

从多种典型配合比的性能检测结果中综合分析骨料、胶凝材料体系、水胶比、外加剂等因素对混凝土性能的影响。

a.细集料对水下自密实混凝土配合比设计的影响。

重庆地区机制砂由机械破碎而成,颗粒级配较差,不适宜配制自密实混凝土,通过掺入一定量的天然特细砂改善机制砂的颗粒级配。由机制砂与天然特细砂组合而成的混合砂满足配制自密实混凝土性能的要求,通过颗粒搭配可以有效地降低混凝土黏度,提高混凝土流动性。

b.胶凝材料体系对水下自密实混凝土配合比设计的影响。

通过降低胶凝材料总量,导致混凝土浆体的体积减少,混凝土的黏度会增加,U 形箱通过性有一定降低。从强度、工作性及 U 形箱通过性 3 个角度综合考虑,宜采用总量为 465 kg/m³ 的胶凝材料。在此胶凝材料总量下,混凝土用水量为 160 kg/m³ 时,混凝土黏度低、流动性高,满足自密实性能要求。在胶凝材料总量相同的情况下,提高矿粉用量,降低粉煤灰用量,易造成混凝土轻微泌浆,匀质性下降,不利于混凝土的自密实性能。

c.水胶比对水下自密实混凝土配合比设计的影响。

水胶比即用水量与胶凝材料用量之比。在胶凝材料用量和骨料用量不变的情况下,水胶比增大,相当于单位用水量增大,水泥浆很稀,拌合物流动性也随之增大,反之亦然。用水量增大带来的负面影响是严重降低混凝土的保水性,增大泌水,同时使黏聚性也下降。但水胶比也不宜太小,否则因流动性过低影响混凝土振捣密实,易产生麻面和空洞。合理的水胶比是混凝土拌合物流动性、保水性和黏聚性的良好保证。

d.外加剂对水下自密实混凝土配合比设计的影响。

自行研制开发的自密实混凝土专用外加剂,与胶凝材料具有良好的相容性,在具备高效减水作用的同时,能够有效保证混凝土的黏聚性和流动性,以及良好的坍落度保持性能。

③配合比确定及原材料要求

a.配合比确定。根据大量试配及性能对比,分析各种原材料对混凝土性能的影响,最终确定配合比。混凝土工作性能及强度见表3.5。

表3.5　C45水下自密实混凝土基本性能检测结果

坍落度		扩展度		倒筒时间		强　度	
初始	3 h	初始	3 h	初始	3 h	7 d	28 d
260	245	700	670	5	7	43.5	55.6

b.原材指标:

- 水泥:选用拉法基水泥厂生产的 P.O42.5R 水泥。
- 拌合用水:为地下水和泉水混合使用。
- 掺合料:粉煤灰选用珞璜电厂生产的 II 级粉煤灰,矿粉选用重庆钰宏再生资源有限公司生产的 S95 矿粉,硅灰选用四川朗天资源综合利用有限责任公司生产的硅灰。
- 骨料:碎石采用最大粒径 20 mm 的卵碎石与 0~1 石子搭配使用,碎石选用重庆卓盈建材有限公司生产的碎石。
- 外加剂:选用中建商品混凝土有限公司生产的聚羧酸高性能减水剂,此产品减水率高。

(2)超大扩底桩径水下混凝土初灌优化

按照《建筑桩基技术规范》(JGJ 94—2008)中对水下混凝土导管底端距离桩底不小于 300 mm,导管一次埋入混凝土灌注面以下不应少于 0.8 m 的初灌量要求。因桩底扩底面积达 40 m²,混凝土初灌方量需达到 50 m³,常规灌注方法无法满足要求;桩口直径小,现场桩间场地狭窄,无法架设多套水下混凝土灌注设备(每套设备包括一台天泵+一台汽车泵+一台罐车)进行过多导管同时浇筑,且若采用过多导管同时进行同一根桩水下混凝土浇筑,各导管交界面混凝土成型质量难以保障;初灌方量大,混凝土质量达 125 t,桩间土体均悬于扩大头上方,地基整体受力存在较大安全隐患。

针对以上几点,需对超大扩底桩水下混凝土灌注初灌进行优化。按导管底端距离桩底 250 mm,导管一次埋入混凝土灌注面定为 0.5 m 的原则,设计采用"双料斗+双导管"的方式,从理论分析及模拟浇筑试验两方面验证方案的可行性。

①理论分析

建立混凝土流动简化模型(见图3.31),认为混凝土从导管灌入钻孔底部的时候,混凝土形成一个稳定的流动状态体(L形)。因此,确定混凝土流动范围的任务便可以简化为求解水平部分流动混凝土体的长度,即在稳定的混凝土流动状态下,水平部分混凝土能够流动的最大距离。

影响混凝土流动的主要因素有:导管与混凝土的摩擦力、混凝土从竖向流动过渡到水平流动的速度损失、钻孔底部与混凝土的摩擦阻力。因此,通过分析这 3 个因素便可以获得混凝土流动范围的计算方法。

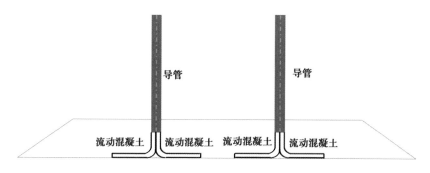

图 3.31　混凝土流动模型图

经过理论分析,可得出若需混凝土扩展度达到要求,混凝土塑性黏度小于对应值即可。项目超大直径桩基双导管水下灌注导管距离桩壁最大距离为 3.6 m,对应塑性黏度值需小于 16。通过计算,塑性黏度为 13.9,初灌方案理论可行。

②模拟浇筑试验

因理论分析或与实际施工存在偏差。为确保桩基浇筑质量,在现场以工程桩最大扩底尺寸标准,开挖试验桩,在试验桩内注满水,按导管底部下端距离孔底 250 mm,导管一次埋入混凝土灌注面以下 0.5 m 的标准进行双导管水下灌注模拟试验。试验后,从混凝土埋管高度、桩底混凝土覆盖情况、距离导管最远端混凝土厚度、双导管交界面混凝土成型质量及强度情况等多方面验证初灌方案的可行性,并从中优化双导管水下混凝土浇筑工艺,保证混凝土浇筑质量。模拟试验步骤如下:试验桩开挖→注水→料斗及导管架设→混凝土灌注试验→可行性分析→总结优化。

a.试验方法:

● 将两料斗内装满混凝土后,采用两台汽车吊同时拔出料塞,确保同时开始下料,记录初灌时间,计算混凝土下料速度,验证是否可以在混凝土初凝时间内完成整个桩基混凝土的浇筑;

● 灌注完成后,观察导管是否被混凝土完全密封,导管内有无进水现象,验证埋管高度是否满足要求;

● 浇筑完成后测量典型位置混凝土厚度。混凝土初凝后,抽干桩内积水,观察桩底混凝土成型情况,验证导管埋入混凝土的情况,验证混凝土覆盖情况及混凝土埋管情况;

● 采用铁锹,对导管附近、双导管交界面、距离导管较远桩边等特殊点混凝土强度进行检验,初步检验混凝土强度,测量表面浮浆厚度,为确定工程桩混凝土正式浇筑超灌高度做参考;

● 在导管附近、双导管交界面、距离导管较远桩边等特殊点钻芯取样,观察其混凝土芯样完整性,并检测混凝土强度,验证混凝土质量。

b.试验总结:根据试验结果显示,采用特制的超高流态 C45 水下自密实混凝土,按导管底部下端距离孔底 250 mm,导管一次埋入混凝土灌注面以下 0.5 m 的标准进行双导管水下混凝土浇筑的方案可行。

c.方案优化：

● 混凝土均分灌注。根据模拟试验显示，虽然采用两汽车吊同时拔出料塞，由于每罐混凝土性能存在微小差异，后进场的混凝土比先进场的混凝土下料速度略快。最终下料快的导管流出混凝土面略高于下料慢一侧的混凝土面，在两混凝土交界面容易形成夹层。因此，初灌时宜将每罐混凝土均分到两个料斗内，确保两料斗内混凝土性能相同、下料速度一致，避免混凝土面形成高低差，造成导管无法完全被初灌混凝土密封。

● 初灌时，天泵继续送料。根据记录天泵送料至料斗的时间：每灌混凝土 12 m^3 输送时间为 13.5 min，约合 53.3 m^3/h；记录初灌时间，从拔料塞到料斗内混凝土初灌结束，共耗时为 3 min。因此，在初灌同时，若两台天泵连续向料斗内供料，初灌混凝土实际方量可增大。

● 做好施工组织部署，确保混凝土浇筑的连续性。因双导管每小时浇筑方量有限，桩基总混凝土方量大，为保证在混凝土初凝时间内完成灌注，扣除混凝土运输及灌注准备时间，施工时必须保证灌注的连续性。对此，施工方需与混凝土供应商做好部署配合，选择夜间浇筑，做好交通疏导，保证供料的连续性。

(3)超大容量料斗设计

因常规小容量料斗远远无法满足超大直径桩基水下混凝土初灌要求，项目自主研发了用于超大容量水下混凝土料斗以及架设方法，实现了超大直径桩基水下混凝土浇筑的初灌需求。

①料斗设计

根据初灌混凝土方量要求，为提高下料速度，料斗设计成锥形。优化初灌方式后每个料斗最小需要容量为 18 m^3，实际料斗尺寸为 3 m×4 m×2.5 m。因料斗容量大，每个料斗装满混凝土后总质量达 48 t，料斗采用均匀分布 36 根 50 mm×50 mm×6 mm 的方钢立柱进行支撑（见图 3.32、图 3.33）。设计时进行料斗板面、龙骨、立柱抗弯强度及挠度等方面的验算，满足要求。

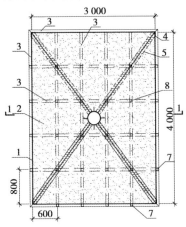

1.竖面板（材质为Q235-b、规格8 mm）
2.斜面板（材质为Q235-b、规格12 mm）
3.龙骨（材质为Q235-b、规格为50×50×6）
4.四角立柱（材质为Q235-b、规格为∟100×6）
5.斜板收口条（材质为Q235-b、规格为∟80×5）
6.底面板（材质为Q235-b、规格8 mm）
7.边立柱（材质为Q235-b、规格为50×50×6）
8.中立柱（材质为Q235-b、规格为50×50×6）
9.导管接头（材质为Q235-b、与导管配套）
10.导管接头焊接板（材质为Q235-b、规格8 mm）

图 3.32　料斗平面示意图

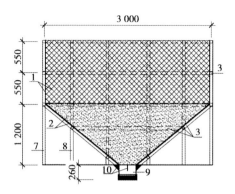

图 3.33　料斗剖面示意图

②料斗架设

超大直径桩基水下混凝土浇筑所采用的料斗容量大,装满混凝土后质量大,无法像普通小直径桩水下混凝土灌注时采用汽车吊或塔吊吊装的方式进行混凝土的灌注,且桩口尺寸大,导管固定架(井口架)无法直接搭设在桩口上进行导管的固定及拆除。因此,需在桩口搭设一个支架,支架除考虑承担料斗及初灌混凝土重量外,还需考虑混凝土浇筑时的人工操作平台,以及拆管、拔管时导管固定架(井口架)的搭设方法。施工时可考虑在桩口上面架设大工字钢作为主梁,因导管固定架(井口架)需设在料斗下方,因此还需在主钢梁上架设小工字钢,主、次工字钢相交节点需与每个料斗的立柱一一对应。工字钢位置摆放正确后,对料斗外圈立柱对应的主、次工字钢相交节点处进行点焊,使架体形成整体(见图 3.34)。

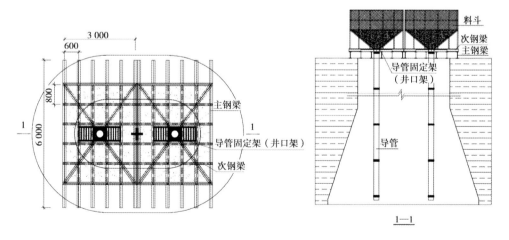

图 3.34　料斗支架示意图

3)超大直径桩基双导管水下灌注施工工艺

超大直径桩基双导管水下混凝土灌注主要施工流程:沉渣测量→混凝土初灌→混凝土面标高测量→大料斗更换小料斗→拔管→混凝土养护→桩基质量检测。

（1）沉渣测量

水下混凝土浇筑前，需选多个点位对孔底的沉渣厚度进行测量。第一次测绳悬挂尖长重物，第二次悬挂底端为平面的重物，两次长度相减值即为沉渣厚度，各点沉渣厚度均需小于 5 cm，若不满足要求，需对孔底沉渣进行清除。

（2）混凝土初灌

灌注前，先配制 0.2~0.3 m³ 流动性好的水泥砂浆，对天泵进行洗管。然后，将场内最后搅拌出罐的 3 车混凝土作为初灌混凝土，每车混凝土均分输入两个料斗。待第四车、第五车混凝土准备就绪后，两台汽车吊同时将隔料塞拔出，开始初灌。同时，两台天泵连续向两个料斗内输送混凝土。

（3）混凝土面标高测量

灌注水下混凝土过程中，安排专人进行混凝土标高面的测量，测量需采用专业测绳及测锤定时进行。通过实际测量标高与根据已浇筑混凝土方量计算而得的标高进行对比，综合计算混凝土埋管高度，以此确定拔管拆卸时间。

（4）更换料斗

待桩底混凝土大面上升高度不小于 6 m 后，汽车吊将两大料斗吊离桩口区域，换常规小型料斗（2 m³），进行混凝土的连续浇筑。

（5）拔管、拆管

经混凝土标高测量，计算导管埋入混凝土面深度。当导管埋入混凝土面大于 6 m 时，提升导管进行拆除。正常浇筑过程中，导管埋入混凝土内深度一般为 3~6 m，最小深度为 1.5~2.0 m，最深不超过 8 m。两根导管同步提升，提升速度保持一致，导管提升不得过快过猛，严禁导管拔出混凝土表面。

（6）混凝土养护

桩基混凝土超灌高于设计高度 1 m，通过测量复核超灌标高。浇筑完成后，水面上升，蓄水养护。浇筑前按照最新规范要求布设测温点，养护期间采用无线测温仪对桩身混凝土温度进行无间断监测记录，并与理论值进行对比分析。

（7）桩基质量检测

桩身混凝土浇筑 28 d，达到强度要求后，通过声波透射法和混凝土钻芯取样两种方式对桩身完整性进行检验。钻芯检验除按规范对竖直段范围桩身完整性及混凝土强度进行检验外，另增加桩底扩大头范围内桩身完整性及混凝土强度的检验（见图3.35）。

3.3.4 万吨级大直径挖孔灌注桩检测

本工程桩基采用人工挖孔灌注桩，桩身混凝土等级为 C35；桩端持力层为泥岩，基桩桩端持力层岩石单轴抗压强度设计值为 2.707 MPa。根据有关规范、规程的规定，结合设计要求及本工程具体特点，该工程基桩检测方法主要包括基桩钻芯法、低应变法和声波透射法。

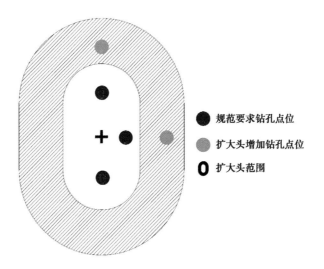

图 3.35　钻芯点位示意图

1）基桩钻芯法

本工程人工挖孔桩,依据规范要求采用钻芯法进行承载力的抽样检测。

检测技术要求:钻孔灌注桩采用钻芯法检测时,混凝土龄期不得少于 28 d 或者试件达到设计要求。钻孔数量为:桩径 $\phi < 1.2$ m,钻孔数量为一桩一孔;1.2 m $\leqslant \phi \leqslant$ 1.6 m,钻孔数量为一桩二孔;$\phi > 1.6$ m,钻孔数量为一桩三孔。持力层的钻探深度为:每桩钻至设计要求的深度,如设计未有明确要求时,宜钻入持力层 3 倍桩径,但至少不小于 5 m。现场钻孔作业完成后,分上、中、下不同部位按规定采取若干组代表性混凝土芯样及一组岩样进行室内加工和单轴饱和抗压强度试验,并参照检测标准综合评价其强度。

（1）钻芯孔位置的确定

当基桩钻芯孔为一个时,宜在距桩中心（0.15~0.25）D 位置开孔;当钻芯孔为两个或两个以上时,宜在距桩中心处均匀对称布置。

（2）现场钻芯作业要求

①在钻进过程中,钻孔内循环水流不得中断,水压应能保证充分排除孔内岩粉。当钻孔钻至接近桩端或墙底的地基持力层时,应采取提钻或其他措施,保证在一个回次中能反映桩端接触带的持力层性状。

②在钻芯过程中,应观察并记录回水含砂量及颜色、钻进的速度变化,当出现异常情况时,应记录缺陷位置及程序、沉渣厚度等情况。

③钻芯孔倾斜率不得大于 0.5%,当出现钻孔偏离桩或墙体时,应立即停机,并查找原因。当有争议时应安排专业队伍进行钻孔测斜,用以判定是工程桩倾斜超过规范要求还是钻芯孔倾斜过大。

④钻进时适当控制回次进尺,一般每个回次不宜超过 1.5 m,在预测或钻到胶结较差、断桩、表层、桩身缩径及桩顶以下 1 m 内、桩底接近持力层部位等应采用轻压慢转

钻进,回次进尺必须控制在 1.5 m 以内。

⑤芯样取出后,应按回次顺序放进芯样箱中,及时标上清晰标记,如钻芯回次、节数、节长等,并及时进行记录,表明取芯深度。

⑥当进尺接近桩底时,必须注意穿桩时的钻进速度,若出现钻尺快进现象,必须立即关水泵起钻,然后用无泵反循环进行捞渣钻进,以确定沉渣厚度及沉渣组成。

⑦对混凝土的胶结情况、骨料的分布情况、混凝土芯样表面的光滑程度、气孔大小、蜂窝、夹泥、松散、桩或墙底混凝土与持力层的接触情况、沉渣厚度以及桩或墙端持力层的岩土特征等,应作出清晰、准确的详细记录。

⑧终孔时若发现基桩有关技术指标不符合设计要求,或钻芯桩长与委托方提供的施工桩长不一致,应如实记录。

⑨当持力层要求为强风化岩层或土层又未有超前钻探资料时,应进行标准贯入试验。

⑩采取芯样试件前应对有注明工程名称、钻芯桩号、钻孔号的标牌的全貌进行拍照。有明显缺陷的芯样表面应朝上,务求能反映芯样的真实情况。

(3)芯样采集

①混凝土抗压芯样试件采取应符合如下规定:当桩长小于 10 m 时,应在上半部和下半部取代表性芯样 2 组,每组连续取 3 个芯样试件;当桩长在 10~30 m 时,每孔应在上、中、下 3 个部位分别选取有代表性芯样 3 组;当桩长大于 30 m 时,每孔选取不少于 4 组代表性芯样;当混凝土芯样均匀性较差时,应根据实际情况,增加取样数量。

②上部芯样位置距桩顶设计标高不宜大于 1 倍桩径或超过 2 m;下部芯样位置距桩底不宜大于 1 倍桩径或超过 2 m,中间芯样宜等间距截取。

③当缺陷部位经确认可进行取样时,必须进行取样。

④当一桩钻孔在两个或以上且其中一孔因缺陷严重未能取样时,应在其他孔相同深度取样进行混凝土抗压试验。

⑤所有取样位置应标明其深度或标高。

⑥当设计要求的持力层位于中、微风化岩层且岩芯可制作成试件时,应在接近桩底部位采取岩石芯样试件,当芯样取出后,应及时用胶袋封闭或其他手段进行保护,避免岩芯暴露时间过长,而降低其强度。

⑦选取作为抗压试验的代表性芯样,应经过见证确认。芯样在运送前应妥善包装,并应防止损坏。

(4)检测数据分析与判定

①取一组中 3 块试件强度的平均值为该组芯样混凝土强度代表值。同一受检桩同一深度部位有两组或两组以上混凝土芯样试件抗压强度代表值时,取其平均值为该桩该深度处混凝土芯样试件抗压强度代表值。

②受检桩中不同深度位置的混凝土芯样,试件抗压强度代表值中的最小值为该桩混凝土芯样试件抗压强度代表值。

③桩端持力层性状应根据芯样特征、岩石芯样单轴抗压强度试验,综合判定桩端持力层岩土性状。

④成桩质量评价应按单桩进行。

2)基桩低应变法及声波透射法检测的目的及依据

(1)目的

按照基桩低应变法及声波透射法检测方法,通过对基桩弹性波及超声波透射检测,检测控制采集频率、采集波速、图形变化等指标,以达到以下目的:

①低应变法检测基桩桩身完整性,判定桩身缺陷的程度及位置,是否满足该工程使用要求。

②声波透射法检测基桩桩身完整性,判定桩身缺陷的程度及位置,是否满足该工程使用要求。

(2)依据

①基桩检测委托书。

②中华人民共和国行业标准《建筑基桩检测技术规范》(JGJ 106—2014)。

根据重庆的特殊地理环境主要采用低应变法、声波透射法。低应变法要求柱下 3 桩或 3 桩以下承台抽检数量不少于 1 根,单桩单柱应该全数检测。要求桩身长度大于 15 m,地下水丰富都要求做基桩超声波检测;在现场桩身长度不大于 15 m 时,超声波检测不少于基桩总数的 10%,其余基桩全数采取低应变检测。本方案根据工程施工现场采取合理检测低应变法及超声波透射法。

3)基桩低应变检测

①受检桩具体位置和数量由建设单位、监理单位及施工单位共同研究决定。施工单位低应变法检测应符合以下规定或准备检测前的工作:

a.受检桩混凝土强度至少达到设计强度的 70% 且不小于 15 MPa。

b.对基桩桩头凿去浮浆,打磨桩头。

c.桩头的材质、强度、截面尺寸应与桩身基本等同。

d.桩顶面应平整、密实,并与桩轴线基本垂直。

②测试参数设定应符合下列规定:

a.时域信号记录的时间段长度应在 $2L/c$(L 为测点下桩长,c 为桩身波速)时刻后延续不少于 5 ms;幅频信号分析的频率范围上限不应小于 2 000 Hz。

b.设定桩长应为桩顶测点至桩底的施工桩长,设定桩身截面积应为施工截面积。

c.桩身波速可根据本地区同类型桩的测试值初步设定。

d.采样时间间隔或采样频率应根据桩长、桩身波速和频域分辨率合理选择;时域信号采样点数不宜少于 1 024 点。

e.传感器的设定值应按计量检定结果设定。

现场检测流程如图 3.36 所示。

③测量传感器安装和激振操作应符合下列规定:

a.传感器的安装应与桩顶面垂直;用耦合剂粘结时,应具有足够的粘结强度。

b.激振点位置应选择在桩中心,测量传感器安装位置宜为距桩中心 2/3 半径处(见图 3.37)。

c.激振点与测量传感器安装位置应避开钢筋笼的主筋影响。

d.激振方向应沿桩轴线方向。

e.瞬态激振应通过现场敲击试验,选择重量合适的激振力锤和锤垫。

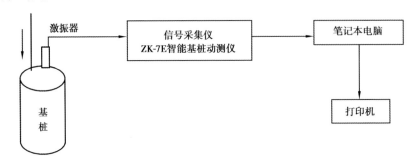

图 3.36　现场检测方框图

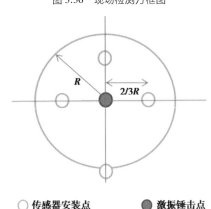

○ 传感器安装点　　● 激振锤击点

图 3.37　测量传感器安装和激振操作

④信号采集和筛选应符合下列规定:

a.根据桩径大小,桩心对称布置 2~4 个检测点;每根桩所检测记录的有效信号数不宜少于 3 个。

b.检查判断实测信号是否反映桩身完整性特征。

c.不同检测点及多次实测时域信号一致性较差,应分析原因,增加检测点数量。

d.信号不应失真和产生零漂,信号幅值不应超过测量系统的量程。

4)声波透射法检测

声波透射法检测现场操作流程如图 3.38 所示。

受检桩具体位置和数量由建设单位、监理单位及施工单位共同研究决定。受检桩混凝土强度至少达到设计强度的 70%且不小于 15 MPa。施工单位声测管理设应符合以下规定:

①声测管内径宜为 40~50 mm。

②声测管应下端封闭、上端加盖、管内无异物;声测管连接处应光滑过渡,管口应高出桩顶 500 mm 以上,且各声测管管口高度宜一致。

③应采取适宜方法固定声测管,使之成桩后相互平行。

④声测管埋设数量为:$D \leqslant 800$ mm,2 根管;800 mm$< D \leqslant 1\ 600$ mm,不少于 3 根管;$D > 1\ 600$ mm,不少于 4 根管。

⑤声测管应沿桩截面外侧呈对称形状布置(见图 3.39)。

⑥建议埋管的位置都在钢筋笼内侧金属材质管。

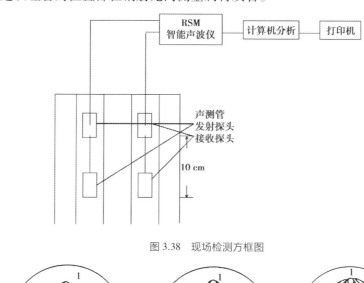

图 3.38　现场检测方框图

沿直径布置
$D \leqslant 800$ mm

呈三角形布置
800 mm$< D \leqslant 1\ 600$ mm

呈四方形布置
$D > 1\ 600$ mm

图 3.39　检测布置示意图

3.4　复杂地质全套管掘进灌注桩施工技术

3.4.1　全套管掘进灌注桩施工重难点

项目位于长江与嘉陵江交汇处,两侧临江。场区内砂卵石层厚度大、透水强、分布不均匀,下卧障碍物多,地质条件复杂。对于地质条件相对复杂、砂卵石层较厚的临江工程,采用传统干作业成孔配合混凝土回填二次成孔的方式,施工进度缓慢且资源浪费严重,施工质量难以保证。而重庆地区常用的钢护筒护壁成孔方式多为先开孔,再下护筒,即先用大直径钻头成孔,然后采用钻头按压的方式下放钢护筒。对于桩长较长,砂卵石较厚、土层稳定性较差的工程,成孔后护筒往往难以下放,且埋设深度有限。

3.4.2 技术原理

驱动器全套管跟进施工工艺原理,是通过旋挖钻机改造后的动力头(见图3.40),通过套管驱动器与套管连接,通过动力头钻动原理,将套管钻进埋置于软土、沙层、沙卵石等特殊易塌孔地质中,再用小于该套管直径的钻头掏出套管内土石渣,如此工序循环。通过套管护壁成孔,下放钢筋笼、浇筑混凝土的同时,通过拔管机设备一节一节地把埋置套管拔出,完成整个成桩工序。

(a)改造前的动力头　　　　　　(b)改造后的动力头

图3.40 动力头

3.4.3 主要施工工艺及技术措施

1)旋挖钻全套管跟进施工流程(见图3.41)

2)驱动器全套管跟进施工工艺

(1)桩位放样

根据所设置的桩位控制点、测定高程水准点,依照桩位图,将桩逐一编号,依桩号所对应具体位置,在桩位附近施放4个正交控制点(用长1.0 m的Φ8钢筋打入地下作为标志),并做好保护工作。施工过程中以4个控制线的交叉线交点确定桩心位置,并在桩位控制点上投射高程控制点(见图3.42)。

(2)钻机就位

钻机就位前要求场地处理平整坚实,以满足施工垂直度要求,钻机按指定位置就位后,须在技术人员指导下,调整桅杆及钻杆的角度。

对孔位时,采用十字交叉法对中孔位。在对完孔位后,操作手启动定位系统,予以定位记忆。对中孔位后,钻机不得移位,钻臂也不得随意改变角度。

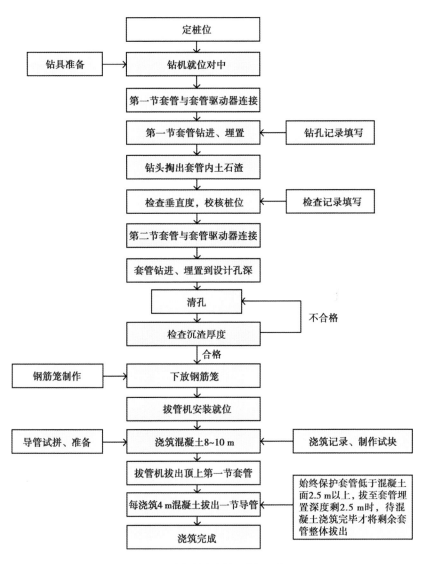

图 3.41　旋挖钻全套管跟进施工流程

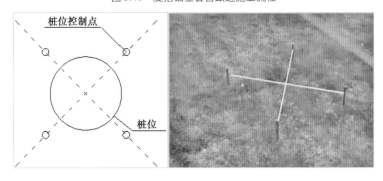

图 3.42　测量放线

（3）钢套管埋设及钻进

套管采用 50 mm 双壁钢套管，其内径比设计桩径大 10 cm。待钻机就位后，在套管驱动器上安装第一节 4 m 长钢套管，第一节套管底部连接 500 mm 长管靴，由管靴对中桩位开钻。套管埋设完成后，对桩位进行复核，套管中心与桩位中心的偏差不应大于 20 mm。

旋挖机加压钻孔将第一节套管埋入土层内，埋入深度为套管外露地面 300 mm 高位置，然后分离套管驱动器，改换成孔钻头进行钻孔，将第一节套管内泥土清出。钻头倒出的土距桩孔口的最小距离应大于 6 m，并应及时清除。然后重点检查第一节套管的垂直度，并校核桩位，在确认无误后，下放第二节套管。重复以上工作，直至钻孔到设计深度。现场图片见图 3.43。

（a）第一节套管与套管驱动器连接

（b）第一节套管已钻进到位

（c）第二节套管与第一节套管连接

（d）钻机出渣

图 3.43　钢套管埋设及钻进

（4）清孔

清孔是钻孔施工中保证成桩质量的重要环节，清孔应尽可能使沉渣全部清除，使混凝土与基岩完好结合，以保证桩底承载力。

当钻机操作室中的孔深显示仪上的读数与设计的持力层开挖深度吻合后，停止钻孔。对钻头施加一定压力并复核孔深，若与地勘建议持力层深度一致，即可组织地勘单位对持力层进行验收。当有效开挖深度满足（含嵌岩深度）设计及地勘建议开挖要求后，进行清孔。清孔是采用清孔钻头将孔底沉渣取出孔外。对于有沉渣的干孔，亦可采用与商品混凝土相同品牌的袋装水泥投入孔中，与沉渣一起搅拌均匀。水泥用量可根据孔径大小决定,搅拌时可用钻头或导管拌和均匀,使沉渣与水泥凝结在一起,提高持力层的承载力或减少孔桩沉降。

(5)钢筋笼的制作和安装

钢筋笼采用汽车吊装,安装时钢筋笼应竖直、准确、缓慢地吊放,尽量避免或减少钢筋笼与孔壁的摩擦,以免蹭掉过多桩壁土石,导致孔底沉渣过厚,需要多次清底,造成浪费,延长混凝土浇筑时间。

钢筋笼制作之前,为保证钢筋笼吊装时不变形,沿钢筋笼纵向每隔 2 m 设置一道加劲箍。加劲箍与纵筋必须密焊,以保证钢筋笼吊装时坚固、不变形,且加劲箍应加工成"#"字形或三角形,以便浇注时导管顺利伸到孔底。

孔桩及钢筋笼分别验收合格后,沿钢筋笼长度方向在其外侧,每 2 000 mm 绑扎一排预制混凝土圆饼垫块(垫块厚度为 70 mm),其中每排为 4 个。垫块通过穿过中心的钢筋焊接到钢筋笼上,确保稳定后即可用汽车吊进行吊装就位(见图 3.44)。

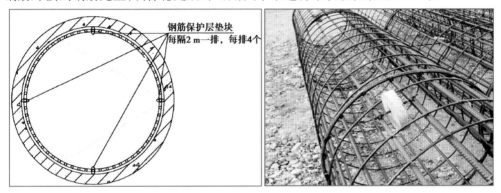

图 3.44　垫块安装示意图

(6)第二次清孔

吊放钢筋笼之后,浇筑混凝土前,应再次检查孔底沉渣。若沉渣超过规范要求时,应进行二次清孔,具体操作方法是:用塔吊吊出孔中钢筋笼,并一直悬吊在空中,按照第一次清孔的方法进行清孔,清完后立即竖直、准确、慢慢地吊放钢筋笼。钢筋笼吊放完成后,应迅速安装导管并浇筑混凝土。

(7)浇筑混凝土

浇筑混凝土前需对混凝土输送管路及容器洒水润湿,然后在填充导管内安装隔水设施,待储料斗储满混凝土后,开始浇筑混凝土。首批混凝土方量是根据桩径和导管埋深及导管内混凝土的方量确定,拌制好的混凝土用运输车运至桩基口处,注入钻机提升的料斗内。由一人统一指挥,双方都准备好后将隔水栓和阀门同时打开进行封底,隔离栓采用钢板,钢板用细钢丝绳牵引,由钻机起吊。

①放置钢筋笼完毕距离浇筑混凝土间隔时长不应大于 4 h。

②首批混凝土下落后,混凝土应连续浇筑(见图 3.45),浇筑高度在 8～10 m,用拔管机拔出顶上第一节套管(见图 3.46)。每浇筑 4 m 混凝土拔出一节套管(原则是应始终保持套管低于混凝土面 2.5 m 以上,拔至套管埋置深度剩 12.5 m 时,待混凝土浇筑完毕才将剩余套管整体拔出)。在浇筑过程中,导管埋置深度宜控制在 2～6 m。

图 3.45　浇筑混凝土　　　　　　　　图 3.46　拔管机正在工作

③浇筑混凝土过程中要采用质量不小于 4 kg 测锤经常量测孔内混凝土面的上升高度,导管到达一定埋深后,逐级快速拆卸导管,并在每次起升导管前,探测一次孔内混凝土面高度。测量用的测绳在每根桩浇筑前后用钢尺校核各一次,避免发生错误。

④控制浇筑的桩顶标高比设计标高高出不少于 0.8 m,以保证混凝土强度,多余部分桩头必须凿除,并进行人工内转和外运,确保桩头无松散层。

3.5　大体积混凝土施工技术

3.5.1　基坑填筑成型工艺

T6 塔楼基坑采用放坡网喷的支护方式,为确保底板施工成型质量,在底板施工前对放坡开挖区域进行浇筑成型。基坑成型采用 C25 混凝土填充,采用多次浇筑,逐级填至外框垫层面标高。在混凝土回填区域加设单层双向 HRB400 φ12 构造钢筋(见图3.47),防止混凝土开裂。基坑成型顺序见图 3.48。

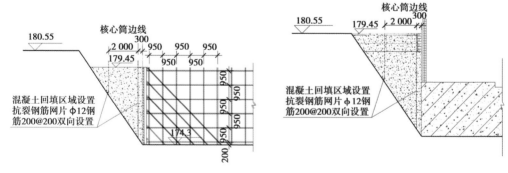

图 3.47　回填区域抗裂钢筋网片布置图

3.5.2　混凝土浇筑施工方案

1)工艺流程

布置混凝土汽车泵/地泵→混凝土供货验收→开机、泵送砂浆、润管→浇筑基础第一层混凝土→振捣→浇筑第二层混凝土→循环振捣→混凝土表面第一次赶平、压实、抹光→混凝土表面二次赶平、压实、抹光→混凝土及时覆盖保温保湿养护→混凝土测温监控。

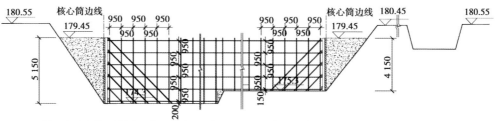

(a)第一次进行核心筒周圈放坡区域的混凝土填筑，北侧填筑高度为5.15 m，南侧回填高度4.15 m，在塔楼基坑内搭设满堂支架形成单侧支模

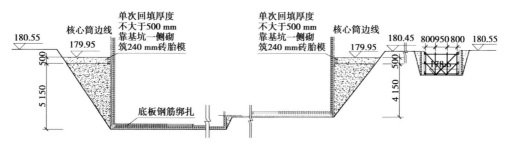

(b)在核心筒内底板钢筋绑扎时，继续进行放坡区域的混凝土填筑，混凝土填筑时，在核心筒临边侧砌筑240 mm厚实心砖挡墙，单次填筑高度不大于500 mm

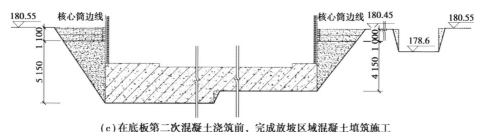

(c)在底板第二次混凝土浇筑前，完成放坡区域混凝土填筑施工

图 3.48　基坑成型示意图

2) 浇筑方式和要点

混凝土浇筑时应采用推移式分层连续浇筑施工，分层厚度为0.5 m，分层浇筑示意图见图3.49。

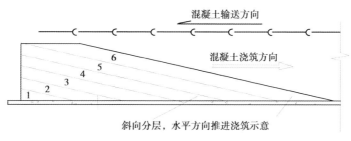

图 3.49　分层浇筑示意图

由于混凝土塌落度较大,为保证分层浇筑要求,进行布料时,须根据已浇筑入模的混凝土流态进行灵活布料,保证混凝土浇筑整体呈斜向分层的方式。

为防止大体积泵送混凝土经振捣后表面水泥浆较厚而引起表面裂缝,浇筑振捣过程中必须注意以下几点:

①在振捣最上一层混凝土时,控制振捣时间,注意避免表层产生浮浆层。

②在浇捣后,及时将多余浮浆层刮除,括拍平整混凝土表面,有凹坑的部位必须用混凝土填平。

③在混凝土收浆接近初凝时,混凝土面进行二次抹光,全面用磨光机仔细打磨两遍,既要确保混凝土的平整度,又要使其初期表面的收缩脱水细缝闭合。

④在混凝土收浆凝固施工期间,除了具体施工人员外,不得在未干硬的混凝土面上随意行走,收浆工作完成的面必须同步及时覆盖表面养护保护层。

3.5.3 特殊位置施工缝处理措施

本工程分次浇筑,底板交界面、底板与剪力墙交界处、底板与承重墙交界处均预留施工缝。核心筒内墙体及楼板采取后浇筑,核心筒内剪力墙最大墙宽为 1 100 mm,承重墙最大墙宽为 600 mm。考虑施工时分标号浇筑两类墙体较难,因此核心筒内剪力墙与承重墙混凝土标号均浇筑 C60 混凝土,墙体钢筋预先穿过模板。处理措施如图3.50 所示。

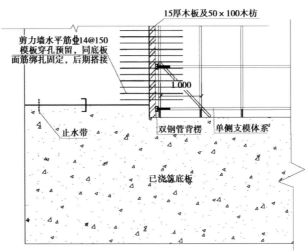

(a)底板与剪力墙交界处竖向施工缝处理措施:核心筒内剪力墙
水平钢筋为Φ14间距150 mm,底板钢筋绑扎完成后,模板穿孔,
插入预留钢筋,同底板钢筋绑扎固定,钢筋预留长度为1.6L_a=850 mm

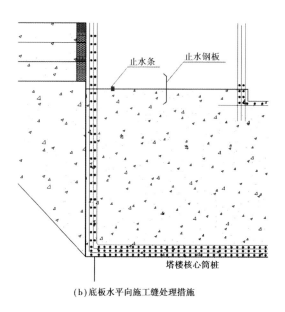

（b）底板水平向施工缝处理措施

图 3.50　施工缝处理措施

3.5.4　大体积混凝土的温控及养护

1）混凝土原材料关键性技术指标及验收标准

为确保项目塔楼底板混凝土的顺利浇筑,对使用原材料的关键性技术指标、检验频率、验收标准等进行说明。本工程拟采用中建商品混凝土有限公司所生产商品混凝土。

2）混凝土配合比（见表 3.6）

表 3.6　混凝土配合比　　　　　　　单位:kg/m³

混凝土配合比							
水泥	细骨料	粗骨料	水	粉煤灰	矿渣粉	外加剂	膨胀剂
230	878	974	160	75	46	5.5	39

3.5.5　大体积混凝土养护

根据大体积混凝土内外温差的计算,采用一层棉毡可满足养护要求。另外,为了利于混凝土保水养护,还需在混凝土表面覆盖塑料薄膜。为了防止养护期间下雨造成混凝土表面温度的突降,在棉毡上覆盖一层彩条布,以达到防雨效果。各种材料搭接宽度不小于 100 mm。

针对混凝土侧面保温,采取带模养护,并在底板结构外围悬挂保温帘,改善蓄热条件,防止温度散失过快,在外覆盖一层塑料薄膜防雨;同时,根据温度监测的数据结果做好加厚保温应对措施。

针对电梯井内保温,采取在支模架体上方覆盖保温材料和彩条布的方式进行蓄热养护。

具体养护天数以温度监测及相关规范为准,一般不少于 14 d,且混凝土内外温差在表面养护结束后不超过 15 ℃为宜。

3.5.6 大体积混凝土裂缝及温度控制措施

①水泥应采用硅酸盐水泥、普通硅酸盐水泥、矿渣水泥,不应采用硫铝酸盐水泥、铁铝酸盐水泥、高铝水泥、早强水泥、快硬水泥。改进混凝土配合比,在混凝土中掺入混合材料(如减水剂和粉煤灰等),降低混凝土水化热,减少单位体积水泥用量。

②大体积混凝土采用后期强度作为配合比、强度评定的依据,使用聚羧酸缓凝型高性能减水剂,避免混凝土温升过快产生开裂。

③在混凝土中加入一定量的膨胀剂、纤维,利用补偿收缩原理提高混凝土的抗裂性。这种以"抗"为主,"抗"与"放"相结合的方法能较好地解决筏板基础大体积混凝土的裂缝控制问题。

④大体积混凝土结构整体性要求高,一般应分层浇灌,分层振捣密实。根据整体性要求、结构大小、钢筋疏密、混凝土供应等具体情况,选用全面分段、分层方式浇筑。

⑤施工用水采用低温水,对泵车及泵管采取遮阳措施,以降低混凝土拌合物的入模温度,使入模温度控制在 25 ℃以下。及时掌握混凝土内部温升与表面温度的变化值,在基础平面中心及边缘处分别按要求布设测温点。降低混凝土的浇筑温度,可以降低混凝土的最高温度,从而减小基础温度和内外温差。

⑥采取分层或分块浇筑大体积混凝土,合理设置水平或垂直施工缝,或在适当的位置设置施工后浇带,以放松约束程度,减少每次浇筑长度的蓄热量,以防止水化热的积聚,减小温度应力。采取二次振捣法,浇筑后及时排除表面积水,加强早期养护。在截面突变和转折处,底、顶板与墙转折处,孔洞转角及周边,增加斜向构造配筋,以改善应力集中,防止裂缝的出现。改善边界散热条件,采取保温保湿的养护措施,防止表面混凝土散热太快,使混凝土表面保持相对高的温度,降低混凝土的内外温差。

3.5.7 温控应急措施

温控指标如下:混凝土中心与表面温差不大于 25 ℃;混凝土表面与环境温差不大于 20 ℃。

如温差超出上述限值,采取以下应急措施:

①为保证混凝土内外温差符合要求,须根对混凝土温升过程进行监测,并根据监测结果及时分析,如发现温差有加大趋势,须采取应急措施,确保温差符合要求。

②控制温差主要采取混凝土表面保温措施。施工时,项目购置棉被、彩条布等养护、防护物资,混凝土浇筑完成后,对混凝土表面及时覆盖棉被及彩条布进行保温,养护过程须根据温差监控结果动态调整保温养护措施,如温差有加大趋势,须增加铺设

保温材料以保障混凝土内外温差符合要求;为避免因降雨等因素影响引起的混凝土表面突然降温,保温层覆盖完成后,须铺设彩条布进行防雨,以保障养护环境良好。

3.5.8　成品保护

①混凝土在浇筑及静置过程中,由于多种因素的综合作用极易产生非结构性裂纹,因此混凝土宜两次收光。第一次收光在初凝前,主要是把底部的水拍出表面;第二次收光在初凝后、终凝前,宜边收光边用塑料薄膜覆盖,然后再用湿棉被进行覆盖。

②大体积混凝土浇筑完毕后,应采取必要的保温、保湿或降温措施,使混凝土内部和表面的温差控制在设计要求的范围内;当无设计要求时,温差不宜超过 20 ℃。

第 4 章
风帆造型超高层塔楼建造技术

4.1　风帆造型超高层塔楼施工模拟及预调

4.1.1　施工重难点

重庆来福士广场项目塔楼结构为风帆造型的超高层结构,施工规模大,建设周期长,施工过程中结构各杆件的受力状况受时间和荷载影响复杂多变,受力特性复杂。即使在设计中考虑了各种可能的情况,但是超高层建筑在施工过程中受施工工序、施工方法和施工荷载等因素影响,结构构件受力状态与设计时所考虑的还是有一定的区别。因此,施工期间结构变形及沉降较难预测。与此同时,本工程塔楼顶部设置大型空中连廊连接多栋塔楼,对多栋塔楼间变形的协调及均匀沉降提出了更高的要求。因此,进行施工模拟及预调显得尤为重要。

4.1.2　模拟结构分析模型简介

(1)分析模型及方向

①分析模型建立

本课题研究分析软件采用 ETABS2013、SAP2000,其中 ETABS 用于建模、整体信息对比及全过程模拟计算,SAP2000 为辅助计算软件。后处理采用自编 VBA 二次开发工具结合专业计算软件。计算模型三维视图见图 4.1。

②模型分析范围

模型分析范围如图 4.2 所示,地上主楼结构部分向周边外扩 2~4 跨。

(2)主要荷载及振型

塔楼主要工况下荷载重量、结构自重特性及基本振型分别如表 4.1、表 4.2 和图 4.3 所示。

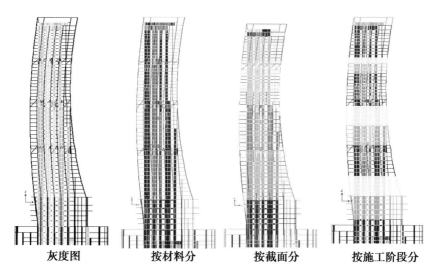

| 灰度图 | 按材料分 | 按截面分 | 按施工阶段分 |

图 4.1　计算模型三维视图

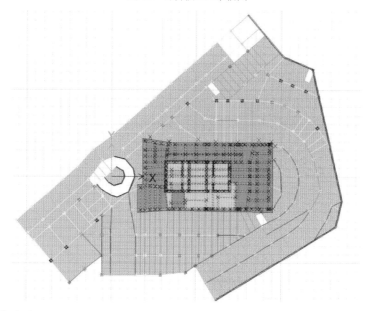

注:矩形框内亮显部分(选中部分)为主楼部分,周边部分为裙楼或纯地下室部分

图 4.2　B2 层平面

表 4.1　主要工况下的荷载重量

荷载工况	重量(kN)	备　注
主体结构自重(SW)	1 613 431	含楼板自重
附加恒载(SD)	659 931	含幕墙、固定隔墙
活载(LL)	498 843	
重力荷载代表值($D+0.5L$)	2 522 784	

表 4.2　主要工况下的基本振型

阶　次	周期（s）	振　型
1	6.05	Y 向（东西）平动
2	4.18	X 向（南北）平动
3	3.37	扭转

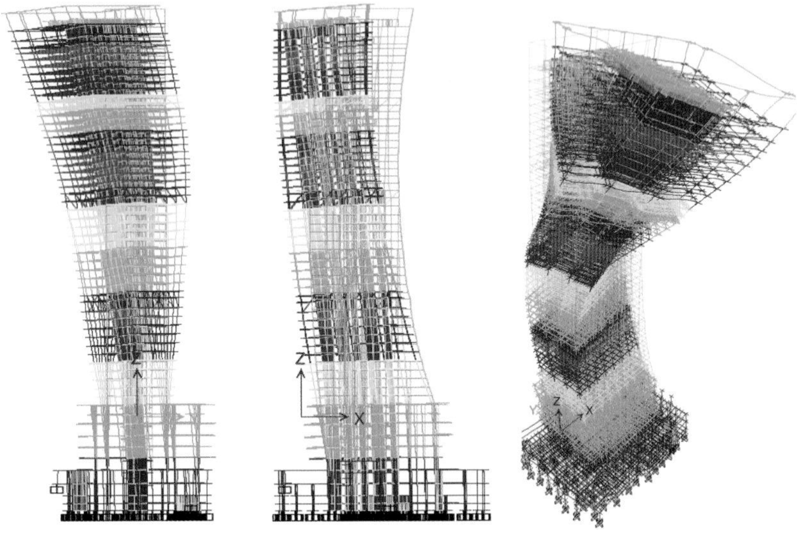

T1：Y向平动　　　**T2：X向平动**　　　**T3：扭转**

图 4.3　基本振型

4.1.3　施工过程模拟

结构模拟分析过程中,对基础底板以上结构的施工全过程模拟是施工模拟的重要环节,它可以从无到有地预演整个施工过程。分析结构及施工措施的力学特征变化规律,既是对设计过程中结构构件实际内力的重要模拟手段,也是部分施工措施设计的前提条件。

（1）施工步说明

全过程模拟的施工步如表 4.3 所示。

（2）各步总荷载

结构在各施工阶段中重量逐渐增加,各阶段的基底总竖向反力如表 4.4 和图 4.4 所示:结构在第 18、19 步分别达到所有恒载、所有恒载+50%活载的受荷状态,施工模拟分析反力值同一次性加载结果,表明施工模拟分析结果符合实际情况。

表 4.3 全过程模拟的施工步

施工步说明							荷 载			
施工步	说 明	施工至标高	上升高度	计划日期	持续时间		结构自重 SW	附加恒载 SD	活载 LL	收缩徐变
					本阶段	累计			施工活荷载 0.5 kV/2	
		m	m		天					
	sum				4 734					
0	底板浇筑完成后地下室开始施工	-46.7		2015/10/12						
1	核心筒与外框同时施工至 S4 层	-20.3	26.4	2016/1/21	101	101	新增部分 100%	新增部分 20%	0.5kN/2	考虑
2	核心筒与外框同时施工至 F1 层	5.9	26.2	2016/4/28	98	199	新增部分 100%	新增部分 20%	0.5kN/2	考虑
3	核心筒与外框同时施工至 F6 层	27.35	21.45	2016/7/9	72	271	新增部分 100%	新增部分 20%	0.5kN/2	考虑
4	核心筒与外框同时施工至 F10 层	44.55	17.2	2016/8/23	45	316	新增部分 100%	新增部分 20%	0.5kN/2	考虑
5	核心筒与外框同时施工至 F12 层	第 1 道环带下层	53.15	8.6	2016/9/10	18	334	新增部分 100%	新增部分 20%	0.5kN/2	考虑
6	核心筒与外框同时施工至 F13 层	第 1 道环带上层	61.15	8	2016/10/5	25	359	新增部分 100%	新增部分 20%	0.5kN/2	考虑
7	核心筒与外框同时施工至 F18 层	82.65	21.5	2016/11/30	56	415	新增部分 100%	新增部分 20%	0.5kN/2	考虑
8	核心筒与外框同时施工至 F23 层	第 2 道环带下层	104.15	21.5	2017/1/7	38	453	新增部分 100%	新增部分 20%	0.5kN/2	考虑
9	核心筒与外框同时施工至 F24 层	第 2 道环带上层	112.15	8	2017/2/21	45	498	新增部分 100%	新增部分 20%	0.5kN/2	考虑
10	核心筒与外框同时施工至 F29 层	129.65	17.5	2017/3/28	35	533	新增部分 100%	新增部分 20%	0.5kN/2	考虑
11	核心筒与外框同时施工至 F32 层	140.15	10.5	2017/4/22	25	558	新增部分 100%	新增部分 20%	0.5kN/2	考虑
12	核心筒与外框同时施工至 F35 层	第 3 道环带下层	150.9	10.75	2017/5/27	35	593	新增部分 100%	新增部分 20%	0.5kN/2	考虑
13	核心筒与外框同时施工至 F36 层	第 3 道环带上层	157.65	6.75	2017/6/21	25	618	新增部分 100%	新增部分 20%	0.5kN/2	考虑
14	核心筒与外框同时施工至 F40 层	171.65	14	2017/7/19	28	646	新增部分 100%	新增部分 20%	0.5kN/2	考虑
15	核心筒与外框同时施工至 F43 层	182.15	10.5	2017/8/9	21	667	新增部分 100%	新增部分 20%	0.5kN/2	考虑
16	主体结构封顶	193.15	11	2017/9/8	30	697	新增部分 100%	新增部分 20%	0.5kN/2	考虑
17	观景天桥施工完毕	201.8	8.65	2018/3/14	187	884	新增部分 100%	新增部分 20%	0.5kN/2	考虑
18	竣工(精装修及幕墙安装完毕)			2018/9/30	200	1 084		所有剩余 80%	0.5kN/2	考虑
19	人员入驻,开始使用			2018/10/30	30	1 114			50%	考虑
20	竣工后 1 年			2019/9/30	335	1 449				考虑
21	竣工后 2 年			2020/9/29	365	1 814				考虑
22	竣工后 5 年			2023/9/29	1 095	2 909				考虑
23	竣工后 10 年			2028/9/27	1 825	4 734				考虑

表 4.4 各施工步总反力表

施工步	说 明	反力(kN)
1	核心筒与外框同时施工至 S4 层	471 734
2	核心筒与外框同时施工至 F1 层	804 636
3	核心筒与外框同时施工至 F6 层	930 309
4	核心筒与外框同时施工至 F10 层	1 026 105
5	核心筒与外框同时施工至 F12 层	1 077 277
6	核心筒与外框同时施工至 F13 层	1 121 336
7	核心筒与外框同时施工至 F18 层	1 218 590
8	核心筒与外框同时施工至 F23 层	1 317 131
9	核心筒与外框同时施工至 F24 层	1 353 680
10	核心筒与外框同时施工至 F29 层	1 429 801
11	核心筒与外框同时施工至 F32 层	1 475 083
12	核心筒与外框同时施工至 F35 层	1 525 217

续表

施工步	说 明	反力(kN)
13	核心筒与外框同时施工至 F36 层	1 554 014
14	核心筒与外框同时施工至 F40 层	1 611 930
15	核心筒与外框同时施工至 F43 层	1 655 672
16	主体结构封顶	1 735 943
17	观景天桥施工完毕	1 746 458
18	竣工(精装修及幕墙安装完毕)	2 273 658
19	人员入驻,开始使用	2 522 784
20	竣工后 1 年	2 522 784
21	竣工后 2 年	2 522 784
22	竣工后 5 年	2 522 784
23	竣工后 10 年	2 522 784

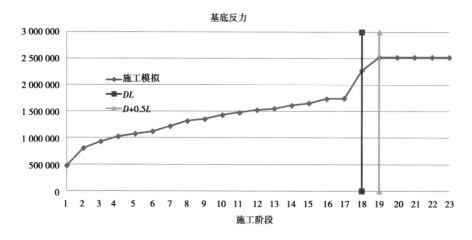

图 4.4　各施工步总反力图

（3）塔楼控制点变形历程

选取塔楼典型高度外柱处变形数据,分析结构在施工各阶段的变形特点。对比在考虑收缩徐变情况下,伸臂构件与主体结构同步施工工况下,关键层南北两侧角点位移结果。同时,以不考虑收缩徐变情况下的北侧角点位移作为参照项。

表 4.5　各施工步加载历程

考虑收缩徐变	不考虑收缩徐变	施工步	施工顺序
0	0	底板浇筑完成后地下室开始施工	
1	1	核心筒与外框同时施工至 S4 层	
2	2	核心筒与外框同时施工至 F1 层	
3	3	核心筒与外框同时施工至 F6 层	
4	4	核心筒与外框同时施工至 F10 层	
5	5	核心筒与外框同时施工至 F12 层	第 1 道环带下层
6	6	核心筒与外框同时施工至 F13 层	第 1 道环带上层
7	7	核心筒与外框同时施工至 F18 层	
8	8	核心筒与外框同时施工至 F23 层	第 2 道环带下层
9	9	核心筒与外框同时施工至 F24 层	第 2 道环带上层
10	10	核心筒与外框同时施工至 F29 层	
11	11	核心筒与外框同时施工至 F32 层	
12	12	核心筒与外框同时施工至 F35 层	第 3 道环带下层
13	13	核心筒与外框同时施工至 F36 层	第 3 道环带上层
14	14	核心筒与外框同时施工至 F40 层	
15	15	核心筒与外框同时施工至 F43 层	
16	16	主体结构封顶	
17	17	观景天桥施工完毕	
18	18	竣工(精装修及幕墙安装完毕)	
19	19	人员入驻,开始使用	
20	20	竣工后 1 年	
21	21	竣工后 2 年	
22	22	竣工后 5 年	
23	23	竣工后 10 年	

(4)分析结论

本施工模拟研究,将整个施工过程及竣工后的 10 年划分为 23 个分析阶段(见表 4.5),对结构进行全过程施工模拟及后期变形分析,给出了各阶段的结构变形及内力变化趋势。塔楼变形趋势如下:

①结构的变形是随着楼层的增加而逐渐增大,最大竖向位移发生在结构顶层处。由于塔楼整体向北侧倾斜,塔楼北侧位移明显大于南侧位移,结构在重力及施工荷载作用下有整体向北侧倾斜位移的趋势。

②收缩徐变变形对塔楼位移有一定影响,随施工周期越来越长,收缩徐变的影响逐渐增大。因此,施工过程中宜采取有效措施减少收缩徐变效应的影响。

③塔楼在东西方向的位移很小。

4.1.4 施工预调

一般情况下钢结构的设计位形不作为确定构件加工和安装位形的直接依据。为保证施工的顺利进行以及竣工时结构的位形满足设计要求,施工过程中需对结构设置变形预调值。本工程针对主要结构构件进行分析,总结整理得出施工预调值。

(1)本工程施工预调值分析

①预调目标:结构在使用状态下(即在重力荷载代表值作用下)保持水平或略微上挑。

②目标荷载:重力荷载代表值 $Ge=DL+0.5LL$(所有恒载+50%活载的受荷状态)。

③分析方法:根据结构设计位形在重力荷载代表值下的变形响应,反算施工初始位形;通过迭代计算,直至结构变形后的位形收敛至设计位形;控制关键节点收敛误差在 0.1 mm 以内。

(2)预调值现场实施

①加工预调值

加工预调值的长度加长/缩短说明如下:a.预调值长度单位统一取 mm,考虑到工程实际,预调值精度取 0.1 mm;b.加工预调值的长度加长/缩短:加工预调值表示为制作长度相对于设计位形的变化量,为正时表示制作长度相对设计位形应加长,负值表示构件制作时相对设计长度的应缩短。

加工预调值数值都较小,塔楼钢结构施工时在现场通过焊缝调节构件长度。

②安装预调值

安装预调值的调整方向:安装预调值表示为构件节点截面形心安装位置相对于设计位形的变化量,即某方向(X、Y、Z)正值为相对设计位形向该方向(X、Y、Z)正方向预调,反之为相对设计位形向该方向(X、Y、Z)反方向预调。

施工模拟结论为在重力荷载代表值($Ge=DL+0.5LL$)作用下(一次性加载),结构顶部角点最大竖向位移为 34.7 mm,水平向最大位移为向南 18.5 mm。结构中部倾斜侧水平向位移约 50 mm。

据模拟计算统计,X、Z 方向调整值较大,Y 方向调整值较小,同一层内 X 向、Z 向调整值几乎一致,为便于施工和现场控制,同层内水平向预调值和 Z 向预调值统一,Y 方向不进行调整。以 T4S 为例进行每层分布分析,最大 X 向调整值为 74 mm,位于 L25 层,最大 Z 向调整值为 82 mm,位于塔楼顶,与按照施工步进行施工模拟结果基本一致,分析结果如下:

X 方向每层调整值,如图 4.5 所示;

Z 方向每层调整值(相对于原坐标),如图 4.6 所示。

③预调值现场实施

塔楼在进行 L1 层结构施工后,根据现场调整值汇总表,调整值采用分布施工结果(相对位移)。F1 层以下 X、Z 方向调整值都较小,X 方向在 10 mm 以下,Z 方向在

20 mm以下,对整体影响不大,拟在 L1 层按照分布施工结果数据开始进行调整;X 方向调整为每层调整,但每 4~5 层调整数据统一为一个调整值,Z 方向为每隔 4~5 层进行调整,调整楼层需考虑避开避难层。

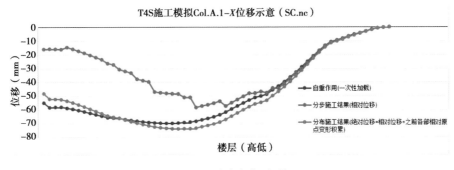

图 4.5　X 方向安装预调值

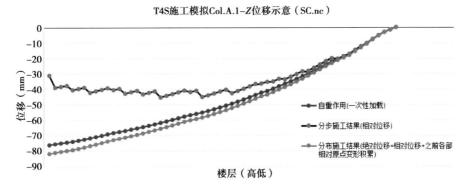

图 4.6　Z 方向安装预调值

a.X 方向调整

X 方向为平面内调整,现场施工时,先将柱按照原设计定位进行测量放线,再根据楼层相应调整值在平面内进行调整。X 方向对所有柱、梁、板、核心筒进行调整。X 方向调整,如图 4.7 所示。

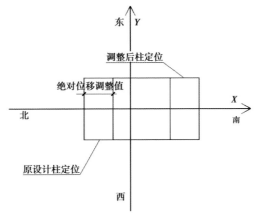

图 4.7　X 方向调整示意图

b.Z 方向调整

Z 方向调整为竖向调整,梁、板、柱及核心筒均进行调整,每隔4~5层进行分布调整,调整楼层需考虑避开避难层。每个分布内部的钢结构构件,按照设计长度进行加工,在分布内通过焊缝进行长度调整。

4.2　风帆造型超高层塔楼结构抗震伸臂建造技术

4.2.1　型钢混凝土组合伸臂结构简介

伸臂系统自身的刚度和延性(地震区)对超高层塔楼的整体特性具有重大意义。重庆来福士广场北塔楼伸臂结构创新性地引入了型钢混凝土组合伸臂结构,如图4.8所示。

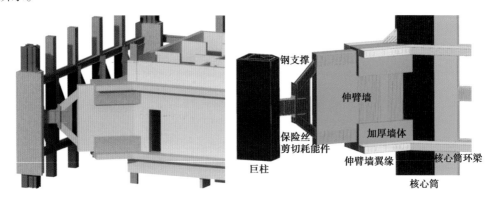

图4.8　型钢混凝土组合伸臂系统示意图

该系统包括连接于外框柱上的软刚剪切耗能件、从核心筒角部延伸出的钢筋混凝土伸臂墙、连接剪切耗能件和混凝土伸臂墙的钢支撑(该钢支撑贯穿混凝土伸臂墙并和核心筒内的预埋钢环梁相连以使传力直接),以及围绕核心筒一周的钢筋混凝土环梁(保护核心筒)。

该系统利用混凝土伸臂墙刚度较大的特点以提高结构的整体刚度,且通过系统构件合理屈服顺序的设计,使得剪切耗能件在大震情形下屈服,起到保险丝的作用,利用其屈服后的延性和耗能能力保护混凝土伸臂墙和核心筒。另外,钢伸臂段为机电预留足够管线空间,同时结构设计通过"结构保险丝"的引入保护混凝土的应力、应变发展,提升了中、大震情况下的伸臂系统的性能。

4.2.2　施工重难点

相对传统钢结构伸臂系统,型钢混凝土组合伸臂结构有工序复杂、钢筋预理困难、钢筋与型钢冲突等施工难点。

①伸臂墙纵筋数量多达169根,单根质量达30 kg,单个避难层环梁及伸臂墙钢筋

总质量达 320 t,由于核心筒提前施工,需对钢混组合伸臂钢结构纵向主筋进行预留预埋。

②伸臂墙与核心筒呈 45°角,斜向预埋角度不容易控制,且容易与剪力墙角部内置型钢冲突,导致弯锚钢筋重叠层数较多,出现混凝土浇筑不密实的情况。

③随着结构高度增加,剪力墙厚度减小,会导致出现纵向主筋锚固长度不足的问题,所以需要保证纵向钢筋埋设准确,同时确保纵筋锚固长度,以保证组合伸臂结构正常受力。

4.2.3　合伸臂结构施工关键技术

(1)钢混组合伸臂结构后合拢施工

①钢混组合伸臂结构施工模拟分析。采用 ETABS 有限元模拟软件对塔楼主体结构整体建模(见图 4.9),包含钢混组合伸臂结构、楼板、上部结构。

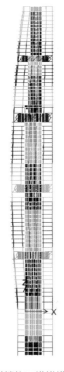

图 4.9　塔楼施工模拟模型示意图

②根据塔楼主体结构复杂程度,合理细分施工工序,初步定为不超过 5 层,遇首层、加强层(伸臂层)、外立面曲线拐点、连体等楼层处加密施工工序。

③根据施工步进行塔楼施工全过程模拟。根据施工模拟分析,得出不同工况下各加强层结构角柱的变形及内力变化过程。根据内力及变形特点,确定组合伸臂的后合拢最优时间,保证此时组合伸臂构件附加内力相对较小,且结构整体刚度较好,不存在薄弱中间状态,也不至于过早合拢导致组合伸臂提前受力(见图 4.10)。

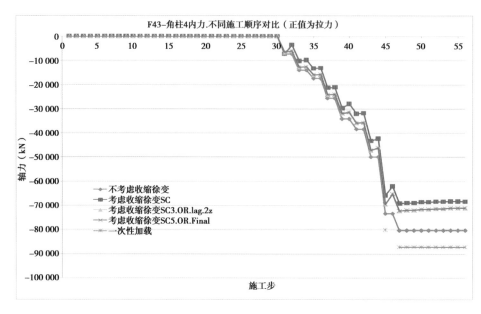

图 4.10 不同工况下组合伸臂结构施工模拟分析

（2）变形监测与后合拢施工

①钢混组合伸臂变形监测

在剪切耗能件、钢斜撑及伸臂墙型钢上各埋设两个振弦式应变计，其中钢斜撑及伸臂墙型钢处振弦式应变计平行于构件长度方向设置，而剪切耗能件处则设置为应变花形式，从而保证构件受力监测的全面性和真实性，如图 4.11 所示。

图 4.11 组合伸臂振弦式应变计点位布置

②钢混组合伸臂结构后合拢施工

根据施工模拟及变形监测结果，待组合伸臂附加载荷释放完成后，再进行组合伸臂钢结构的焊接。

为保证厚钢板焊缝质量，每段焊缝均应包含端头打底填充、打底层、填充层及盖面打磨等工序，如图 4.12 所示。

厚钢板焊后采取热处理方法以消除焊接残余应力，同时清理焊缝表面的熔渣和金属飞溅物。厚钢板焊后热处理主要采用电加热为主、火焰加热为辅的形式。通过电加热设备保持恒温及后热均匀,保证焊缝中的扩散氢有足够的时间得以逸出及焊接产生的应力得以释放,从而消减残余应力,避免延迟裂纹出现。

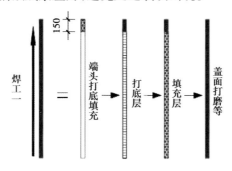

图 4.12 焊段具体焊接顺序示意图

(3)钢混组合伸臂钢结构安装施工

①整体安装流程

采用 Tekla 软件对钢混组合伸臂钢结构进行合理的分段深化,钢支撑及剪切耗能件的安装流程如图 4.13 所示。其中,剪切耗能件与牛腿应在地面焊接成整体后,再进行整体吊装,从而保证焊接质量。

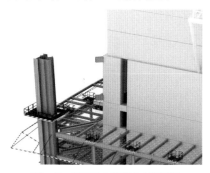

第一步:安装组合伸臂内上下弦杆

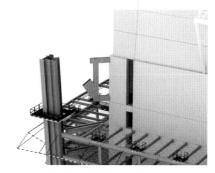

第二步:安装组合伸臂钢支撑

第三步:将剪切耗能件与外框柱焊接固定

图 4.13 组合伸臂钢支撑及剪切耗能件安装流程

②测量校正

为保证安装精度,特在外框钢梁上搭设测量平台,采用全站仪进行构件控制角点的三维坐标定位及校正,保证垂直度误差≤3 mm。如图 4.14 所示。

图 4.14 结构三维坐标定位及校正示意图

③临时固定

剪切耗能件的安装采用一端刚接,一端铰接的连接方式,即一侧与型钢柱焊接固定,另一侧与钢支撑侧面、底面及顶面采用螺栓进行临时固定,从而达到型钢混凝土组合伸臂后合拢的效果。如图 4.15 所示。

图 4.15 剪切耗能件与钢支撑临时连接

(4)钢混组合伸臂墙混凝土结构施工

①组合伸臂墙钢筋绑扎

a.钢混组合伸臂墙钢筋绑扎前,需对组合伸臂墙自重、施工荷载及下部支撑架体荷载进行统计,并根据各层楼板设计荷载确定楼板回顶的层数。

b.钢混组合伸臂墙纵向钢筋绑扎前,首先在预埋钢板条上焊接 10 mm 厚钢筋连接板,连接板宽度应大于 10 d(d 为搭接焊纵向钢筋直径)。连接板应从下至上逐层进行坡口焊接,并在上层连接板焊接前将伸臂墙纵向钢筋全部焊接到位。

c.组合伸臂墙纵向钢筋应遵循"先纵筋后箍筋;再从底至顶,纵筋依次焊接"的原则施工(见图 4.16);伸臂墙竖向箍筋需遵循"从里至外、先外围后内部,箍筋依次套入"的原则绑扎。

②组合伸臂墙混凝土施工

由于钢混组合伸臂墙高度较高,钢混组合伸臂墙施工缝应以楼层标高及机电夹层标高为依据进行划分,分段进行浇筑,避免单次浇筑高度过高。

图 4.16　组合伸臂纵向钢筋顺序绑扎

钢混组合伸臂墙中钢结构和钢筋数量较多,钢筋间距太小,施工时无法振捣,在组合伸臂墙施工时,宜采用自密实混凝土浇筑,从而保证组合伸臂墙的施工质量。

4.3　风帆造型超高层塔楼结构建造技术

4.3.1　施工重难点

为了勾勒出建筑设计"风帆造型"立面弧度要求,本工程塔楼巨柱及其他型钢混凝土柱采用数层-折变角度倾斜设计,挑板跨度各层均不相同,几何造型复杂。同时,项目大量采用吊柱、斜柱来勾勒出建筑的立面弧形形状,并且所有结构外露部分全部采用无饰面混凝土,施工难点体现在:

①项目 T5、T6 塔楼南侧各有两根吊柱,吊柱为型钢混凝土柱,柱截面 850 mm×1 800 mm,高 63 m,吊柱覆盖范围结构自重达 4 500 kN,层间柱为斜柱,整体形成弧形,多层吊柱结构其自重与施工荷载大,其钢胎架下的基础受力要求极高。

②项目 T4N 塔楼超大截面弧形 SRC 巨柱,最大截面尺寸达 4.2 m×4.2 m,具有"三层一折、九层一收"截面的特点。因此,钢柱分段吊装、密集钢筋施工、模板支设加固等问题显得尤为突出。

4.3.2　多层弧形吊柱施工

本项目对多层弧形吊柱高空无胎架支撑施工技术进行了研究,引入临时钢斜撑支撑体系,将吊柱荷载传递给相邻结构柱,减小施工难度,节省工期;通过施工模拟及应力应变监测,确保施工安全。

（1）吊柱结构刚性支撑体系设计

在吊柱结构与相邻结构柱之间加设多道临时钢斜撑,将吊柱结构所受荷载通过钢斜撑传递给相邻结构柱,钢斜撑与吊柱及相邻结构柱内的型钢柱焊接连接（见图4.17、图4.18）。待吊柱结构受力体系完成后,即依次拆除临时钢斜撑,使荷载逐步加载于吊柱结构上,避免了一次加载对结构的损坏,且无须搭设大量钢胎架及支撑架,减小施工难度。

图 4.17　吊柱实景图　　　　　　图 4.18　钢斜撑设置示意图

（2）钢斜撑深化

根据施工模拟分析所得的各道斜撑在安装和拆除过程中的最大内力值进行钢斜撑的参数设计,确定钢斜撑的截面和数量。因为斜撑均为受压,考虑受压稳定性要求和经济性,选取组合焊接箱型截面作为斜撑,斜撑通过端部转换钢板,将压力传递给结构柱钢骨。为便于现场安装,将钢斜撑分为 3 段施工,包括钢斜撑两端锚固端板与中段部分,即将两端的端板、锚板端板、加劲板在加工厂随钢柱制作成整体,形成牛腿,再通过现场安装、焊接。各分段的长度综合考虑运输方便、现场安装便利等因素（见图 4.19）。

（3）多层弧形吊柱施工

①钢斜撑安装

因首层钢斜撑安装时仅一端与支撑钢柱相连,需借助下方架体进行临时固定。上部楼层钢斜撑两端均与钢柱相连,在两端钢柱安装完后随即进行中部钢斜撑的安装（见图 4.20）。

图 4.19　钢斜撑分段示意图

图 4.20　钢斜撑安装

②钢斜撑拆除

待吊柱合拢点混凝土强度达到设计强度,形成整体受力体系之后,按照施工模拟确定的拆除顺序,从下往上逐层拆除钢斜撑。利用提前预埋的直径 28 mm 的吊环挂设两个手动葫芦,葫芦受力后,采用人工沿着埋件板先割除钢斜撑上部,再割除钢斜撑下部,随后同步将钢斜撑缓慢降至楼板面上(见图 4.21)。

③结构及斜撑应力应变监测

为了及时掌握结构变形、钢斜撑受力情况,确保结构施工安全,在吊柱施工过程中及斜撑拆除过程中对吊柱结构的应变、钢斜撑的应力情况进行适时监测。每根吊柱均匀设置 5 个监测点,每个斜撑中部设置一个应力监测点,每个应力监测点在斜撑底面及侧面两面布置两个振弦式应变计测点,如图 4.22 所示。

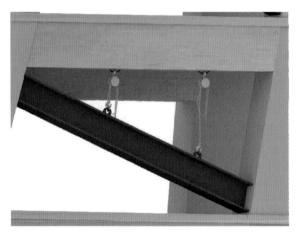

图 4.21　钢斜撑拆除示意图

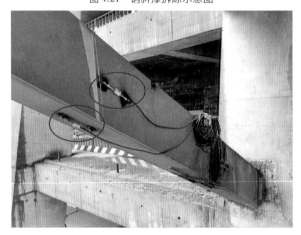

图 4.22　钢斜撑监测点布置示意图

吊柱结构位移及斜撑应力监测主要根据楼层进度进行监测,每层结构施工完成后监测一次,并根据实际情况,及时加测数据。读数时,详细记录施工工况,及时整理数据,将监测结果与施工模拟分析结果对比,及时发现构件受力过程中出现的异常,立即停止后续工作并提出危险预警及处理措施。

4.3.3　超大截面弧形 SRC 巨柱施工

(1)型钢柱分段制作加工

①工艺流程

下料、钻孔后制作 H 形和 T 形部件→构件腔体内部零件板面上打栓钉→主体的 H 形和 T 形部件组焊→焊接剩余栓钉和装配耳板,如图 4.23 所示。

②预拼装

为了保证巨柱各节段现场安装的顺利进行,工厂需保证上下节巨柱对接精度,在工厂进行巨柱预拼装。预拼装采用辗转预拼法,沿高度方向采用"3+2"方式依次向上逐节预拼。如图 4.24 所示。

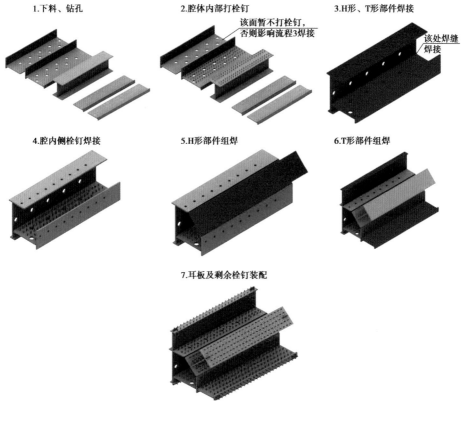

图 4.23　巨型钢柱制作、加工示意图

图 4.24　预拼装地样及胎架设置示意图

③构件翻转

a.巨型钢柱构件在制作、加工、装卸、吊装等过程中存在翻转情况,对型钢构件变形产生一定影响。构件组焊完成后,构件翻转仅限左、右翻转两个位置,翻转过程需加临时支撑,防止巨型钢柱构件变形。如图 4.25 所示。

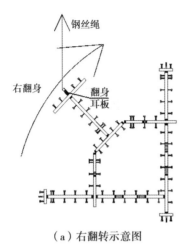
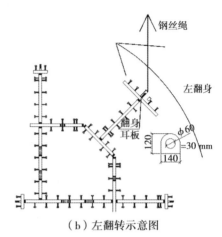

（a）右翻转示意图　　　　　　　　　（b）左翻转示意图

图 4.25　巨型钢柱构件翻转位置图

b.构件翻身前,在部件翼板外侧居中装焊 2 块耳板。当型钢构件在现场吊装完成后,切除临时支撑,并打磨光。如图 4.26 所示。

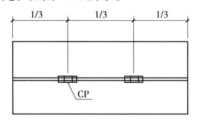

图 4.26　翼板外侧耳板焊接示意图

（2）现场吊装及焊接

型钢巨柱分段单元运输到现场后,先对其整体截面尺寸进行复核。截面复核无误后,采用四点绑扎法起吊,通过塔式起重机将型钢巨柱分段单元吊装到指定位置。如图 4.27 所示。

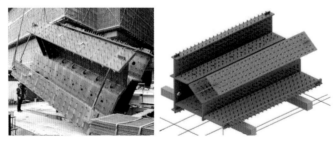

图 4.27　型钢巨柱四点绑扎法起吊及起吊点耳板设置

安装流程:构件进场及验收→吊装机具准备→安装轴线检验合格→搭设操作平台→上节巨型型钢柱安装(连接板临时固定)→测量校正。

（3）现场焊接作业

①焊接顺序

焊接顺序遵循:收缩量大的焊接部位先焊,收缩量小的部位后焊,以及对称焊接的原则。采用此法可最大程度减小焊接变形量,控制焊接质量。焊接顺序如图 4.28 所示。

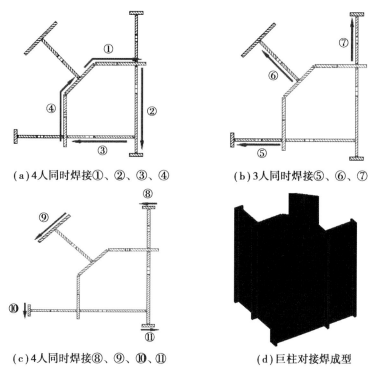

(a)4人同时焊接①、②、③、④　　　　(b)3人同时焊接⑤、⑥、⑦

(c)4人同时焊接⑧、⑨、⑩、⑪　　　　(d)巨柱对接焊成型

图 4.28　型钢巨柱整体焊接顺序示意图

②焊缝层间撕裂控制措施

a.焊接材料:采用低强组配的焊接材料改善抗层状撕裂性能。

b.焊接工艺:采用气体保护电弧焊施焊,如图 4.29 所示。

c.在坡口内母材板面上先堆焊塑性过渡层,以减小母材影响区的应变。

d.焊后消氢热处理加速氢的扩散,使冷裂倾向减小,以提高抗层状撕裂性能,如图 4.30 所示。

图 4.29　现场焊接作业

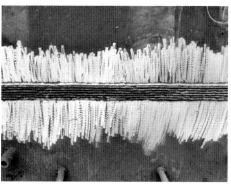

图 4.30　多层多道焊缝成型

③焊后残余应力消除

焊后采取锤击法、焊后热处理、反应变法、喷砂除锈工序消除焊接残余应力,同时清理焊缝表面的熔渣和金属飞溅物。电加热示意如图4.31所示。

图4.31　焊后电加热示意图

4.4　钢–混组合结构大截面叠合梁施工技术

4.4.1　钢–混组合结构大截面叠合梁概况及重点难点

(1)钢–混组合结构超大截面叠合梁概况

T4S塔楼屋顶层上部为空中连廊,在T4S塔楼屋顶有8个支座,荷载大,受力的梁均为大截面梁,屋面巨梁共10条,共有5个截面尺寸,分别为:LT1(1 500 mm×5 000 mm)、LT2(2 250 mm×5 000 mm)、LT3(2 000 mm×5 000 mm)、LT4(1 500 mm×5 000 mm)、LT5(1 500 mm×5 000 mm),梁的净跨为9.6 m、9.6 m、9.6 m、9.6m、5.05m。另外LT1、LT2、LT3、LT4之间由1 600 mm×2 000 mm混凝土梁连接。另外,T4S塔楼东西侧有两条边巨梁BJL-1、BJL-2,梁的截面尺寸为650 mm×5 000 mm,两柱间最大净跨6.6 m(见图4.32)。

T5塔楼屋顶层上部为空中连廊,在T5塔楼屋顶有6个支座,荷载大,受力的梁均为大截面梁,屋面巨梁共有6条(见图4.33),共有3个截面尺寸,分别为:LT1(1 500 mm×5 145 mm)、LT2(2 000 mm×5 145 mm)、LT3(2 085 mm×5 145 mm),梁的净跨均为7 575 mm,另外LT1、LT2、LT3之间由1 600 mm×2 000 mm混凝土梁连接,净跨5 750 mm。其中,LT2为变截面梁,局部截面尺寸为2 000 mm×3 645 mm。

(2)重点及难点

钢–混组合结构超大截面叠合梁由于其自身尺寸巨大、自重达上百吨,内部型钢与钢筋节点复杂,以下方面是施工过程中的重难点:

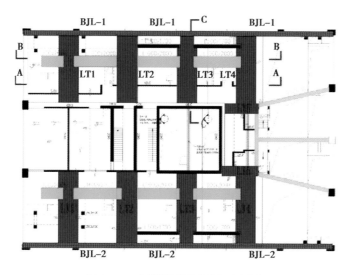

图 4.32　T4S 塔楼屋面巨梁平面布置图

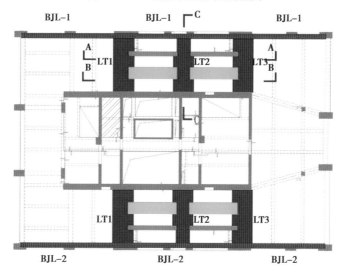

图 4.33　T5 塔楼屋面巨梁平面布置图

①支模体系的设计及材料选择。

②支模体系基础的选择及加固。

③型钢与钢筋节点的深化设计及复杂节点的优化处理。

④混凝土浇筑的施工缝划分。

4.4.2　回顶架体搭设及模板铺设

在钢-混组合结构超大截面叠合梁施工投影正下方,逐层搭设架体,如图 4.34、图 4.35 所示。为保证回顶架体在同一受力位置,搭设前必须根据每层已有轴网与超大截面梁的相对位置关系,将超大截面梁的每层投影位置放线定位,按照架体计算参数,按方案、规范要求设置垫块、立杆、水平杆、剪刀撑等,保证结构均匀受力及传递,确保结构安全。架体搭设完成后,进行模板铺设。

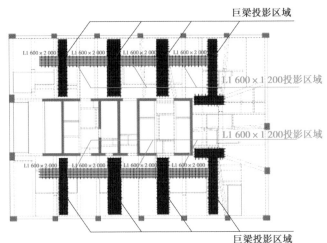

图 4.34　叠合梁施工投影区域立杆回顶平面示意图

图 4.35　叠合梁施工投影区域回顶支撑

4.4.3　BIM 辅助钢结构深化与钢梁安装

（1）BIM 辅助钢结构深化

对设计提供的钢结构图纸进行深化,在深化过程中,利用钢结构 BIM 建模软件,对复杂节点进行建模放样,让钢筋与钢梁的碰撞问题更直观地展现出来。优化过程中,主要优化以下几点：

①组合梁内钢梁原设计腹板无孔,导致梁内箍筋、拉筋以及对拉螺杆无法穿越钢梁,若现场将钢筋和对拉螺杆焊接在钢梁上,费时费力;钢梁过高时,混凝土无法流向对面侧,浇筑过程中混凝土偏心产生扭矩,存在安全隐患,并影响组合梁成型质量。通过 BIM 模型,对复杂节点处钢筋进行建模放样,精确定位箍筋孔、拉筋孔、对拉螺杆孔以及混凝土流淌孔等。如图 4.36、图 4.37 所示。

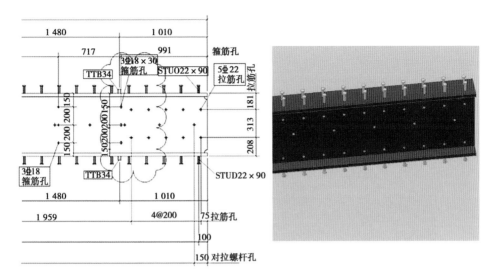

图 4.36　钢梁箍筋、拉筋、对拉螺杆孔深化

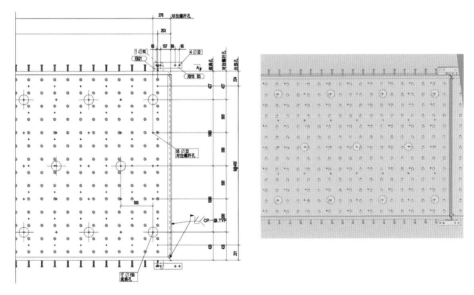

图 4.37　钢梁钢筋、对拉螺杆、流淌孔深化

②通过 BIM 模型,对梁柱、梁墙等复杂节点进行建模,布置组合梁钢筋,提前发现有冲突的位置,并对其进行定位优化。在制作钢骨时,在工厂内将套筒、连接板等连接器与钢骨相连,缩短现场施工时间,减少现场问题。如图 4.38~4.40 所示。

（2）钢梁安装

钢梁经深化设计并加工制作完成后,即开始对钢梁进行焊接与安装。安装工艺为:施工准备→测量放线→钢梁安装→测量校正→焊接→检查验收。

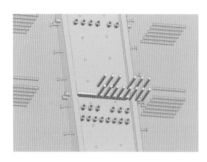

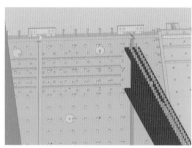

图 4.38　梁柱节点钢骨深化　　　　　　　　图 4.39　钢骨上搭接板深化

图 4.40　钢筋与钢骨上搭接板现场连接

4.4.4　分层钢筋优化

在施工前,制定钢筋优化原则,对叠合梁分层部位、钢梁与钢筋交叉部位进行优化。

①钢筋的穿插顺序优化

超大截面叠合梁,分层浇筑,钢筋分层绑扎,以双层叠合梁进行介绍,绑扎顺序如下(见图 4.41、图 4.42):

图 4.41　底层梁钢筋绑扎

a.安装巨梁内钢梁;

b.设置定位纵筋;

c.叠合梁下段:设置竖向 U 形箍筋(由内往外)→设置水平纵筋(由内向外,由下往上)→设置拉筋(由下往上);

d.叠合梁上段:设置水平纵筋(由内向外,由下往上)→设置拉筋(由下往上)→设置竖向 n 形箍筋(由内往外)。

图 4.42　顶层梁钢筋绑扎

②钢筋复杂节点优化

考虑超大截面梁内钢筋数量庞大,钢筋全部弯锚时(满足锚固长度情况下),梁内钢筋间距不够。对梁与梁主筋间的锚固进行优化:梁最边侧两排弯锚(满足锚固长度),其余梁主筋穿过边巨梁内型钢孔的钢筋直锚(满足锚固长度),未穿越型钢孔的钢筋机械锚固或连接板连接(见图 4.43)。套筒与连接板已在钢结构深化过程中进行优化,在工厂内加工在钢梁上。

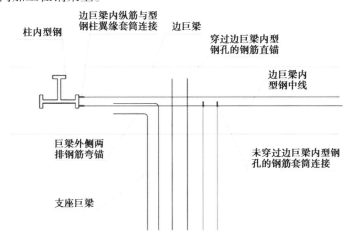

图 4.43　梁与梁间的锚固优化

4.4.5　初次浇筑混凝土

模板加固完成后,对叠合梁首层进行混凝土浇筑,由于梁截面过大,需采取大体积混凝土的裂缝控制措施,如下:

①改进混凝土配合比,在混凝土中掺入混合材料(如减水剂、粉煤灰等),降低水泥水化热,减少单位体积水泥用量。

②大体积混凝土采用后期强度作为配合比、强度评定的依据,使用聚羧酸缓凝型高性能减水剂,延缓水泥水化,避免混凝土温升过快产生开裂。

③在混凝土中加入一定的膨胀剂、纤维,利用混凝土的补偿收缩原理提高混凝土的抗裂性。

④降低混凝土的浇筑温度,可以降低混凝土的最高温度,从而可减少基础温度和内外温差。

⑤改善边界散热条件,采取保温保湿的养护措施,防止表面混凝土散热太快,使混凝土表面保持相对高的温度,降低混凝土的内外温差。

4.4.6　回顶架体卸载

叠合梁首层混凝土达到规范规定的底模可拆除的强度后(需留设同条件试块进行试压),对叠合梁下首层回顶架体全部放松顶托后再全部顶紧,让叠合梁的首层梁与回顶架体共同承担下次浇筑混凝土的荷载。

4.4.7　钢筋绑扎并再次浇筑混凝土

回顶架体卸载完成后,需对首层叠合梁施工缝进行凿毛处理,剔除松散石子,并用高压水进行冲洗(见图4.44),清理干净后方可进入下道工序。根据钢筋绑扎原则,绑扎第二层叠合梁钢筋,封模后再次浇筑混凝土,再卸载,再绑扎钢筋浇筑第三层叠合梁混凝土,直至经分层钢-混组合结构超大截面叠合梁完成最后浇筑。

图 4.44　施工缝剔凿

4.5　大型施工机械设备选择与应用

4.5.1　大型施工机械设备选择

1)塔吊布置选型

(1)塔吊布置

塔吊的布置应遵循以下原则:

①综合考虑道路转换、卸车场地、材料堆场转换。

②先选内爬,再选外附。

③先布塔楼,再布裙楼。

(2)塔吊选型

①塔吊吊运能力分析

兼顾土建、钢结构、机电、幕墙等专业单位的施工要求,结合材料运输路线、卸料场地以及材料堆场的动态调整,综合考虑各个阶段材料卸料位置及落料位置,进行塔吊的选型。选型时,初步确定 3 种备选方案,再对塔吊吊次进行详细计算,从工期、成本两方面进行综合对比分析,最终选择一个最合理的方案用于现场实施。

②平臂变动臂的利弊

由于受项目地下工程施工阶段多种因素影响,主体结构施工开始时间较投标计划严重滞后,加之主体结构施工图钢柱节数较投标图大大增加,地上结构塔吊使用需求量、结构施工所需工期较投标时均明显增加。对此,为满足项目塔楼主塔封顶节点工期要求,项目塔楼塔吊由投标时的一台平臂塔吊调整到两台动臂塔吊。平臂变动臂,存在如下几点利弊:

a.由一台塔吊变为两台塔吊,可向业主表明项目积极抢工的决心及良好的履约态度;

b.两台塔吊可保证钢结构与土建同时施工,避免出现钢结构吊装焊接时,土建单位无塔吊可用的情况;

c.两台塔吊错开爬升,一台塔吊爬升时,另一台塔吊可供现场使用,避免塔吊爬升时现场停工的情况;

d.平臂变动臂,增加塔吊数量,投入成本大大增高。

2)施工电梯布置选型

(1)布置选型

①施工电梯的布置需从材料运输量、幕墙收口、结构形式、经济效益、裙楼移交、布置区域房间功能等多方面综合考虑。项目塔楼南北向弧形造型,布置施工电梯需搭设大量通道,且南北侧风帆幕墙施工难度大,后期收口进度慢,影响项目整体工期。因此,项目塔楼施工电梯布置在塔楼东西侧。

②因东西侧为弧形斜柱,部分楼层斜柱挡住施工电梯出口,故将施工电梯安装位置适当远离塔楼结构边。结构边与施工电梯门之间采用"三层一悬挑"的方式搭设通道,斜柱处设置转弯平台,确保施工电梯可达各楼层。

③在先期地库开展砌体工作时,因车道结构还未形成,需考虑施工电梯能够到达地库楼层。

(2)电梯基础转换

考虑到裙楼区域提前移交,在电梯的布置及基础设计阶段,提前考虑施工电梯基础转换。电梯安装时,在屋面层设置基础转换定制标准节,后期直接在屋面层处设置钢梁基础,将施工电梯基础直接从 S6 层直接转至屋面层,避免基础转换时施工电梯的重新拆装,保障现场垂直运输需求,节省拆装费用。

3)爬模选型

因为核心筒为混凝土、外框为钢结构,考虑到塔吊附着、工序穿插形成流水施工以加快施工进度的特点,T4N 塔楼采用内筒先于外框的方式进行施工。核心筒施工时,主要有爬模、顶模两种操作平台体系,而顶模系统成本高、安装时间久,考虑到 T4N 核心筒在第三、第四个避难层存在核心筒内收的情况,采用顶模系统拆改难度大,因此,从经济、工期、实用性多方面综合考虑,T4N 塔楼核心筒及巨柱外侧采用液压自爬升爬模系统。

4)爬架选型及管控

(1)弧形结构爬架斜爬技术

①T4S、T4N 三角铁件转换架

为确保塔楼外立面全封闭,T4S、T4N 塔楼的附着式整体提升架采用设置三角铁件转换架(见图4.45)的方式确保贴合塔楼曲线造型,实现整体提升架的曲线斜爬。三角铁件外顶利用千斤顶,内收使用手拉葫芦。

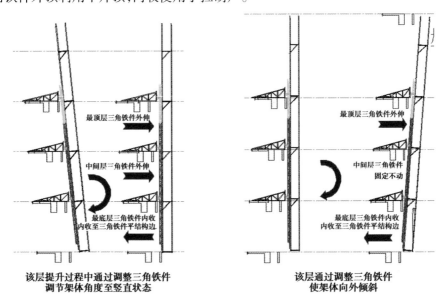

图 4.45　三角铁件转换架

②T5、T6 可调长度挑臂附着

根据异型建筑结构特点,外框结构内外倾斜,角度多变,采用可调节挑臂附着(见图4.46)+标准附着体系,通过对附着脚手架每层提升前/后机位的挑臂与可调节加长件内外伸缩调节,达到架体斜向爬升的效果。悬挑附着示意图如图4.46所示。

(2)爬架设计考虑分段施工

T4S、T5、T6 塔楼单层面积约 1 600 m²,为减小资源投入,各塔楼分左、右两段流水施工。对此,在爬架设计时,需将爬架在施工段分界线位置竖向分开,以便左、右两部分爬架随对应施工段分片爬升。

图 4.46　挑臂附着示意图

4.5.2　内爬塔吊可周转装配式附着件施工技术

1）技术背景

目前,建筑施工中塔机、施工电梯、临时支架等设备或施工措施中通常应用到混凝土预埋件作为承力结构,这种结构通常由锚筋、锚板与耳板或牛腿焊接而成,其中锚筋、锚板预埋于混凝土中,牛腿或耳板与预埋板焊接后作为承力连接件。然而,这种形式的承力结构由于其锚筋、锚板预埋于混凝土结构中,无法取出周转使用,增加了施工成本;而且其焊接工序较多,焊接周期较长,影响工期,焊接质量也难以保证,焊接过程不可避免地产生废物、废气,污染环境。

针对上述问题,发明了一种可周转装配式混凝土结构附着件。该附着件具有多级承载能力、多种受力模式并能适用于多个使用位置,可广泛应用于塔机、施工电梯、临时支架等需要附着于混凝土结构的设备。

2）可周转装配式混凝土附着件的设计

可周转装配式混凝土附着件及牛腿,包括 4 根可取出的预埋螺杆、定位板、连接螺杆、水平顶紧构造、垂直顶紧构造、钢牛腿等,如图 4.47 所示。

3）可周转装配式混凝土附着件施工技术的应用

（1）预埋件组装与包裹

将预埋螺杆与定位板通过锁紧螺帽固定在一起,可取出预埋件组装完毕后（见图 4.48）,用黄油等具有润滑隔离作用的材料涂抹螺杆,并用保鲜膜或热缩膜包裹。用黄油和保鲜膜包裹的目的是防止螺杆被混凝土污染,以便于螺杆取出。

（2）定位放线与钢筋绑扎

预埋件的测量控制线必须单独设置,各个埋件的控制线都从结构控制轴线单独引

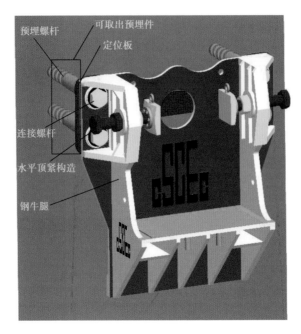

图 4.47 可周转装配式混凝土附着件

图 4.48 可取出预埋件组装

测,预埋件在安装前做好中心定位标记,便于安装时的测量校正。

一般情况下,暗柱区域竖向钢筋及箍筋较密,为防止墙钢筋与埋件螺杆位置冲突,钢筋绑扎时,竖向钢筋应避开埋件螺杆位置,或者是此部分钢筋暂时不用扎丝固定,待预埋件安装固定好后再进行固定。

(3)预埋件安装

根据测量放线的位置,将可取出预埋件安放到位。埋件安装过程中应尽量保护好包裹材料不被破坏,若破坏则需要进行重新包裹。安装完成并调整位置后,应采用短钢筋固定。短钢筋应与原有结构钢筋焊接牢固,以保证定位板竖直,且左右标高相等。

(4)模板及混凝土施工

封模时,应注意可取出预埋件位移偏差,若有移动,必须立即停止,重新固定后方可进行封模。封模后须对模板进行吊线检查,检查模板的垂直度及轴线偏差,确保精度达到要求。

混凝土施工时不得直接从埋件上方浇筑,应从距离埋件 30~40 cm 处浇筑,由振捣棒引至埋件处,且单次浇筑量不宜过大,避免影响埋件定位。混凝土振捣时,应避开预埋螺杆及预埋板,小心振捣,保证混凝土浇筑质量,同时避免扰动埋件。

(5)预埋质量检测

拆模后,应及时对混凝土外观及预埋件进行检查。重点检查混凝土与埋板的结合部位,若混凝土结构出现空鼓、开裂等质量缺陷,需及时进行检查修补。

预埋件检查内容包含埋件垂直度、水平度、轴线位置、埋件的相对位置、埋件的完整性等。

(6)钢牛腿安装

钢牛腿安装前应先拆除锁紧螺母,并检查墙体垂直度,确保钢牛腿下部和墙体能紧密结合,然后吊装钢牛腿,拧紧连接螺栓。螺栓紧固后,应复查钢牛腿底部是否和墙体紧密贴合,若有缝隙应加垫钢板。钢牛腿安装完毕后,应复测各个牛腿之间的相对标高,对较低的位置加垫钢板以保证牛腿顶部标高一致。

(7)牛腿及预埋件拆除

塔吊爬升后,箱梁倒运前应先将垂直和水平顶紧构造的螺栓松开,取出水平顶紧构造,箱梁倒运时注意避开钢牛腿及螺栓。钢牛腿拆除时依次拆除 4 个连接螺栓,拆除后的螺栓应进行质量检查,若出现螺纹破坏等情况,则不得继续周转使用。螺栓拆除后先取出定位板,然后再取出预埋螺杆。

4.5.3　超高层外附塔机钢基础存储及塔机爬升优化施工技术

1)技术背景

大吨位外挂式塔机通过一套外挂装置将塔机以外挂形式布置于核心筒外部,能有效克服内爬筒支式塔机的主要问题,应用前景更加广泛。由于外挂式塔机结构自重大,运行时力学性能复杂。随着建筑高度增加,剪力墙厚度变薄,不能满足大吨位外挂式塔机附着节点处受力要求,影响工程垂直运输效率。存在着剪力墙刚度不足、附着加固形式、附着加固位置及附着特殊位置处理等问题。

2)工作原理

超高层外挂塔机一般配置 3 道钢基础。外挂塔机钢基础转换及爬升主要有以下流程:当外挂塔机爬升出底部钢基础后,利用核心筒混凝土浇筑时间段(塔机空闲时间)进行底部钢基础拆除;拆除后整体存储在钢屋架中;待下道钢基础安装位置混凝土达到钢基础安装强度后,再次利用核心筒混凝土浇筑时间段(塔机空闲时间)进行顶部钢基础安装;顶部钢基础安装完成后再依次循环上述流程。工作原理如图 4.49 所示。

3)大型外挂式塔机附墙加固及爬升优化

(1)施工准备

当墙体厚度随高度继续变薄,外挂塔机附着节点处的墙体钢筋应力超过钢筋屈服强度标准值,局部混凝土最大主压应力超过混凝土抗压强度标准值时,不能满足施工要求。通过在剪力墙间增设钢支撑改变传力途径将部分水平力传递给核心筒内墙的方式,可以有效降低钢筋应力水平。

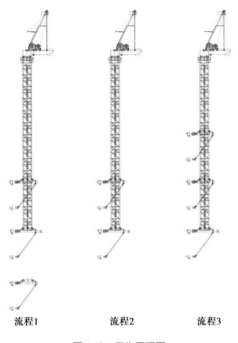

流程1　　　　　　流程2　　　　　　流程3

图 4.49　工作原理图

(2)附着墙体局部加固施工

对于结构下部剪力墙较厚区段,可通过剪力墙局部加强措施减小附着墙体钢筋应力,控制墙体变形及混凝土开裂程度,保证结构安全性,满足塔机正常施工。其方式包括:

①增大水平箍筋配筋率;

②增设暗梁;

③增设约束边缘柱。

(3)钢支撑附墙加固施工

加固钢支撑设计时不应仅考虑屈服强度,应在满足屈服强度的同时考虑截面更大的钢支撑,因为截面大的钢支撑刚度较大,较截面小的钢支撑能传递更多的荷载。可周转钢支撑塔机附墙加固包括 H 型钢主梁、H 型钢次梁、高强螺栓、连接板及双面钢板剪力墙埋件。其中 H 型钢主梁三段并排深化设置,相邻两段 H 型钢主梁通过腹板连接板和高强螺栓相连,H 型钢主梁端头分别通过腹板连接板和高强螺栓与剪力墙埋件连接;H 型钢次梁与主梁通过翼缘连接板和高强螺栓相连,H 型钢次梁端头分别通过腹板连接板和高强螺栓与剪力墙埋件连接。如图 4.50 所示。

(4)钢支撑吊装

因加固钢支撑安装在核心筒内,无法使用塔吊等起吊设备,故采用多个手拉葫芦作为调运提升装置将钢支撑提升至安装位置。

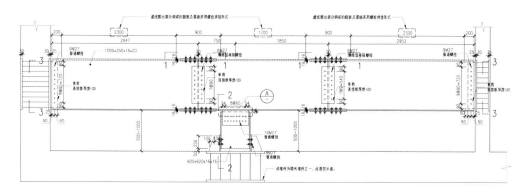

图 4.50 加固钢支撑深化设计图

（5）钢支撑焊接

吊装就位后，将主梁及次梁连接板与提前安装在剪力墙中的双面钢板埋件焊接形成加固传力结构，完成加固钢构件安装施工，连接板焊接作业如图 4.51 所示。加固钢构件安装完成后形成有效的传力体系，如图 4.52 所示。

图 4.51 塔机埋件连接板焊接示意图   图 4.52 加固钢构件安装就位图

（6）钢支撑拆除及转运

当外挂塔机向上爬升，外挂支撑体系最下面一道支撑架不再受力后，方可拆除及转运加固钢支撑，如图 4.53 所示。

（7）混凝土墙体加固施工

随着超高层建筑高度增加，核心筒墙体厚度未变，但部分墙体由于设计需要取消，导致部分塔吊附着的墙体成为悬臂结构，仅靠钢筋加密+加固钢梁的方法无法满足塔吊附着要求。基于此，在取消墙体处增加临时钢筋混凝土墙体可有效解决此问题，待塔吊拆除后破除即可。如图 4.54 所示。

（8）结构及附着节点监测施工

为了及时掌握剪力墙体附着区域及加固钢支撑受力情况，确保结构施工安全，需对塔机起吊施工过程中及爬升过程中加固钢支撑、剪力墙体附着节点区域应力情况进行适时监测。每个塔机附着节点设置一个应力监测点，外加固钢支撑在主梁及次梁相应位置处设置 5 个应力监测点。

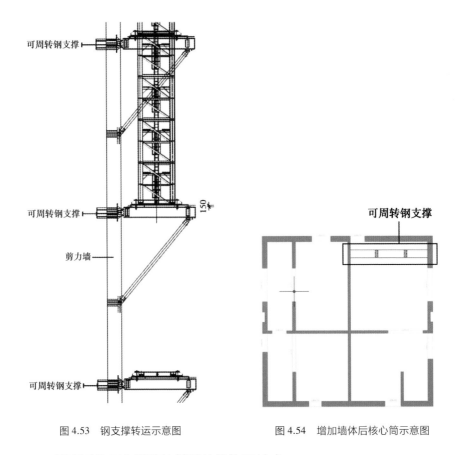

图 4.53　钢支撑转运示意图　　　　图 4.54　增加墙体后核心筒示意图

4.5.4　超高层施工电梯整体基础转换施工技术

1）技术背景

项目由于裙房需提前营业的工期需求,需提前插入裙房的二次结构及装修等工作。而各塔楼的施工电梯穿过裙房,造成对应位置结构洞口无法封闭,后续工作无法开展。在裙房屋面具备通车条件后,需将施工电梯基础转换至裙房屋面。为减小施工电梯转换过程中对塔楼施工的影响,本工程在施工电梯安装时已考虑转换需要,创造性地采用了施工电梯转换标准节,在转换条件成熟后即可进行施工电梯基础转换,将基础由地面转换为裙房屋面,避免施工电梯的拆除与安装,将施工电梯转换对项目进度的影响降到最低。

2）工作原理

根据垂直运输过程转换施工部署,确定施工电梯转换位置,加工生产转换标准节。转换标准节在施工电梯安装过程中同步安装到位,待施工电梯进行转换时,在转换标准节位置新增钢梁与转换标准节固定形成新的钢基础,基础转换完成后,拆除钢基础下方的标准节。

3）整体基础转换施工技术

（1）转换标准节及基础设计

施工电梯基础节与标准节不同,基础节需承受施工电梯总重量,将力传导至基础(混凝土基础、钢梁基础等)上。设计过程中通过施工模拟,多次进行模型优化调整,最终选择出最优设计方案。标准节高 1.5 m,每一节型号、规格均一致。施工电梯转换时,在裙房屋面采用钢梁作为基础,标准节不能直接与钢梁基础连接,需通过转换标准节进行。通过重新设计的箱梁穿透转换标准节,在转换前能作为标准节使用,转换后作为基础节使用(见图 4.55)。

图 4.55　转换标准节

（2）钢梁基础选型及转换标准节深化

根据稳定性要求,采用 1 根箱梁+2 根 H 型钢梁作为新基础,箱梁穿透转换标准节,两侧各设一根钢梁辅助支撑。再结合施工电梯安装高度、现场情况等计算出转换后电梯基础所承受的荷载,从用钢量、经济性、便捷性等多方面进行钢梁截面选型。

转换标准节中间需穿透箱梁,故需要根据箱梁截面大小预留对穿孔洞。根据首次安装情况,对施工电梯安装竖向标准节进行排布,在需要转换的位置插入转换标准节,根据现场标高及爬梯标准节安装位置,调整转换标准节的整体高度。标准节深化图如图 4.56 所示。

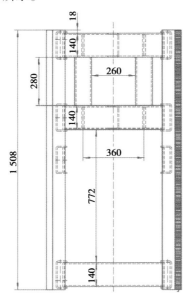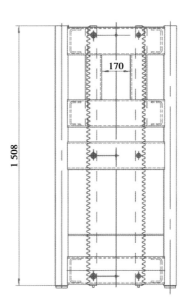

图 4.56　转换标准节深化图

图 4.57　肋板排布模型

钢梁安装后需与转换标准节连接成为整体,根据钢梁安装位置及有限元计算结果,优化连接肋板排布及连接方式,确定肋板进行焊接,排布如图 4.57 所示。

在钢梁选型、连接件形式全部确定后,将转换标准节与连接件作为整体采用有限元软件 YJK1.6.3、SPA2000 进行施工模拟,模拟转换标准节在转换完成后承受电梯运行阶段的荷载情况,模拟真实运行状况下的基础变形情况,根据模拟结果进行转换标准节及连接件的设计调整、选材。施工模拟阶段如图 4.58 ~ 4.60所示。

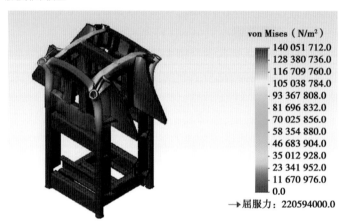

图 4.58　应力模拟模型

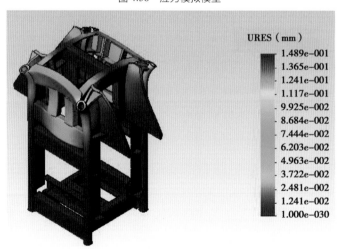

图 4.59　位移模拟模型

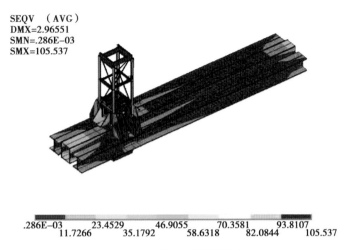

SEQV （AVG）
DMX=2.96551
SMN=.286E−03
SMX=105.537

.286E−03　　23.4529　　46.9055　　70.3581　　93.8107
　　11.7266　　35.1792　　58.6318　　82.0844　　105.537

图 4.60　钢梁连接后模拟模型

（3）转换标准节定位安装

根据转换需求,提前确定转换位置标高。在施工电梯首次安装时,根据现场情况及设计转换高度,调整标准节数量。在设计转换标高位置安装转换标准节。安装方法同标准节安装。电梯安装完成后,基础转换前,转换标准节作为普通标准节使用,如图4.61 所示。

图 4.61　转换标准节

（4）基础转换施工

基础转换是为了避免施工电梯对下方楼层产生影响,故新基础位置避免采用下部支撑法。施工电梯转换采用箱梁穿透型标准节,两侧各设置一根 H 型钢梁作为辅助支撑,由 3 根钢梁共同作为转换基础,钢梁两端固定于混凝土结构上,如图 4.62 所示。

（5）转换标准节下方标准节拆除

施工电梯基础转换完成后,即可将新基础下方不需要的普通标准节拆除。拆除过程中,先将新基础下方部分采用乙炔焰切割截断(见图 4.63),再将下方标准节拆除,并转运出场。

图 4.62　基础转换完成正视图

（6）验收复测及应变监测

在转换工作全部完成后,需再次对施工电梯基础钢梁安装位置、标高等进行复核,确认钢梁安装位置、标高无误,再对电梯进行全面检查(见图 4.64)。

图 4.63　下方标准节切割　　　　　　　　图 4.64　转换后基础复测

4.6　风帆造型塔楼外爬内翻液压爬模自爬升施工技术

4.6.1　技术背景

项目 T4N 塔楼结构为核心筒+框架+伸臂桁架加强层的结构形式,采用爬模体系进行核心筒施工。但常规爬模系统优先施工核心筒竖向结构,核心筒水平结构滞后施工,不仅影响核心筒结构的抗侧刚度,而且降低施工速度;爬模液压油缸难以同步运行,在加强层、避难层等非常规楼层结构情况下,传统的组合模板、附着设计制约爬模技术的应用。

因此,根据超高层核心筒结构的特点,在发挥传统爬模系统技术优势的基础上,将其创新改进为"外爬内翻爬模体系",针对性解决爬模在施工过程中出现的附着连接、模板组合等问题,使核心筒水平结构与竖向结构同步施工,加快了施工速度,保证了施工质量。

4.6.2　外爬内翻液压爬模系统深化设计

根据外爬内翻综合爬模系统分片设计原则及核心筒结构特点,在核心筒外侧、内筒电梯井井道布置多榀机位。选择核心筒水平结构同步施工区域,配置 4 套模板体系。如图 4.65 所示。

根据超高层建筑核心筒外挂动臂塔吊情况,在塔吊处爬模平台内收,保证 500 mm 施工安全距离(见图 4.66)。

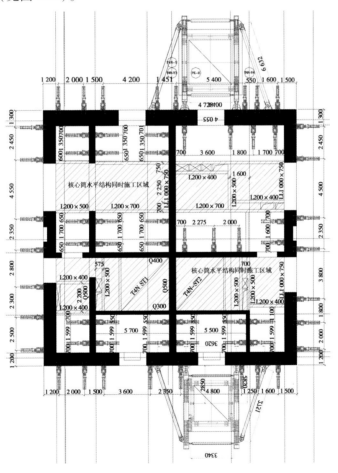

图 4.65　外爬内翻爬模系统机位布置及水平结构施工区域示意图

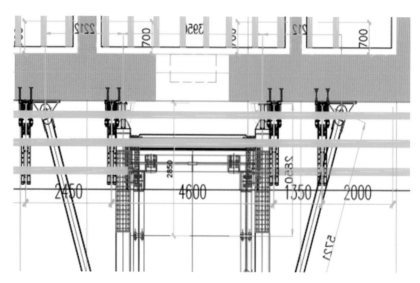

图 4.66　爬模遇塔吊处内收示意图

由于核心筒水平楼板与竖向墙体同时施工,爬模顶上无封闭大平台,在两个内筒爬模顶层上搭设定型混凝土布料机平台(见图 4.67),每次浇筑完成后将布料机整体吊装至裙楼堆场上,以满足核心筒混凝土浇筑要求。

图 4.67　混凝土布料机架设平台示意图

4.6.3　外爬内翻液压爬升技术

(1)预埋件安装

外爬内翻爬模系统的埋件由埋件板、高强螺杆、爬锥、受力螺栓和埋件支座组成(见图 4.68)。受力螺栓是埋件主要受力部件,要求经过调质处理(达到 HRc25～30),并且经过探伤,确定无热处理裂纹和其他原始裂纹后才使用。爬锥孔内抹黄油后拧紧受力螺杆,保证混凝土不流进爬锥螺纹内,爬锥外面用胶带及黄油包裹,以便于拆卸。

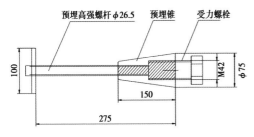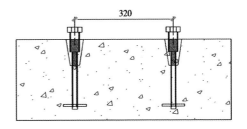

图 4.68　预埋件安装示意图

（2）架体地面拼装

爬模材料进场后应提供充足的拼装场地,在地面提前将主承力架、挂架等可预先拼装的部件拼装成整体（见图 4.69）。钢模应提前进场,将分段的钢模组装成整块。

图 4.69　架体地面拼装

（3）竖向水平结构同步施工

①钢筋施工

为保证竖向结构和水平结构同步施工,剪力墙竖向钢筋提前一层进行绑扎,水平楼板及梁钢筋待浇筑层架体模板施工完毕后开始绑扎。

②模板施工

在爬模施工范围内,墙体钢模板满配,墙体钢模板根据核心筒剪力墙截面变化情况,将墙体端部设置为多块可拆卸小钢模。在墙体截面内收时,只要拆除角部钢模板即可,其余大面积的模板无需变动。

爬模范围内采用钢模板施工,包括核心筒外侧剪力墙及内侧电梯井井道,其他部位均采用木模散拼形式。其中,涉及墙体内外均为钢模板的加固、墙体外侧为钢模板与内侧为木模板的加固等方式。钢模板与木模板组合使用时,由于木模板强度低、变形大等特点,故按照木模加固要求布置穿墙螺栓孔,从上至下采用 9 道穿墙螺栓,水平间距约为 600 mm,竖向间距约为 450 mm。

考虑外框伸臂桁架内连接型钢外伸牛腿影响,核心筒避难层施工时需将角部钢模拆除,改为木模散拼（见图 4.70）,其他部位仍采用钢模板。对于木模散拼的角部,采用钢模直角芯带配合焊接在钢模上的水平套筒作为角部加固体系。待伸臂桁架层施工完成后,其他楼层继续采用钢模施工。

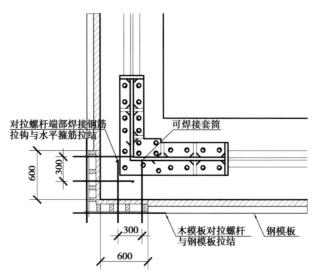

图 4.70　剪力墙避难层角部木模散拼加固示意图

③混凝土浇筑

避难层核心筒及伸臂墙中钢结构和钢筋数量较多,间距较小,混凝土浇筑振动难度大。因此,在避难层施工时采用自密实混凝土,从而避免在振捣过程中核心筒伸臂墙预留锚固纵筋偏位的情况发生(见图4.71)。

图 4.71　竖向结构与水平结构施工

核心筒竖向墙体浇筑时,应遵循"同向对称分层浇筑、先墙后梁板"的原则,从而防止核心筒洞口向一侧倾斜。

④材料周转

为保证核心筒竖向及水平结构同步施工,竖向结构所用钢模板随爬模逐层爬升使用,钢筋则直接吊运至爬模顶层平台上。水平梁板共配置4套模架体系,并在核心筒爬模底层平台往下两层设置卸料平台,供水平梁、板材料及时周转至作业层。

(4)架体爬升

爬模爬升施工流程:解除爬模平台与核心筒结构的联系→楼层洞口立面防护→复核

平台堆载情况→翻开爬模底部平台翻板→逐个爬升→爬升完毕插入销轴(见图4.72)。

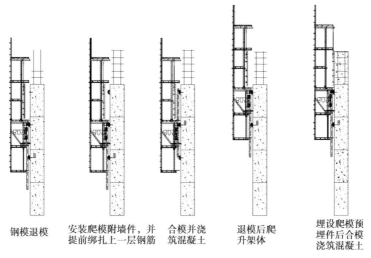

钢模退模　　安装爬模附墙件,并　　合模并浇　　退模后爬　　埋设爬模预
　　　　　　提前绑扎上一层钢筋　筑混凝土　　升架体　　埋件后合模
　　　　　　　　　　　　　　　　　　　　　　　　　　　　浇筑混凝土

图 4.72　爬模爬升步骤示意图

(5)架体拆除

采取分段整体拆除方法,在塔吊起重力矩允许范围内,立面按模板、上架体、导轨、爬升系统与下架体5部分拆除,平面按施工区段分片分段拆除(见图4.73)。拆模主要流程:爬模施工至顶层→退模→平台杂物清理及下吊→模板拆除→上架拆除→油路及控制柜拆除→导轨拆除→附墙及上架配件下吊→下架拆除→地面解体→装车运离。

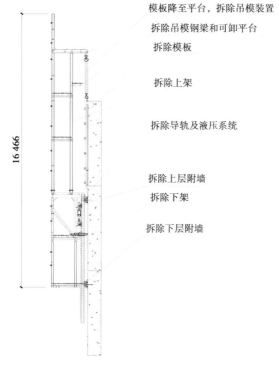

模板降至平台,拆除吊模装置

拆除吊模钢梁和可卸平台

拆除模板

拆除上架

拆除导轨及液压系统

拆除上层附墙

拆除下架

拆除下层附墙

图 4.73　架体拆除示意

4.7 风帆造型塔楼可调角度式升降脚手架施工技术

4.7.1 技术背景

项目 4 栋塔楼结构形式为框架核心筒结构,南北两侧立面为弧形面,其中南侧为内凹形,北侧为外凸形,东西两侧为竖直平面。塔楼结构最大倾斜角度达 8°之多,并且平面南北侧有弧形阳台,是不规则的板结构。

为保证塔楼主体结构施工时周边架体的封闭严实,根据结构角度变化的特点,对传统附着式升降脚手架进行工艺优化,采用可调节挑臂附着+标准附着体系相结合的方式,通过对附着脚手架每层提升前/后机位的挑臂与可调节加长件内外伸缩调节,达到架体斜向爬升的效果。

4.7.2 可调节挑臂附着+标准附着体系设计

可调节挑臂附着+标准附着体系采用连杆连动原理和导轨原理,组合体系由一个挑臂构件、一个可调节加长件、一个导向座组成。挑臂构件由两条槽钢焊接组成,通过中间导轨空隙结合预埋螺杆形成悬挑远近的伸缩功能。可调节加长件通过外筒和内筒在调节齿轮作用下实现调节功能。导向座用来连接可调节加长件与附着脚手架。本附着体系使得其中的加长件能灵活的推拉,从而进行长度调节。并且通过挑臂的预埋螺杆在其导轨单向方向不同位置的预埋,达到附着脚手架附着的较灵活伸缩布置、调节长度和倾斜度的目的。如图 4.74、4.75 所示。

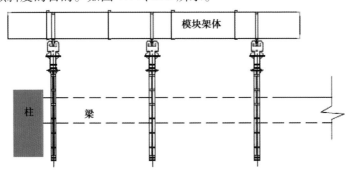

图 4.74 单组平台平面布置

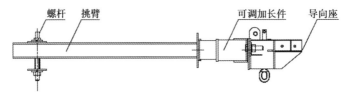

图 4.75 可调节挑臂附着+标准附着体系侧立面示意图

通过可调节加长件的使用,可以实现整个挑臂附着装置的更大距离伸缩,并实现外悬挑设备呈一定角度的倾斜(见图 4.76)。

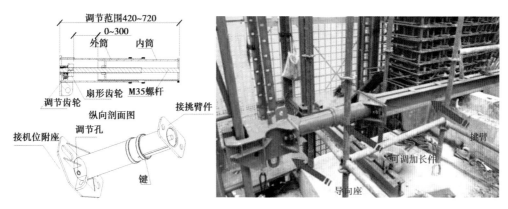

图 4.76　可调节挑臂附着+标准附着体系示意图

对于异形建筑的竖向直面部分,其结构外框柱通常呈倾斜布置,项目采用加长附着+标准附着体系,根据结构外框柱外凸尺寸确定,确定加长附着尺寸,遇柱取消加长附着,提高施工效率,达到倾斜爬升效果。如图 4.77、4.78 所示。

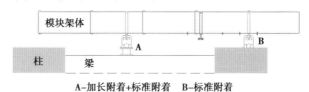

A–加长附着+标准附着　B–标准附着

图 4.77　单组平台平面布置

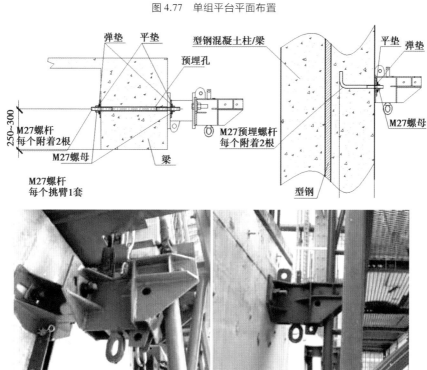

图 4.78　加长附着+标准附着体系示意图

4.7.3 可调角度斜向爬升施工

为满足异形复杂曲面建筑附着脚手架爬升的可操作性,竖向面在外框附着脚手架通过特制一种角部异形架,根据本附着脚手架模块化特点逐层拆改角部架体、调整机位布置的方式,实现了脚手架随结构曲面变化,保证每层的封闭要求,安全可靠。如图4.79 所示。

图 4.79　角部异形架示意图

斜向面附着脚手架通过可调节挑臂附着+标准附着体系的伸缩长度,使其适应不同角度的倾斜爬升。可调节挑臂附着+标准附着体系均设置 1 个卸力点,保证安全。卸力吊点如图 4.80 所示。

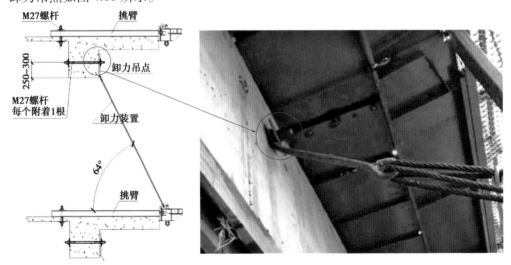

图 4.80　卸力吊点示意图

4.8　混凝土超高层泵送施工技术

4.8.1　超高层混凝土泵送重点难点

超高层建筑因混凝土配合比和超高压泵送等原因,存在混凝土离析、堵管等问题,必须解决设备的高可靠性和超强的泵送能力,超高压混凝土的密封、超高压管道、超高压混凝土泵送施工工艺及管道内剩余混凝土的水洗等方面的技术问题。

本工程 T4N 塔楼裙房以上共 70 层,底板至主屋面主体结构总高度为 358 m。塔楼低区用途为办公楼,典型层高 4.3 m;高区用途为酒店,典型层高 3.6 m。结构形式为带腰桁架和巨柱的外框架+钢筋混凝土核心筒+混合伸臂(连接核心筒角部和巨柱)。

4.8.2　超高压泵机选择

塔楼核心筒单层最大面积约 400 m²,单层混凝土最大方量约 500 m³;外框单层最大面积约 1 200 m²,单层混凝土最大方量约 180 m³。首先,根据施工经验及超高压泵的浇筑能力,现场共选用 3 台混凝土泵机。其次,根据现场整体施工部署,混凝土超高压泵机设置在裙楼 S6 层,混凝土最大泵送高度为 355 m,按照 6 个 90°弯头、2 个 135°弯头及水平管线的布置考虑,混凝土泵的最大泵送阻力约为 18.3 MPa。综合考虑泵送压力损失及压力储备,特选用 HBT9035CH 超高压输送泵,其最大出口压力可达 35 MPa,最大理论竖直泵送高度可到 450 m,以满足泵送需求。

为减少超高压泵机的投入使用时间,节约租赁及泵送成本,为此项目根据塔楼施工高度,以 200 m 高度为界限,浇筑高度在 200 m 以下时,采用中高压泵机+普通泵管的方式进行浇筑;浇筑高度在 200 m 以上时,采用超高压泵机+超高压泵管的方式浇筑。

4.8.3　超高压管线及泵机布置

(1)超高压输送管选择

超高压泵送中,混凝土输送泵管是一个非常重要的因素。本工程最高泵送 C60 高强高性能混凝土至 350 m,C60 混凝土黏度非常大,对泵管的性能要求非常高。由于混凝土泵管内的泵送压力高,泵管内将产生较大的侧压力。根据工程泵送方量及泵送混凝土强度情况,按等寿命原则选用方案详见表 4.6。

表 4.6　混凝土泵管要求

序号	部　位	选用方案
1	管径	管径越小则输送阻力越大,过大则抗爆能力差且混凝土的出料速度慢,综合考虑选用内径为 125 mm 的输送管。
2	管厚	输送管道均采用合金钢耐磨管,采用 125 A/10 mm 壁厚的输送管;布料机及连接管道采用 125 A/10 mm 壁厚的输送管,重量较轻,便于安装。调质后内表面高频淬火,保证管道的抗爆能力。

续表

序号	部　位	选用方案
3	接头形式	采用法兰螺栓连接的形式保证泵管连接的牢固性。
4	密封圈	超高压和高压耐磨管道密封,采用密封性能可靠的 O 形圈端面密封形式,可耐 100 MPa 的高压。

（2）超高压泵机布置

①结合裙楼整体施工部署及场内道路施工规划,编制了超高压泵机布置多次转换的施工方案。

②泵机摆放位置要保证一定的空间和过道,便于搅拌车进退,减少换车、待料时间,以提高浇筑效率。

③泵机摆放位置应考虑周边环境影响,若置于室外,需预留搭建防雨棚的空间,避免雨天施工时雨水进入料斗;若紧邻生活、办公区,需预留搭设隔音板房的空间。

（3）超高压管线布置

①水平管线排布

为了平衡竖直管道中混凝土因自重产生的反压,地面水平管道铺设长度必须达到建筑主体高度的 1/5～1/4。若因场地所限,可增加若干弯管,但应避免出现连续弯头,以免局部压力过大造成堵管。具体排布如图 4.81 所示。每根水平泵管中部均应通过支撑件和混凝土支墩与地面固定。

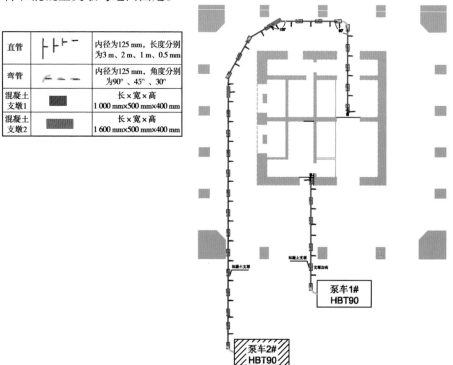

图 4.81　水平管线排布示意图

②竖向管线排布

前期施工阶段,由于机电安装还未插入施工,故普通竖向泵管考虑利用永久洞口作为排布通道。当核心筒竖向施工高度接近 200 m 时,开始安装超高压泵管,超高压泵管由于使用时间较长,不宜占用竖向机电洞口及楼梯,且应避开后期施工通道,宜设置在剪力墙边便于固定的楼板处(见图 4.82),且泵管离墙面距离以 200~300 mm 为宜,避免浇筑过程泵管跳动过大。

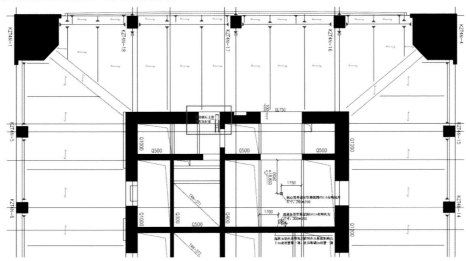

图 4.82　混凝土泵管竖向排布示意图

4.8.4　管道安装与固定

输送管的固定对超高层泵送的施工及安全起着重要的作用,水平和垂直输送管均要求沿地面和墙面铺设布置,全程做固定连接。

(1)预埋件

在输送管对应的地面和墙面上,采用预埋的方式将规格为 300 mm×300 mm、厚度不低于 16 mm 的高强钢板(插焊 4 根直径 20 mm 以上铆筋,长约 300 mm)植于地面和墙面(见图 4.83),铺设管道时将混凝土泵管固定装置配焊到预埋钢板上来固定输送管。对混凝土泵管需要安装在已施工完成的混凝土结构处,可用化学螺栓或植筋方式将钢板固定到墙面上。

图 4.83　预埋件示意图

（2）水平输送管的安装与固定

每根标准 3 m 输送管在距连接处 0.5 m 处用 2 个输送管固定装置牢固固定（在水泥墩中或地面预埋高强度钢板,输送管固定装置焊接于钢板上）,防止管道因震动而松脱。其他较短的输送管采用一个输送管固定装置牢固固定。90°弯管在距连接处 0.5 m 处用 2 个输送管固定装置牢固固定（在水泥墩中或地面预埋高强度钢板,输送管固定装置焊接于钢板上）,防止管道因震动而松脱。如图 4.84 所示。

整条管道铺设之前,需先确定管道的起始点。管道的起点位置是水平转垂直部分的弯管,整条管道铺设前先对该条弯管进行定位并固定。然后以该弯管为基准,分别沿水平方向铺设水平管道,沿垂直方向向上铺设垂直管道。在超高层泵送施工时,水平管道的固定采用先连接、后固定的方式。首先将水平管道和泵机按照预先设计的图纸铺设,然后把管道支撑固定到管道上,最后再浇筑混凝土对管道支撑进行固定,然后顺起始点管道铺设水平管道并沿途固定。

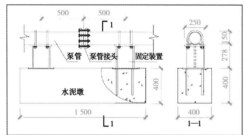
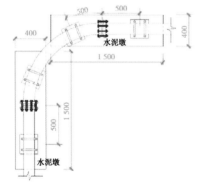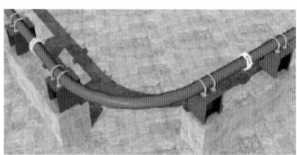

图 4.84　混凝土墩设置示意图

（3）垂直管道的安装与固定

输送管沿墙面爬升,在墙壁对应位置处预埋高强度钢板,混凝土管装置固定焊接在钢板上。在每层楼板以上 1 m 处设置埋件,竖向间距为 2 m（见图 4.85）。

（4）截止阀的安装与固定

每条管道只安装一套液压截止阀,并安装在泵出口位置,阻止垂直管道内混凝土回流,便于设备保养、维修与水洗（见图 4.86）。

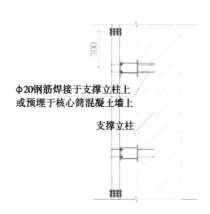

图 4.85　竖向管道安装与固定

图 4.86　泵出口处水平管安装液压截止阀与泵站

4.8.5　混凝土泵送能力计算

T4N 塔楼拟用 HBT90CH 输送泵,根据现场情况,按最长路径拟配管(见表 4.7)。

表 4.7　20HBT90CH 输送泵性能一览表

序　号	项　目	内　容
1	理论混凝土输送量(低压/高压)(m^3/h)	90/60
2	理论混凝土输出压力(低压/高压)(MPa)	18/28
3	输送缸直径×行程(mm)	ϕ180×2 100
4	柴油机功率(kW)	195×2 台
5	柴油箱理论容积(L)	650
6	料斗容积(m^3)×上料高度(mm)	0.7×1 420
7	外形尺寸(mm)	7 450×2 480×2 950
8	整机质量(kg)	12 500
9	理论最大输送距离(125 mm 管)	水平 1 800 m,垂直 750 m

4.8.6 合理选用的混凝土配合比

配合比设计的原则是既满足强度、耐久性要求,又要经济合理、具有良好的可泵性,因此除通常须考虑的因素外必须处理好如下几个方面。

(1)水泥用量

适用于超高层泵送混凝土的水泥用量必须同时考虑强度与可泵性,水泥用量少强度达不到要求,量大则混凝土的黏性大、泵送阻力增大则增加泵送难度,而且会降低吸入效率。本例中水泥用量为 375 kg/m³。

(2)粗骨料

常规的泵送作业要求最大骨料粒径与管径之比不大于 1∶3;在超高层泵送中因管道内压力大易出现混凝土离析,因此该比例宜小于 1∶5,而其中尖锐扁平的石子要少,以免增加水泥用量。

(3)坍落度

普通的泵送作业中混凝土的坍落度在 160 mm 左右最利于泵送,坍落度偏高易离析、低则流动性差。在超高层泵送中,为减小泵送阻力,坍落度宜控制在 180 ~ 200 mm,同时为防止混凝土离析可掺入沸石粉减少泌水。

(4)粉煤灰及外加剂

粉煤灰和外加剂复合使用可显著减少用水量,改善混凝土拌合物的和易性。但由于外加剂品种较多,对粉煤灰的适应性也各不相同,其最佳用量应通过试验来确定。

4.8.7 保证混凝土的连续供给

针对混凝土黏性好、凝结快的特性,为保证混凝土的均质性,搅拌车在向泵机喂料前反向高速转动 20~30 s,泵送过程应迅速连续不停地搅拌,避免因混凝土在泵送过程中滞留过长而发生凝结现象。

泵送前混凝土应用水湿润泵的料斗、泵室、输送管道,检查管路无异常后方可采用水泥砂浆润滑压送。

开始泵送时,泵机应处于低速运转状态,注意观察泵的压力和各部分工作情况,待顺利泵送后方可提高到正常运输速度。

当混凝土泵送困难、泵的压力突然升高时会导致管路产生振动,可用槌敲击管路、找出堵塞的管段,采用正反泵点动处理或拆卸清理,经检查确认无堵塞后继续泵送,以免损坏泵机。

施工时采用由远至近的退管法与二次布管法。本工程混凝土浇筑方向与泵送方向相同。

第 5 章
空中连廊施工技术及施工组织

5.1 空中连廊复杂结构优化

5.1.1 空中连廊钢结构深化设计

1)空中连廊钢结构深化设计实施准则

钢结构深化设计需准确无误地将设计图转化为直接供制作施工用的图纸,深化阶段应与各专业单位及时沟通协调,除了设计出与钢结构有关的零构件加工、布置图外,还需考虑与各专业相关的施工措施,并绘制在深化图中,以便各专业之间能很好地配合。同时,深化设计需以设计规定的规范、行业标准、规程作为依据,按照合理的计算规则进行相关验算。

①设计文件无明确要求时,所有刚接节点按等强连接设计;所有铰接连接处按照设计要求的相关规范进行验算。

②节点设计要尽可能响应原设计,如发现原设计确实不合理时,提出自己的合理化建议后,需经原设计院认可,方可进行优化设计。

③设计过程中,有义务对原设计不合理的地方指出或提出合理化建议,以使方案更加合理。

④所有节点的设计,除满足结构强度要求外,还需考虑结构简洁、传力清晰、现场安装可操作性强等方面。

2)空中连廊钢结构深化设计难点

(1)与各专业间的协调

空中连廊横跨 4 栋塔楼,工作面极大;土建、钢结构、机电、幕墙、装饰等交叉作业多,且受前期设计深度及各区域建筑功能需求变化较大等一系列情况的影响,导致了钢结构深化设计无法一次建模成型,需综合考虑各专业需求及碰撞处理。因此,深化设计与各专业间的协调管理工作是本工程钢结构深化设计的重难点之一。主要通过以下措施解决：

①通过技术协调例会及时解决技术问题,确保深化设计及时考虑各专业的相关技术要求。

②深化设计人员驻钢结构制造厂和施工现场,做好钢结构深化设计的沟通协调工作,及时准确地了解原设计、施工等相关单位提出的意见或建议,第一时间在深化设计成果中得到体现。

③建立设计及技术配合制度与流程,各专业设计的需求提资由相关方统一审核后下发钢结构进行深化设计。

（2）复杂构件、节点的深化设计

空中连廊主体钢结构是由 3 榀主桁架与每 4.5 m 一道垂直于主桁架的次桁架组成的空间三维钢桁架结构,桁架构件截面大,连接节点构造复杂、形式多样,杆件类型多达 110 种,且存在部分曲面飘带梁,构件定型定位控制困难,且无法批量深化和加工。对此类复杂构件、节点的深化设计也是重难点之一。主要通过以下措施解决:

①提前进行空中连廊的整体三维建模,复验原设计的图纸尺寸,检查设计的节点形式,反馈错误信息,辅助设计完成施工图复核。

②组织空中连廊钢结构深化设计工艺评审,从运输方案、吊装方案确定钢构件的分段位置,从节点的力学性能、制作、安装工艺可行性等方面确定节点形式,经计算分析后提交原设计单位审核,经确认后予以执行。

3）深化设计对钢结构制作的辅助

（1）深化设计前进行工艺评审

深化设计前开展工艺评审,组织相关部门对重难点部位的节点设计、制作工艺进行分析并提出建议。对暂时不明确的问题由深化设计负责人对外沟通,在深化设计前形成合理的工艺评审文件,并在深化设计文件中得以体现。

（2）深化设计过程中与制作工艺联动

深化设计人员在充分了解零部件的工厂加工方法、组装顺序等因素对制作影响的前提下,过程中合理考虑焊缝及过焊孔、构件工厂组装顺序、坡口方向及大小、操作空间,定期联合工艺人员进行工艺性审查。

（3）厚板构造深化设计处理

高强度厚板焊接性能相对较差,在边缘位置两侧板与中间板焊接时容易产生裂纹。本工程厚板较多,特别在巨柱、桁架等部位,十字交叉接头多,深化设计从构造上合理处理,尽量避免层状撕裂的发生（见表 5.1）。

表 5.1　厚板构造深化设计处理

不良构造形式	设计优化后的构造形式	说　明
		将垂直贯通板改为水平贯通板,变更焊缝位置,使接头总的受力方向与轧制层辊轴方向平行,可大大改善抗层状撕裂性能
		将贯通板端部延伸一定长度,有防止撕裂的效果。此类节点多用于钢管与加劲板的连接接头

（4）对工艺隔板等制作措施的考虑

深化设计过程中根据构件不同的部位,设计合理的工艺隔板,以防止构件在组装、运输、吊运过程中发生变形,同时设置合理的工艺衬板等保证焊接质量。

4）节点的深化设计

空中连廊主次桁架杆件截面大,交汇点多,使得节点构造复杂、形式多样。对此类节点的深化设计思路考虑如图 5.1 所示。

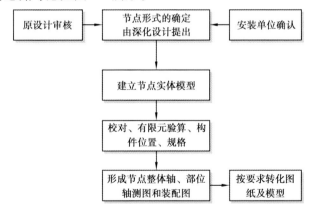

图 5.1　节点深化设计思路

（1）节点设计审核确认

首先按安装的可操作性为基础,并与工艺人员、焊接工艺师等从工厂加工可行性、构件细部尺寸、焊接工艺、焊接顺序及坡口等各方面进行分析,初步拟订节点形式;然后与安装技术人员沟通,讨论节点形式对现场安装的影响,取得一致后将双方确定的节点形式交给原设计人员审核、确认。

（2）建立节点实体三维模型

根据最终确认的节点形式建立包含这些节点的钢结构分段实体三维模型,为使后续的深化图纸准确完善,把节点所有相关信息均反映到实体模型中。图 5.2 为空中连廊次桁架外侧飞翼连接节点优化示例。连廊次桁架外侧飞翼节点合理采用插板解决多杆件交汇问题,提高施工质量,降低装配难度。

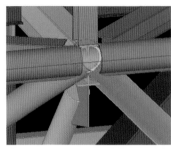 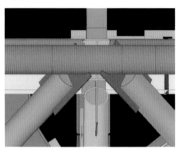

（a）原设计节点　　　　　　　（b）设计优化后节点

图5.2　空中连廊次桁架外侧飞翼连接节点

5)空中连廊深化设计实施过程

(1)结构整体定位轴线建立

建立结构的所有重要定位轴线,对于本工程所有钢结构的深化设计,必须使用相同的定位轴线模型。

(2)结构整体初步模型

在截面库中选取截面,进行柱、梁及桁架等杆件模型的搭建,当截面库不存在该截面规格时,运用软件的自定义截面功能定制(见图5.3)。为避免多人操作造成的信息混乱,截面定义工作由专人统一完成。

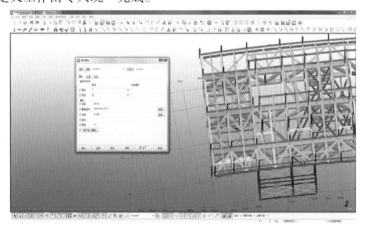

图5.3　杆件截面编辑界面

(3)节点参数化自动生成

杆件模型创建完成并审核后,在各连接的杆件间创建节点。当节点库中无该节点类型,而在本工程中又大量存在时,可在软件中创建人工智能参数化节点,或进行二次节点开发以达到设计要求(见图5.4)。

(4)构件编号

节点全部创建完毕并审核模型后,应对工程构件进行编号。根据预先设定的构件编号规则,按照构件的不同截面类型对各构件及节点进行整体编号、命名及组合。

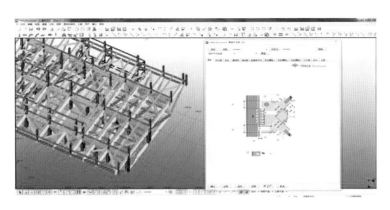

图 5.4　节点编辑界面

（5）生成构件深化图纸

深化软件能自动根据所建的三维实体模型对构件进行放样，生成布置图、构件图、零件图。

（6）图纸更新、调整

绘图人员依据图纸表达准则进行图纸更新，使其完全满足钢结构施工的各项要求。自动生成深化图纸具有的统一性及可编辑性，软件导出的图纸始终与三维模型紧密保持一致，当模型中构件有所变动时，图纸将自动在构件所修改的位置进行变更，以确保图纸的准确性（见图 5.5）。

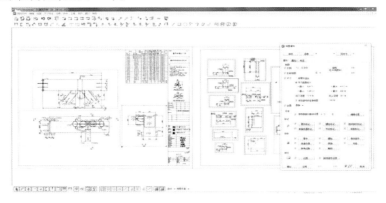

图 5.5　图纸界面

5.1.2　空中连廊幕墙工程深化设计

空中连廊幕墙系统在此商业体中承担了采光、遮阳、防水、防火、防雷、保温、隔音、擦窗机轨道、室内电线穿线空间预留等多项综合责任，设计和施工的整体难度前所未有。

空中连廊的上半圆弧 WT01/02 系统为铝板与玻璃交叉间隔形成一道连续的瓦楞状的采光顶系统（WT01 为玻璃系统，WT02 为铝板系统）；下半圆弧 WT03 系统为由内部 V 字形钢桁架和外部"外装内换"铝面板组成的半开放铝板幕墙系统，深化设计难度大（见图 5.6）。

171

图 5.6　空中连廊全景效果图

1）设计难点解析

本项工程的屋面造型复杂，为不规则的双曲造型，并且整个屋面由铝板和玻璃两套幕墙系统交错拼接而成。两套系统既相互独立又完整统一，这一特点给屋面幕墙系统的设计带来了极大的难度。

同时，由于该项目幕墙板块无法像普通幕墙系统一样在层间进行收口，而是转接系统直接外露，即此幕墙系统不仅要负责外饰面的整体效果，还要承担内饰面的精装效果，"一心二用"。这又给整套系统的设计增加了一道难度。

为解决上述难点，先将幕墙系统的功能设计概念逐一完善，让立柱系统包容所有的转接、防水、防雷及内装饰等功能，而转接系统采用精加工铝型材来代替外饰面较为粗糙的钢转接件。

（1）WT01/02 幕墙自上而下的系统构造（见图 5.7）

图 5.7　WT01/02 屋面系统构造示意图

为保证幕墙系统的密封性和构件连接的安全性，本工程中所采用的结构胶、密封胶、双面贴均为高质量的材料，螺栓均采用 316L 不锈钢螺栓。另外，玻璃系统采用双夹胶中空的配置，铝板系统采用容重 $100\ \text{kg/m}^3$ 的防火棉，$80\ \text{kg/m}^3$ 的保温棉，以及吸音贴、隔气膜，这是本项目精品与高端的最直接体现。

（2）WT01/02 屋面系统的性能

①严密的防水构造

防水是屋面系统最基本同时也是最重要的功能,防水功能的好坏是工程质量的主要评价指标。

第一道防水层(见图 5.8、图 5.9),是在两个立柱中间设置一道止水海绵,虽然不能严密防水,但是能阻挡大部分雨水进入下一道防水层。

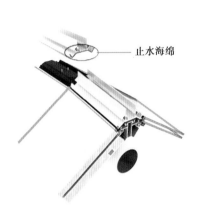

图 5.8　WT01/02 系统防水功能示意图　　　　图 5.9　第一道防水示意图

第二道防水层(见图 5.10)是主要防水层,主要是在整段圆弧的通长方向满铺一道通长的胶皮,以螺栓连接的方式与下方主龙骨连接起来,螺栓头全部打胶封闭。这一层防水层基本已能完全保证整个系统的水密性。

第三道防水层(见图 5.11)是最后一道补充防水层,是在两根立柱的开放腔体处以胶皮搭接,并用密封胶完全封闭。若第二道防水层出现少量漏水,也不会穿透这最后一道防线。

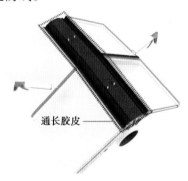
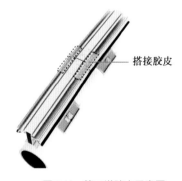

图 5.10　第二道防水示意图　　　　图 5.11　第三道防水示意图

长期以来,玻璃采光顶的防水一直是幕墙设计中的重点,是幕墙施工环节的难点。本工程中采用的三层防水方案,在幕墙系统中鲜为人见,这也是本项目精品与高端的体现。

②充足的偏差调节范围

本项目由于工期紧张,且部分施工内容需要配合钢结构在地面进行施工后再整体吊装,即幕墙设计及下料工作将大大超前于主体结构的完成时间。而主体钢结构在现场实际完成安装后将产生多大的变形量,在前期很难得出定论,幕墙施工又无法根据现场返尺来进行准确下料,所以幕墙系统的调节只能依赖于前期设计给予足够的调节空间。

③良好的防火性能

作为公共建筑,良好的屋面防火性能是消费者人身安全的重要保证。本工程中的屋面铝板幕墙系统(WT02 系统)中的所有构件均为 A 级防火材料。在出现火灾等意外情况时,屋面系统在耐火时限内(3 小时)不会发生燃烧,不会产生有毒气体。

④良好的变形适应性能

在重庆这一座"火炉城市",冬夏的空气温度差达 40 ℃以上,那么金属面板上的温差则可能达到 60~80 ℃,又由于铝合金材质的幕墙龙骨与主体钢结构通过转接件直连,铝合金与钢结构的热膨胀率又有所不同,必然会导致屋面板发生较大的温度变形或相对位移。

本系统方案中,在立柱方向,以打胶的方式来实现立柱间的柔性连接;在横梁方向,以铝板及玻璃副框开长圆孔的方式,来消除横梁变形对面板造成的影响。

⑤全面的综合性能

本项工程中,幕墙体系除了要实现普通幕墙需要实现的基本功能外,还担负了其他的使命。例如:屋脊部分,幕墙立柱同时也是擦窗机轨道、泛光照明灯槽;屋谷部分,幕墙立柱同时也是室内扬声器穿线管(见图 5.12)。

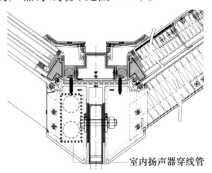

图 5.12　屋谷节点功能示意图

2)BIM 模型的应用

本项目的建筑外表皮是不规则的双曲造型,而建筑师对幕墙外饰面和内饰面的完整性都有极高的要求。把整体的设计效果用犀牛模型表达出来,在 Rhino 模型中可提取任意型材的长度、拼接角度、打孔位置,也可提取任意面板的边长、夹角、面积等加工信息(见图 5.13、图 5.14)。以 Rhino 提取的数据为基础,还可以简化板块规格种类,尽量统一面板形式,降低运输及安装过程中的成本与难度,加快施工进度。

图 5.13　空中连廊俯视平面图

跟踪整个设计施工过程的 BIM 模型,可作为最终的三维竣工模型数据库,为后期的幕墙系统的维护保养提供直观的可视化信息,为幕墙构件的维修和更换提供最原始的数据信息。

图 5.14　空中连廊北立面图

(1)辅助深化设计

在深化设计过程中,通过搭建节点大样模型检查深化图纸的准确性与完整性,并针对难点部分通过模型辅助深化设计出图(见图 5.15)。

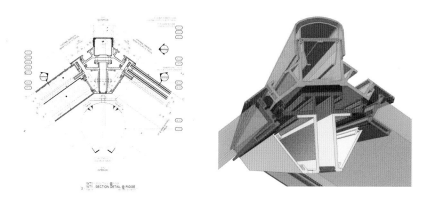

图 5.15　辅助深化设计图

(2)模型与现场数据校核

现场返尺,根据现场提供结构数据更新幕墙模型,保证 BIM 模型与现场的一致性,控制项目质量(见图 5.16)。

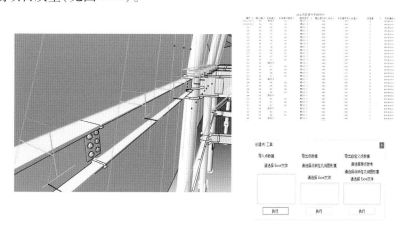

图 5.16　BIM 模型示意图

(3)BIM 整体模型搭建

BIM 为保证施工进度,对项目模型进行合理划分,分层、分区域实施 BIM,在 BIM

实施完后及时提交相关单位进行审核,保证项目品质。

（4）BIM模型指导加工

本项目中,承建方通过BIM模型出加工所需图纸与数据,精确控制幕墙加工精度,保证加工出的构件与设计一致,控制项目质量。

5.2 空中连廊施工模拟及预调

5.2.1 建立施工模拟分析模型

（1）模型假定

采用有限元软件SAP2000进行施工模拟相关分析,其中多塔与连廊整体建模,三维模型如图5.17所示。

图5.17 空中连廊分析模型

（2）荷载假定

施工过程考虑恒载(含幕墙等附加恒载)、活载还有一定风荷载及地震作用,具体简介如下:

①连廊恒荷载主要包括钢结构自重、混凝土楼板自重以及附加恒载,附加恒载包括面层抹灰、建筑隔墙、园林土壤、建筑幕墙等。

②施工过程中活荷载按 1.5 kN/m² 考虑。

③风荷载采用风洞试验结果。

④多遇地震作用采用设计反映谱。

⑤维护结构顶部BMU(擦窗机)荷载由幕墙专业提供。

⑥考虑温度作用对主桁架合拢的影响。

5.2.2 施工步划分

根据连廊本身以及其支承塔楼的实际施工顺序进行模型分段,以使施工步分析假定与真实情况相吻合。按照施工方案制订的施工流程进行施工步划分,整理得到连廊施工顺序(见图 5.18),并以此为依据进行施工模拟分析的分段处理。

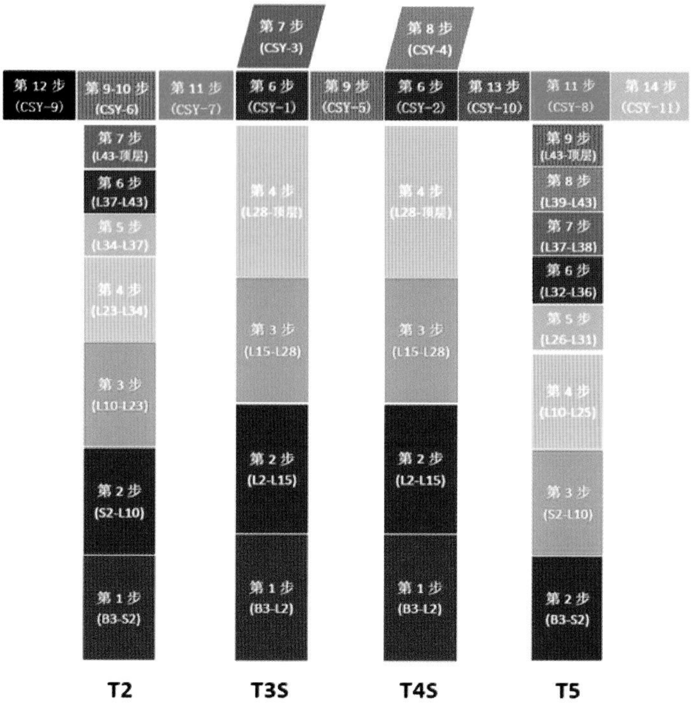

图 5.18 空中连廊施工步划分图

5.2.3 施工模拟

空中连廊横跨 4 栋 250 m 超高层塔楼顶部,300 m 超长空间三维组合钢结构桁架,结构复杂。整体钢结构施工周期较长,且结构本身受力与施工顺序、施工过程、施工工法都密切相关。另外,底部 4 栋塔楼与连廊在施工过程中的交互作用也使得连廊变形与受力都更为复杂,故根据实际施工过程研究分析其对空中连廊的影响显得十分重要。

对此,采用有限元分析空中连廊考虑施工过程并计入长期变形影响,研究其结构变形与内力规律,分析变形对结构的影响并评估在重要构件中产生的附加内力,为后续设计和施工提供参考和依据。

(1)空中连廊屋盖钢结构工况变形

根据计算分析,在钢结构自重、幕墙荷载、活荷载、风荷载、地震、BMU 荷载工况下,屋盖钢结构顶部变形最为显著,因此给出钢屋盖纵向顶点的变形,如图 5.19 所示。其中,竖向荷载给出竖向变形,水平荷载给出水平方向变形,如图 5.20 所示。

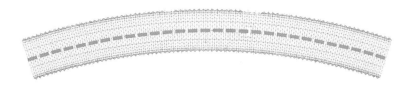

图 5.19　屋盖钢结构纵向观测顶点示意图

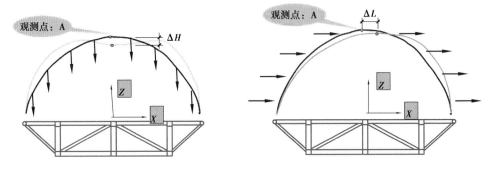

图 5.20　观测点在竖向、水平荷载作用下变形示意图

屋盖顶点在钢结构自重、幕墙荷载、活荷载、风荷载、地震工况下变形曲线如图 5.21、图 5.22 所示。

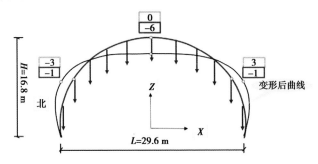

图 5.21　典型截面荷载作用下变形示意图

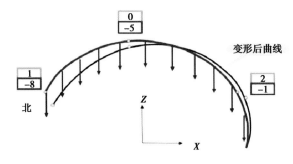

图 5.22　特殊截面荷载作用下变形示意图

（2）空中连廊主体钢结构工况变形

主桁架在恒荷载、活荷载、地震作用工况下,挠跨比见表 5.2。

表 5.2　主桁架在各工况作用下挠跨比

工　况	桁架挠跨比（按计算长度）				
	T2 西侧悬挑	T2 与 T3 之间跨中	T3 与 T4 之间跨中	T4 与 T5 之间跨中	T5 东侧悬挑
恒荷载	1/634	1/856	1/1 104	1/1 054	1/643
活荷载	1/3 661	1/3 671	1/4 860	1/3 293	1/3 400
水平方向地震（X 为主）	1/3 661	1/6 425	1/6 075	1/6 587	1/4 327
水平方向地震（Y 为主）	1/3 661	1/7 342	1/6 942	1/7 528	1/4 327
竖向地震	1/5 288	1/8 566	1/6 942	1/10 540	1/5 950

（3）空中连廊变形分析

塔楼对连廊变形的影响可以分为塔楼自身的收缩徐变和塔楼基础的沉降两个方面来分析。

首先,塔楼自身的收缩徐变对连廊变形的影响是指塔楼竣工、合拢之后,塔楼经过若干年的收缩徐变,相邻塔楼之间产生的相对变形差对位移的影响。经分析,合拢一年之后,相邻塔楼顶部（支座）相对变形差最大为 10 mm,即主桁架在此变形下的挠跨比为 1/5 300;两年之后,相邻塔楼顶部（支座）相对变形差最大约为 18 mm,主桁架相应挠跨比不足 1/2 600,且后续变形差急剧减小,呈收敛趋势。因此,合拢后各塔楼收缩徐变差对主桁架变形影响很小。

其次,塔楼基础沉降对连廊变形的影响,这部分影响系指合拢之后,相邻塔楼基础的相对变形值。经过分析,塔楼基础的沉降为 15~20 mm（见图 5.23）。根据施工次序,合拢之前塔楼荷载已经绝大部分施加完成,即是塔楼基础沉降在合拢之前已经基本完成。分析得到塔楼基础相对位移总差值仅 5 mm,合拢之后基础对连廊变形的影响远小于 5 mm。

（4）结论

基于总体施工方案施工模拟分析,得出以下结论及建议:

①总体而言,考虑连廊卸载方案,本次施工模拟分析得到的连廊变形一次性刚度形成和加载很接近。

②考虑到 4 个塔楼均为嵌岩桩,各塔楼绝对沉降量和相对沉降差均很小,且目前监测得到的塔楼沉降亦很小（150 m 高度,沉降小于 2 mm）,故各塔楼相对沉降差对连廊变形影响可忽略。

③幕墙分包及各分包单位需根据自身设计方案或施工方案对屋盖钢结构工况变形及主体钢结构工况下变形分析结果进行组合,并结合钢结构施工过程中的误差等综合考虑。

（a）T2塔楼（最大15 mm） 　　（b）T3S塔楼（最大约15 mm）

 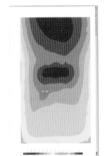

（c）T4S塔楼（最大约15 mm） 　（d）T5塔楼（最大约20 mm）

图5.23　塔楼基础沉降图

④建议主桁架考虑起拱。

⑤施工过程中总包、钢结构需严格监测支座变形、连廊桁架变形，如与设计差异较大，需及时提出，并会同各方商议。

5.2.4　施工过程受力分析

空中连廊离裙房屋顶层高度约200 m，钢构件尺寸大，数目繁多，钢结构总吨位也属超大体量，整体提升施工的最大分段质量接近1 200 t，提升高度也约200 m，如何确保提升过程中的各项安全是施工的重难点。

此外，空中连廊采取高空分段合拢的安装方法，共划分为11个区段，其中4段在塔楼屋顶散拼安装，3段整体提升，两段延伸安装，还包括南北塔楼间两个小连廊。故散拼安装、整体提升、自延伸过程中对相关主体结构影响也需考虑。

综上所述，需针对空中连廊关键结构主体构件在施工过程中的散拼、整体提升、自延伸进行相关验算。

空中连廊屋盖钢结构工况变形，本节主要包含空中连廊桁架整体提升及自延伸安装过程中的相关结构分析及构件验算。

（1）塔楼顶部断开主桁架临时加固设计

按预定施工方案，塔楼顶部主、次桁架散拼完成之后展开塔楼两侧桁架整体提升工作，提升之前，中间榀主桁架（GT-02）剖面如图5.24所示。T4S塔楼东西两侧提升主桁架阶段有可能会发生倾覆,此处对 T4S 塔楼东西两侧桁架提升阶段进行抗倾覆验算及临时加固设计。

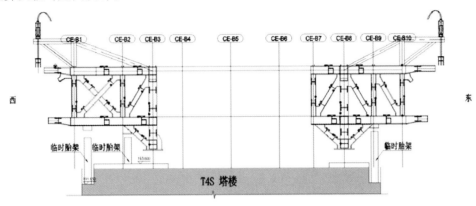

图 5.24　中间榀主桁架剖面(提升前)

　　根据塔楼顶部桁架钢结构布置可知,经计算胎架东侧钢结构重量大于胎架西侧钢结构重量,因此在塔楼之间钢结构整体提升前,塔楼顶部钢结构不会引起桁架倾覆。在塔楼之间桁架整体提升过程中,提升反力作用于已有桁架西侧会引起桁架倾覆,采取在核心筒上预理埋件的措施以解决桁架倾覆的安全问题。T4S 塔连廊桁架防倾覆加固措施如图 5.25 所示。

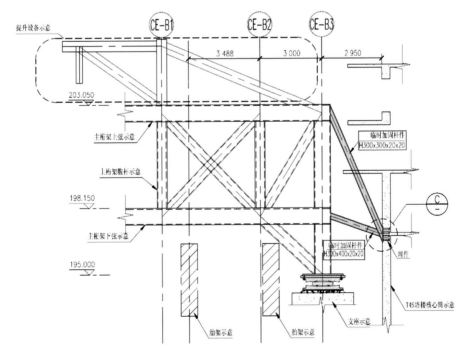

图 5.25　T4S 塔楼连廊西侧桁架加固措施

（2）整体提升过程中相关主桁架构件验算

空中连廊提升难点在于提升高度约 200 m，且纵横向跨度较大，结构杆件众多，自重较大。本项目有 3 个提升单元结构，形式相似，提升工艺也相同，下面以其中一典型提升单元为例作简要介绍。

连廊钢结构提升单元在裙楼顶板进行拼装，同时在两侧的塔楼主结构上利用塔楼顶部连廊结构预装部分设置提升平台（上吊点）。每榀主桁架设置 2 组提升平台（共计 6 组提升平台），每组平台设置一台液压型提升器，并在已拼装完成的连体主桁架上弦结构处设置提升下吊点。如图 5.26 所示。

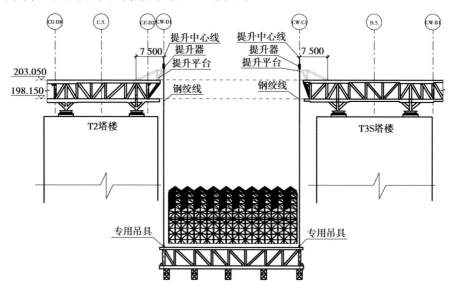

图 5.26 整体提升示意图

根据每个吊点最大反力，反向加载在已拼装完成的连体主桁架上弦结构处，进行相关主桁架构件验算。从计算结果可知，在塔楼之间桁架整体提升过程中，塔楼顶部主桁架应力比均很小（最大值小于 0.5），且满足设计要求。

（3）自延伸安装过程中相关主体结构/构件验算

小连廊采用自延伸的施工方案，因此小连廊在安装过程中有存在整体倾覆的可能性，需对此阶段进行抗倾覆验算，验算过程如下：

北侧支撑平台卸载阶段，小连廊抗倾覆验算按下述模型简化，蓝色区域结构自重为倾覆荷载，绿色区域为抗倾覆荷载（见图 5.27、图 5.28）。

计算可知，T3S、T4S 小连廊桁架钢结构自延伸施工过程中不会发生倾覆。

经过上述分析，结论如下：小连廊桁架在自延伸施工过程中不会发生倾覆，但是此处已经考虑主桁架顶部（标高 203.050 m）以下钢结构全部施工完毕作为抗倾覆荷载，且仅考虑小连廊桁架自重作为倾覆荷载，如果施工过程中与此计算前提不符，需按实际情况重新验算。

抗倾覆验算中，倾覆力矩小于抗倾覆力矩，但两者相差很小，施工过程中须增加部分抗倾覆荷载,以保证结构施工安全。

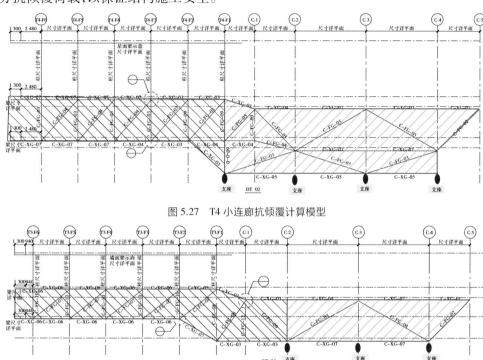

图 5.27　T4 小连廊抗倾覆计算模型

图 5.28　T3 小连廊抗倾覆计算模型

5.3　空中连廊设计协调

5.3.1　设计及建造接口协同机制

为保障空中连廊设计阶段及施工阶段的顺利实施,项目在空中连廊正式施工前的 13 个月,组织业主、设计顾问及空中连廊相关各专业分包商讨论并制定了空中连廊设计及建造接口协同机制。该协同机制以会议形式进行,会议名为"空中连廊设计及施工组织协调会议",每两周召开一次。项目部通过该协同机制,对空中连廊各专业施工图的设计、深化、施工方案编制及实施过程中的建造接口界面梳理、识别、交接及过程跟踪等内容进行讨论、协调、集成、管控。

1)深化设计及协同管理流程

连廊深化设计管理及施工协同过程艰难,建造各方冲突不断,一度出现深化设计管理及建造协同过程停滞。经多次探索及尝试,项目最终提出以深化设计为引领的管理思路,颠覆传统总承包思维模式。补强深化设计短板,以协同管理为驱动,以深化设计与建造协同会议制度管理为手段,不断提升空中连廊施工过程中的总承包管理水平。如图 5.29 所示。

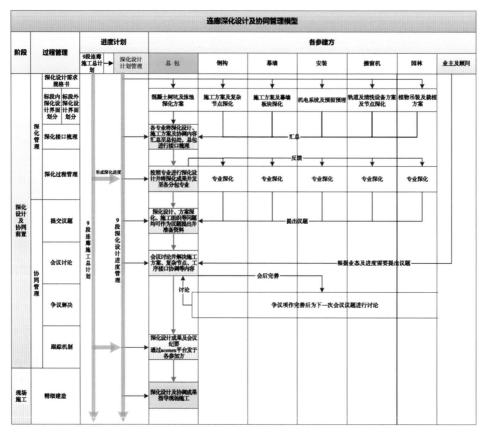

图 5.29　空中连廊深化设计及协同管理模型

2）设计接口会议制度

项目总工组织项目技术部、建造部、机电部及质量部等多部门，针对空中连廊各专业施工特点及进度要求进行工作梳理，并协同业主、结构顾问、建筑顾问、自有分包、甲指分包共同制定相应的协同机制和管理流程。在中建三局 PIMS（项目集成管理体系）设计管理流程的基础上，项目部制定了空中连廊设计及施工接口协调会议制度（见图 5.30）。

在协调会召开前，总包单位组织钢结构、幕墙、安装、BMU（擦窗机）等专业的项目及技术负责人，对专业间存在争议的部分进行沟通协调。如果专业间产生的争议影响建筑结构使用功能，总包单位会要求存在争议的相关专业进行提资，然后通过项目管理平台（aconex）工作流发送至 Aurp（结构顾问）、巴马丹拿（建筑顾问）及 PB（机电顾问）等，顾问单位审核后按流程回复意见。

如果不同顾问单位的深化审核意见存在较大争议，总包会将深化争议事项作为协调会议题进行讨论，最终根据建筑功能需要，协调各方解决相关争议。

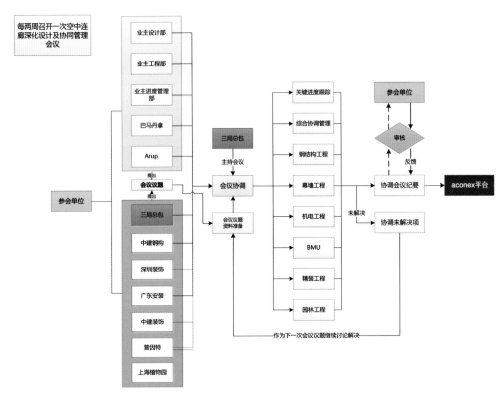

图 5.30　接口协调会议机制

5.3.2　空中连廊设计接口管理

有效的专业分包界面划分,使得各专业系统间设计、深化及施工方案的编制清晰可见。设计接口的集成管理必须将各专业分包提前按照工序的前置及后置关系,进行梳理并纳入设计接口管理的组织体系中。将各专业间的设计关系按照明晰原则进行接口的过程跟踪及管理。

1)设计接口界面划分及梳理

总包根据空中连廊施工总进度计划需求反推各专业的设计及深化计划,统筹主体钢结构、幕墙、土建、机电及 BMU(擦窗机)等专业按照进度要求进行设计深化。围绕施工总进度计划编制空中连廊各专业的设计深化进度计划,并总控管理。综合各方专业提资内容、各专业间工序关系及合同界面划分组织,完成设计接口需求清单(见表5.3),对设计过程实施监管。

表 5.3　空中连廊设计接口界面划分表

接口类型	接口编号	前置专业	后续专业	界面内容
施工图设计	RCCQ-LLSJ-001	幕墙龙骨及转接件设计	BMU 室内维护清洁系统设计	幕墙龙骨及转接件具体位置
施工图深化	RCCQ-LLSH-001	钢结构主次桁架复杂节点深化	空中连廊机电通风管道及给水管线穿过空中连廊复杂节点处	复杂节点连接板对机电管线综合的影响
施工方案	RCCQ-LLFA-001	主体钢结构九大段施工方案	在主体钢结构施工方案基础之上的幕墙工程施工方案	主体钢结构施工完成的维护结构及下部主次钢梁界面移交

2)设计接口多专业集成过程管理

(1)专业间接口提资

各专业按照业主提供的施工设计图纸,进行各专业施工图深化设计。主体钢结构作为设计及施工接口的主专业,在完成第一版 BIM 模型深化设计并确认无误后,通过aconex 平台将 BIM 图纸及模型发送 Arup(结构顾问)报审。审核通过后的图纸及 BIM模型转交给幕墙、安装、土建及 BMU 进行专业间复核,其他后置专业复核并提出疑问的时间为两周。两周内总包将收集汇总的各专业疑问提资通过邮件发给钢结构分包,并要求钢结构分包对其他专业提出的设计疑问在一周内给出回复。其他专业间接口提资与此类似(见图 5.31)。

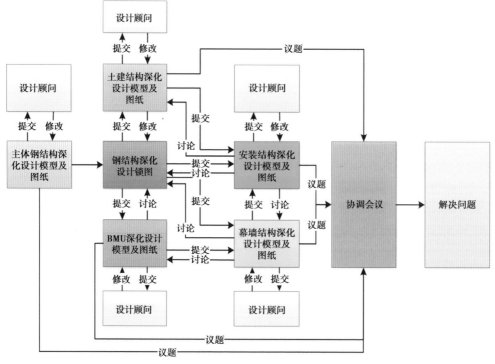

图 5.31　空中连廊设计专业间接口集成管控

（2）设计接口会议协调

基于各专业间设计过程中的界面内容,主设计方对设计中发现的专业间碰撞先进行专业间邮件提资,将不能解决的碰撞问题作为"空中连廊施工设计及协调会议"议题进行讨论解决(见图5.32)。

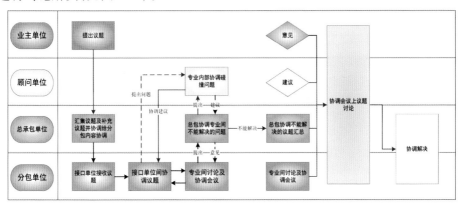

图 5.32　空中连廊设计接口集成管理流程

例如,BMU(擦窗机)设计的室内爬梯清洁系统需要在钢结构围护结构外缘设置后焊接挂耳,但是挂耳会改变幕墙转接件围护结构预埋位置,同时会对钢结构围护结构的外观造成不利的影响。该争议专业间不能解决,需要作为议题提交协调会。在会议上经建筑设计顾问、结构设计顾问、总包单位及分包单位深入探讨后,将BMU(擦窗机)室内清洁方案改为挂耳云梯的方案。调整后的方案减少其对钢结构围护结构和幕墙转接件预埋设计的影响,最终得到业主认可。

（3）设计接口过程跟踪

相关专业分包将会议通过的接口解决方案,设计及深化完成后上传至aconex平台,启动设计接口管理工作流用于各方审核。与接口相关的各方,可通过工作流对方案进行跟踪审核,发现问题及时提出修改意见,保证设计接口方案的科学性、合理性。如图5.33所示。

图 5.33　空中连廊设计接口工作流

5.4 空中连廊施工测量及精度控制技术

5.4.1 各级控制网布设

1)空中连廊实施前测量联测

空中连廊实施前是各塔楼的主体建设阶段,在这一阶段测量工作不仅要保证各个塔楼的主体结构测量精度,也要保证4栋塔楼间的相对位置关系与设计一致。故在该阶段测量工作包括进入塔楼前的一、二级控制网联测、塔楼实施阶段的内控点联测,以及水准控制标高联测。

(1)一、二级控制网联测

在工程地下室、裙楼阶段由双总包单位定期对一、二级控制网进行联测,联测周期为1个月。一级控制网,采用闭合导线方式进行,通过平差计算得出调整差值。二级控制网与一级控制网复核测量,通过综合调差的方式进行坐标调整。一、二级控制网点位分布如图5.34所示。

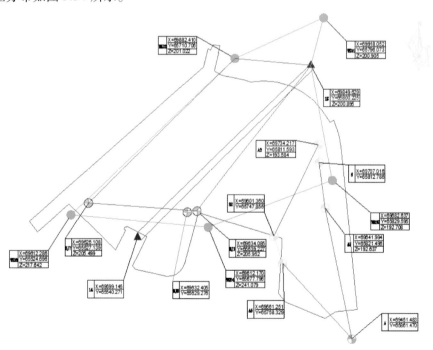

图5.34 重庆来福士广场控制点布置图

(2)内控点(三级控制网)联测

地上部分的主体结构采用激光垂准仪向上投测的方式进行轴线传递,由于塔楼结构呈风帆的形式,楼层结构较为复杂,考虑楼层控制点竖向传递的可操作性以及楼层结构的具体情况,在塔楼避难层的上一层结构板面做一次内控转点。每次内控转点完成后,总包单位对内控点进行平面控制联测。

首层内控点联测工作由项目二级控制网进行项目闭合联测,联测坐标偏差进行统一调整。第二、第三、第四个避难层直接利用内控点进行联测,联测采用双向对角测量,将测量坐标转换为大地坐标,计算坐标偏差值,再综合考虑内控点调整值。

2)屋面相对控制网的建立

塔楼进入顶部屋面层后,由于支撑连廊的塔楼为风帆造型,且高达 250 余米,施工变形不一致,导致各楼栋控制点并不能完全闭合,为保证空中连廊施工的整体性和一致性,采用 T3S 东侧 2 个投测内控点和 T4S 西侧 2 个投测内控点联合平差改正,建立空中连廊相对坐标系(见图 5.35)。

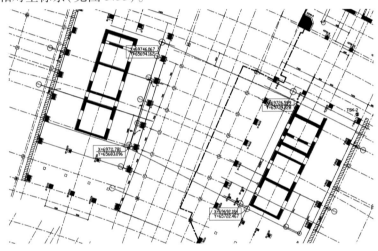

图 5.35　空中连廊连廊相对坐标系

总包方将相对坐标系坐标、标高移交与钢结构单位,由钢结构分包进行各栋塔楼间轴线、标高复测。钢结构分包将复测结果报与总包方,由总包组织共同进行误差系统调差,保证各楼栋综合偏差最小。空中连廊其余控制点由总包和钢结构分包共同选取,并利用调差完成后的轴线控制点,建立空中连廊控制网(见图 5.36)。

3)控制点过程监测及动态调整

由于空中连廊施工周期较长,受温度、荷载、风力等因素影响,各栋塔楼均会有不同程度的变形,这些变形可能会对空中连廊施工造成不同程度的影响。

首先,为保证空中连廊提升段顺利合拢,以及整体形态符合设计要求,在施工过程中必须每半个月对所有控制点至少测量复核一次,并根据测量结果对控制点进行动态调整。同时,项目对塔楼及连廊变形数据定期监测,当出现异常情况时,应立即重新复核改正控制点,以保证施工放样的准确性。

其次,通过一级测量控制点引测 0 号控制点至基良广场,作为连廊测量后视点或检查点。注意每天需要通过 0 号控制点,对塔楼当天施工所要使用的基准控制点进行测量复核。考虑温差影响,复测应选择早晨 7:00—9:00 点进行。如测量结果与控制点数值偏差过大(超过 5 mm),应重新对所有控制点进行测量复核,并根据测量结果对控制点进行实时平差校正,再使用校正后控制点进行施工放样,以确保整个测量控制网的精度。

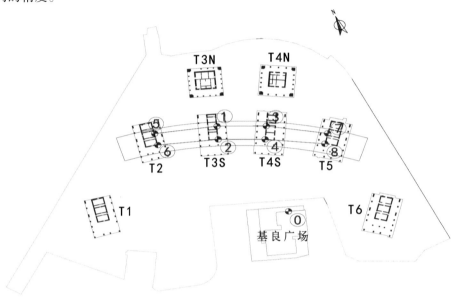

图 5.36　空中连廊测量控制网布置图(内、外控结合法)

5.4.2　空中连廊钢构施工测量控制

1)支座安装精度控制措施

通过首级测控点建立统一的连廊安装测量轴线控制网。在塔楼顶部架设全站仪精确测量 26 个隔震支座的轴线位置和标高,并与 T4N 塔楼的衔接端进行闭合校正,确定支座定位坐标。同时,连廊的测量控制点需要结合塔楼变形的监测数据作相应的修正,获得最优的安装坐标。

2)整体提升前结构复测

空中连廊采取高空分段合拢的安装方法,共划分为 11 个区段,其中 4 段在屋面安装,3 段整体提升,4 段延伸安装。由于整体分段较多,合拢精度的控制是难点。

整体提升前,对屋顶已安装的钢结构进行复测,获得对接端口的坐标数据。按照测得的数据控制地面拼装段的结构尺寸。通过计算分析,对提升结构进行适当的加固,减小结构变形。使用三维扫描仪精确扫描提升段与屋面端口形状,并导入计算机中模拟计算拼装偏差(见图 5.37)。采用液压同步提升施工技术保证提升过程稳定,使提升段与两侧结构精确合拢。

3)空中连廊安装过程精度控制措施

(1)屋顶胎架支撑定位测量

塔楼屋顶连廊采用散件吊装胎架支撑工艺,胎架定位、垂直度及标高控制是连廊安装精度控制的有力保障。

图 5.37　塔楼顶部主桁架端部测量控制

在连廊安装之前,通过塔楼顶部的控制点对胎架放置位置进行精准放线,根据桁架的设计标高计算出胎架的顶面标高。

(2)塔楼顶部主桁架定位测量

塔楼顶部主桁架安装过程中需要跟踪测量,控制其精度,以确保下阶段整体提升能顺利合拢。测量时将桁架分段处的设计坐标值与现场实测坐标进行拟合,得出各点位拟合偏差。对超出规范及设计要求的构件需要整改或者返厂处理,使之满足规范及设计要求,没超出规范偏差的构件数据为后续主次桁架测量安装提供依据。

(3)地面预拼放样测量

地面拼装前采用模型取点转换的方法,将待拼装单元在整体设计中的坐标转换为拼装场地的局部坐标。

根据胎架与投影轴线及特征点之间的位置关系,在控制线上采用经纬仪测量对胎架的平面位置进行调整,用全站仪检测胎架各部位的高差,对胎架的高程进行调整,以便各构件能快速准确就位(见图 5.38)。

图 5.38　地面拼装主桁架测量控制

4)完成后的结构复测

钢结构施工完成后,使用全站仪和三维扫描仪对完成段进行复测。将复测结果分别与设计位置进行对比,综合分析偏差情况。对偏差过大部分及时进行整改,以保证完成段满足设计要求,并将复测结果移交幕墙单位用于后续施工。

5.4.3 空中连廊幕墙施工测量控制

1)控制点及控制网的建立

幕墙单位所使用主控点由总包单位和钢结构分包共同移交。主控点与钢结构施工基准控制点一致,并定期(0.5个月)与总包及钢结构分包一同对控制点进行三方联测,确保整个空中连廊控制网的一致性。每次联测后根据联测结果统一对控制点进行平差改正,并使用改正后的坐标作为新的控制点坐标(见图5.39)。

图 5.39　幕墙二级控制网点分布

幕墙单位根据已有控制点进行控制点加密,建立幕墙施工用控制网点,并对点位进行平差,其距离相对闭合差要控制在1/5 000以内。角度闭合差在±58″以内。

2)返尺复核

(1)传统的测量返尺

钢结构施工完成后,幕墙单位应对施工段进行返尺复核。

幕墙分包完成测量返尺数据采集后,将测量返尺数据绘制到幕墙施工平立面图上。将测量点连成线与结构设计完成面进行对比,按偏差大小在图纸上进行标识与说明,制成返尺成果图。找出对幕墙施工有影响的部位,对后期幕墙施工可调整的偏差较大的测量点汇总制作成"返尺成果分析表"(见表5.4),并对偏差超限部分与钢结构总包一起三方复核,确认偏差原因及时整改处理。

表 5.4　返尺成果分析表

平面结构返尺记录成果分析表										
工程名称:重庆来福士项目空中连廊幕墙工程										
楼层区域	编号	实测数据			理论数据			平面偏差		高程偏差	偏差原因
		x	y	z	X	Y	Z	Δx	Δy	Δz	
	1	65 084	74 370	5 361	65 084	74 350	5 350	0	20	11	
	2	61 204	74 377	5 362	61 204	74 350	5 350	0	27	12	
	3	58 848	74 369	5 360	58 848	74 350	5 350	0	19	10	
	4	57 157	74 374	5 359	57 157	74 350	5 350	0	24	9	
	5	55 780	74 372	5 358	55 780	74 350	5 350	0	22	8	
	6	53 775	74 368	5 359	53 775	74 350	5 350	0	18	9	
	7	51 608	74 378	5 361	51 608	74 350	5 350	0	28	11	
	8	50 259	74 378	5 342	50 259	74 350	5 350	0	28	−8	
	9	49 624	74 965	5 359	49 650	74 950	5 350	−26	15	9	
	10	46 175	74 977	5 361	46 175	74 950	5 350	0	27	11	

（2）三维扫描辅助测量返尺

①方案布置

根据塔楼顶部两个已知的施工坐标,通过后方交会法进行设站,对围护结构进行数据采集。为了使扫描的数据与设计模型在同一个坐标系下,使用了施工现场的坐标,对围护结构进行扫描,通过与现场坐标进行后方交会架站,设置扫描参数,对已经安装完成并具有扫描条件的围护结构进行扫描。

②数据处理

a.原始数据点云模型(见图 5.40)。

图 5.40　原始数据点云模型

b.依据点云逆向围护结构模型。现场施工的指导图纸为 CAD 围护结构中心线数据,只有获得精确的中心线数据才能更好地为现场幕墙施工等提供可靠的参考数据。本次采用微元法,利用点云处理软件对每一段曲线圆管进行微段划分并实现圆柱体逆向建模。最后将足够多的微段圆柱体两端点进行提取,导入 CAD 软件多次样条曲线拟合(见图 5.41)。将拟合好的中心线在犀牛软件进行半径的赋予。

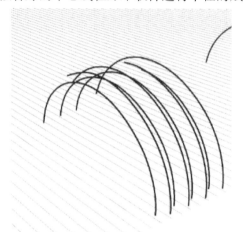

图 5.41　"微段圆柱法"逆向的圆管

c.点云逆向模型与设计模型融合。将设计的犀牛模型导入 Geomagic Control 与"微段圆柱法"逆向的圆管进行对比,结果如图 4.42~4.44 所示。

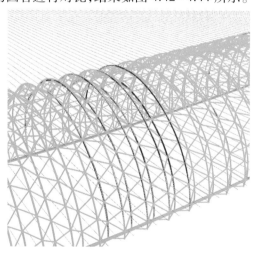

图 5.42　整体对比图形

③三维重构

在得到各微段圆柱的控制点后,分别绕各自对应的旋转平移参数恢复到原来对应空间位置。最后将所有的控制点通过 3 次样条曲线进行拟合,得到该圆管的中心线(见图 5.45)。

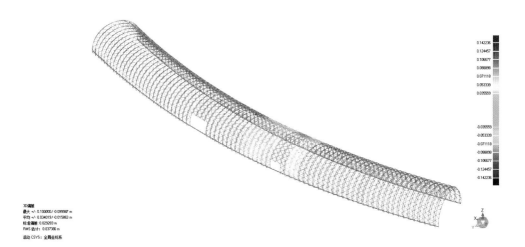

图 5.43　偏差色谱图

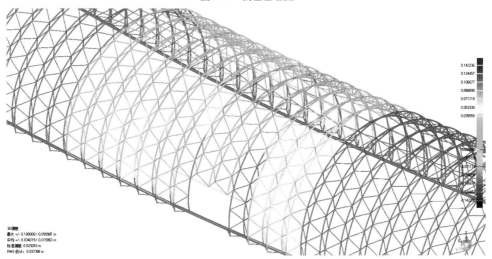

图 5.44　偏差色谱放大图

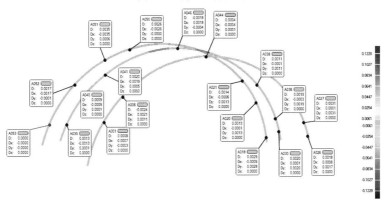

图 5.45　重构模型偏差色谱图

3）批量输出二维CAD图纸

为了更加直观地得到安装维护结构线形与设计线形偏差,采用算法批量生成传统二维CAD图纸并与设计图进行对比分析。与采用全站仪测量有限控制点方式相比,由点云数据逆向建立的圆管控制点众多,全面丰富地表现出主杆件制造线形相对于原设计线形的偏差趋势,并为幕墙深化设计及加工板块提供更加准确的数据信息(见图5.46、图5.47)。

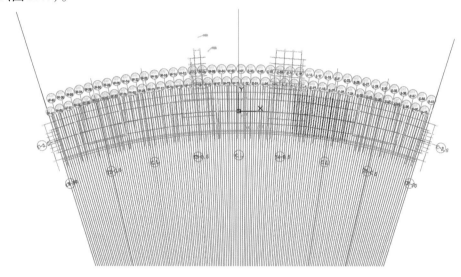

图5.46　CAD平面图

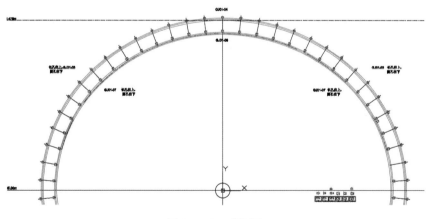

图5.47　CAD剖面图

4）施工放样控制

（1）幕墙放样控制

依据"返尺成果分析图"及"返尺成果分析表",钢结构主体偏差在幕墙安装允许范围内,进行完成面及转接件测量放样。图5.48为测设布置点,要求覆盖整个施工面。具体操作方法是根据幕墙施工图,提取对应区域铝型材完成面、转接件三维坐标点位,通过全站仪三维放样模式,把幕墙完成面点、方向点放样在主体钢结构上用角铁焊好线架并做好相应标记,为幕墙施工安装提供依据。安装前对完成面点及方向点进行复核,防止结构沉降位移造成的偏差。发现偏差要及时更改调整,方可指导后续施工。

图 5.48　幕墙点位布置示意图

(2)底部围护放样控制

底部围护放样包括钢梁结构返尺及埋件安装定位。地面拼装完成后,为保证吊装和理论衔接,需要提前定位好吊装挂点,测量点位分布如图 5.49 所示,点位闭合无误且覆盖整个施工区域。具体操作流程:测量控制点位布设→幕墙施工图提取挂点三维坐标→全站仪三维放样→现场结构做好标记→挂点和埋件中心点理论距离和施放距离复核→复核无误且满足施工要求→铝板整体吊装至挂点固定→铝板吊装完成后复核无误→连接点加固安装完成→各单体铝板对接复核→满足施工要求后继续下一板块吊装→过程复核→偏差调整→定期检核至安装结束→竣工验收。

图 5.49　钢梁返尺及埋件辅助定位点示意图

5)变形监测

空中连廊变形监测主要通过测量主体结构的沉降和水平位移、连廊桁架变形监测、空中连廊抗震支座的转角和位移,建立动态空中连廊变形监测数据库。变形观测采集的数据分块进入空中连廊变形监测数据库进行管理,数据应从多个板块取样分析。通过分析变形监测数据,与设计模拟计算对比形成空中连廊测量定位反馈机制,精确控制空中连廊各个施工阶段测量工作。

竖向位移测量是通过选定的标高基准点,采用精密水准仪测量连廊结构相对于支座的竖向位移值。水平位移测量则是通过固定的控制点,采用精密全站仪测量各水平位移控制点坐标值,计算水平位移值。在施工期间监测中,空中连廊结构主桁架为关键受力结构,故选取主桥架结构为变形监测结构,主要监测点布置情况见表5.5。测量周期为每周一次,在提升阶段和主要施工阶段应加大测量频率至1~3天一次。

表5.5 空中连廊主桁架变形监测布置情况一览表

监测参数	施工段	测点数量(个)	测点位置
整体提升段 主桁架变形	T2-T3S	3	见图所示
	T3S-T4S	3	见图所示
	T4S-T5	3	见图所示
悬挑段端部 主桁架变形	T2 悬臂段 T5 悬臂段	6	见图所示
小连桥根部 主桁架变形	小连桥	4	在根部受力较大处

由上述可以得出,变形监测测点的数量共计为19个,分别设置在对应的主桁架下弦杆的跨中位置,其具体情况如图5.50所示。

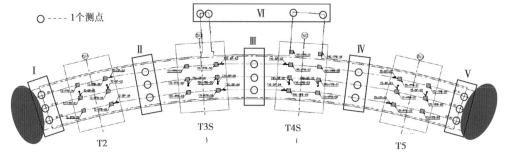

I、V:T2和T5悬壁端端部三榀主桁架下弦杆跨中分别设置1个测点,共2×3=6个
II、III、IV:每个整体提升段三榀主桁架下弦杆跨中分别设置1个测点,共3×3=9个
VI:两个小连架端部二榀主桁架下弦杆跨中分别设置1个测点,共2×2=4个

图5.50 空中连廊主桁架变形监测测点布置详图

5.5 空中连廊数字化预拼装施工技术

5.5.1 数字化预拼装工艺原理

空中连廊钢结构构件形式比较复杂,且构件之间具有空间关联性,因此对构件间接口的制作精度要求很高,有时仅靠控制单体构件精度无法满足现场安装要求,因此对于复杂的构件,通常要求在加工厂进行预拼装。由于场地、吊装设备、时间周期等方面的限制,有时不具备整体预拼装的条件,数字模拟预拼装方法的出现能够较好地解决这一问题。

5.5.2　基于三维扫描技术获取空中连廊点云数字模型

点云数据采集及数据处理:利用三维激光扫描仪进行现场扫描,布置特征标靶采集指定构筑物工程目标的完整、真实原始数据,得到具有精确空间信息的点云数据(见图 5.51)。

图 5.51　现场扫描获取空中连廊点云模型

(1)点云获取

使用 Leica MS60 全站扫描仪通过设置 4 个扫描站,扫描连廊顶端及 12 个合拢端头(见图 5.52)。使用 Faro X330 三维激光扫描仪扫描提升段(包括提升的 12 个端头),各个扫描站之间点云数据通过标靶求进行拼接。

(2)点云数据预处理

将采集到的三维激光点云数据利用点云预处理软件进行拼接、去噪、分类、着色处理,提高点云的可视化效果,便于模型特征信息提取(见图 5.53)。

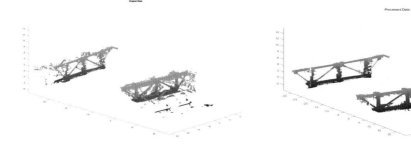

图 5.52　原始点云　　　　　　　　　　　图 5.53　降噪后的点云

5.5.3　BIM 模型逆向构建

①点云模型导出,将经过处理之后得到的点云数据进行处理,利用软件生成单体模型。

②将经过处理后的特征点云数据导出,为之后建模所需参考数据提供服务。

③单体模型生成后,通过软件导入 AutoCAD,生成 CAD 三维模型。

④Revit 中插入 CAD 模型,CAD 模型插入 Revit 中,测量控制点和真实坐标对应,同时将测量控制点导入 Revit 二次开发插件中。

⑤Revit 自动建模,参考 CAD 模型进行相关参数设定,导入相关的建模构件族,利用插件自动建模功能进行批量建模。如图 5.54 所示。

图 5.54　点云逆向生成焊接端头的 BIM 模型

5.5.4　BIM 模型三维位形参数提取

空中连廊待提升吊装的两端各有 6 个焊接端头,当空中连廊被提升到预定位置时,工人对提升部分的空中连廊的端头和塔楼固定部分空中连廊对应的端头进行焊接(见图 5.55)。

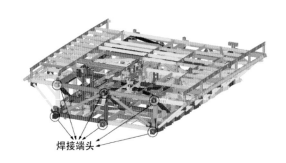

图 5.55　焊接端头示意图

通过软件提取施工需要的结构 BIM 模型三维位形参数,便于后续空中连廊数字化预拼装及姿态调整(见图 5.56)。

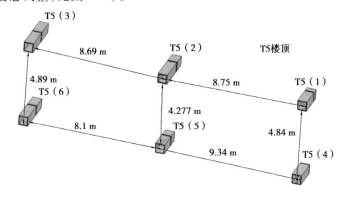

图 5.56　在逆向的 BIM 模型上提取需要的三维位形参数

5.5.5 空中连廊数字化预拼装及姿态调整

（1）有限元分析确定空中连廊拼接偏差阈值

在本工程中使用有限元软件建立空中连廊的有限元模型（见图 5.57）进行计算，着重考虑焊接端头的应力值。在不考虑焊接残余应力的情况下，为保证焊接处的应力低于设计允许值，通过试算法确定端头最大偏差值。将偏差阈值作为后期编程的约束条件，从而保证编程计算出的拼接偏差低于设计容许值（见图 5.58）。

图 5.57 空中连廊的有限元模型

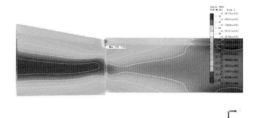

图 5.58 端头偏差应力计算

（2）空中连廊姿态调整

在本工程中，为减小空中连廊的拼接合拢误差，需要对空中连廊进行空中姿态调整。点坐标一般分布在不同相互独立的参考系中表示，该过程确定每一组公共点的质心。在计算了质心之后，根据先前描述的 PROUSCSTES 技术被独立地平移、旋转，以便识别相对于估计质心的最佳匹配参数。

（3）最优姿态调整分析结果

根据结构力学及有限元分析，Z 方向的合拢偏差对结构受力影响最大，因此本次仅列举空中连廊姿态调整后 Z 方向的合拢偏差值。在空中连廊实际提升合拢前，必须对误差大于设计允许最大偏差的焊点进行修改调整，以保证焊接端头处的应力低于设计值。

根据程序运算结果，完成空中连廊点云模型的数字化预拼装。拼装后完整的空中连廊数字模型如图 5.59、图 5.60 所示。

（4）空中连廊数字化预拼装及姿态调整对于现场的意义

采用 BIM 思想结合三维扫描技术，能够对复杂、大跨度结构进行高精度的三维重构与虚拟预拼合拢状态分析。根据合拢端口上下弦杆焊缝宽度变化的判断，空中连廊整体提升前直接在施工误差较大的合拢端口处进行欠补段预留，保障了空中连廊 200 m 高空提升合拢过程中的顺利实施。

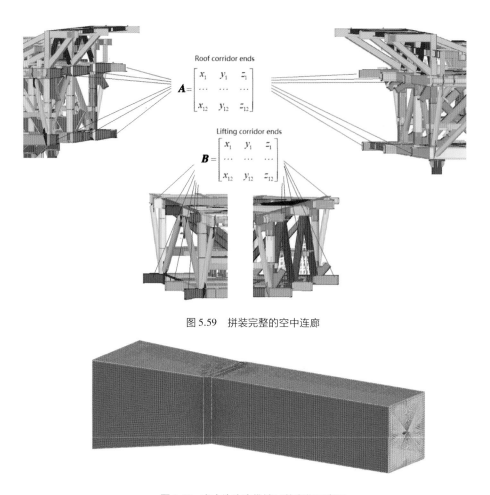

图 5.59　拼装完整的空中连廊

图 5.60　空中连廊合拢端口数字化示意图

5.6　空中连廊现场组装施工技术

5.6.1　安装平面分区

根据连廊的平面布置,将结构分为 3 个部分:塔楼上方连廊、塔楼之间连廊和悬臂段连廊。各部分连廊平面分布如图 5.61 所示。

5.6.2　安装概述

根据连廊结构的分布位置,选择最为合适的安装方法。塔楼上方连廊结构采用高空原位散件拼装的方法进行安装,并设置胎架作为临时支撑。顶部围护结构采用胎架支撑、分块吊装的方法进行安装。

塔楼之间连廊结构采用在裙楼顶部搭设的拼装平台进行拼装、整体提升的方法进行安装。顶部围护结构在平台上拼装后,随连廊桁架一起提升。

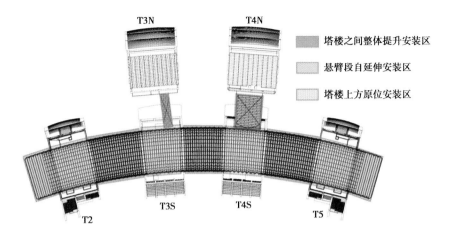

图 5.61　平面分布示意图

　　T2 悬臂段、T5 悬臂段、T3S 通向 T3N 及 T4S 通向 T4N 的连廊部分采用自延伸散件高空原位拼装方法进行安装。顶部围护结构待连廊主、次桁架安装完成之后采用胎架支撑、分块吊装的方法进行安装。

5.6.3　连廊安装总体顺序

（1）连廊安装总体顺序（见图 5.62 和表 5.6）

图 5.62　连廊安装总体顺序

表 5.6 塔楼顶部钢结构安装

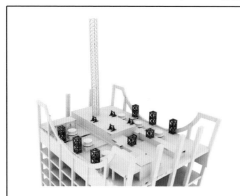	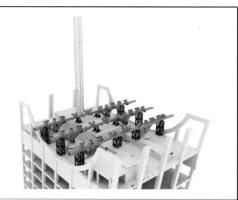
流程 1:安装支撑胎架	流程 2:安装连廊主桁架下弦杆,校正后焊接固定
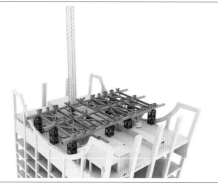	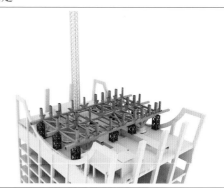
流程 3:安装次桁架下弦以及对应的水平支撑,并焊接固定	流程 4:安装主桁架竖腹杆,并临时固定
	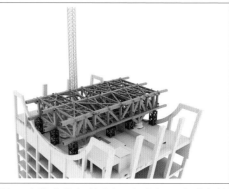
流程 5:安装主桁架上弦杆和斜腹杆,校正后焊接固定	流程 6:安装次桁架斜腹杆、上弦杆以及对应的水平支撑,校正后焊接固定

续表

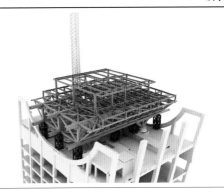

流程 7:安装主桁架外侧的次桁架及附属构件	流程 8:安装主层的钢柱、钢梁

流程 9:安装屋顶围护结构第一榀支撑胎架	流程 10:安装屋顶围护结构第一榀两侧的分段构件

流程 11:安装屋顶围护结构第一榀中间的分段构件(中间两段在地面组拼成一段)	流程 12:按照围护结构第一榀的顺序安装第二榀

续表

流程 13：屋顶围护结构第一榀与第二榀之间补档	流程 14：按照上面的顺序依次完成剩余围护结构

（2）悬臂段钢结构安装

悬臂段钢结构安装采用自延伸施工工艺。由于 T2 与 T5 塔楼的悬臂段连廊结构及吊装工况相似，下面以 T2 为例，简述悬臂段连廊的安装流程（见表 5.7）。

表 5.7　悬臂段连廊安装

流程 1：安装悬臂段 C3 轴主桁架下弦杆及斜腹杆	流程 2：同理依次安装悬臂段 C2 轴和 C4 轴主桁架下弦杆及斜腹杆

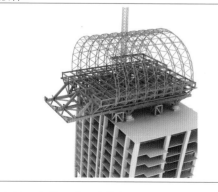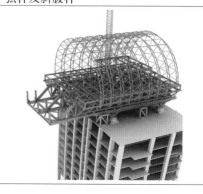

流程 3：安装悬臂段次桁架下弦杆及水平斜撑	流程 4：安装主桁架竖腹杆

续表

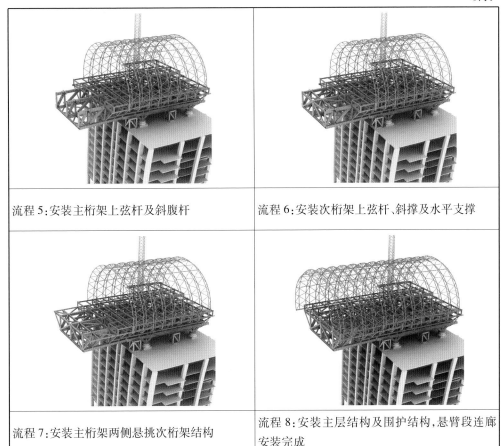

流程5:安装主桁架上弦杆及斜腹杆	流程6:安装次桁架上弦杆、斜撑及水平支撑
流程7:安装主桁架两侧悬挑次桁架结构	流程8:安装主层结构及围护结构,悬臂段连廊安装完成

5.7　空中连廊整体钢结构提升技术

超高层塔楼之间空中连廊距离下方屋面高度大,如果采用传统悬挑施工方式作业安全风险大,施工效率低。为此,项目塔楼之间空中连廊钢结构采用整体提升技术进行施工,保障了空中连廊施工的顺利实施。施工中采用工厂预制加工构件、现场装配拼装、液压同步整体提升等施工方法,并采用有限元模拟,根据模拟结果指导现场施工,优化施工工艺,最终实现高空空中连廊整体提升、顺利合拢。

5.7.1　技术原理

(1)高空空中连廊钢结构液压同步双吊点吊具整体提升数值模拟技术

采用有限元计算软件 SAPA2000V14.1,对高空空中连廊钢结构整体提升段的提升过程、提升吊点及提升平台进行模拟分析,获得提升过程中应力应变分布图。根据模拟结果确定了液压同步双吊点整体提升技术,确保整体提升过程中安全、顺利进行。

（2）空中连廊钢结构液压同步激光纠偏施工技术

提升过程中将激光测距与液压同步提升技术融合,实现整体液压同步提升中的电脑控制及时纠偏,确保了整体提升过程中结构的精确性。

（3）液压同步整体提升应力应变监测技术

采用高精度应变计及千分表,对提升过程结构应变（力）和隔震支座转角以及变形较大位置的变形进行监测。对施工实际荷载情况进行检验,而且通过对施工过程中结构应变（力）和支座转角、结构变形的定期定时监测,保证结构安全施工。

5.7.2 工艺流程

空中连廊整体提升施工工艺流程见图5.63。

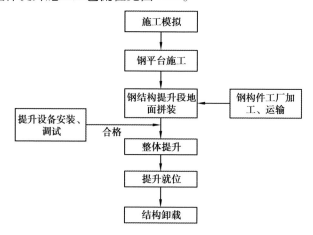

图5.63 施工工艺流程图

5.7.3 关键技术

1）施工模拟

采用SAPA2000V14.1软件,对吊装重量、荷载组合、约束形式进行设置。

（1）提升方案设计

①在塔楼顶主桁架上弦杆件设置提升平台。

②每个提升段设置6个提升点,最大支反力2 007 kN。

③每个提升点设置1~2台TLJ-2000型液压提升器（额定提升能力为200 t）。

提升平台主要截面为箱形,最大截面尺寸为550 mm×450 mm×40 mm×40 mm,材质均为Q345B,焊缝采用全熔透（见图5.64、图5.65）。

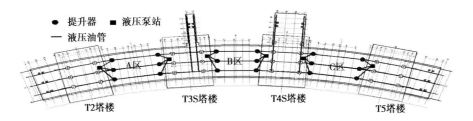

图 5.64　提升平台示意图

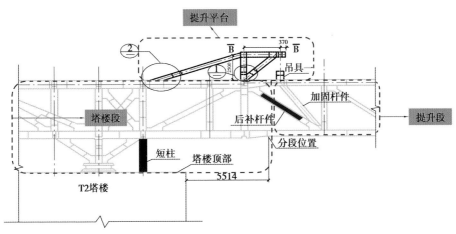

（a）整体提升平台南立面图

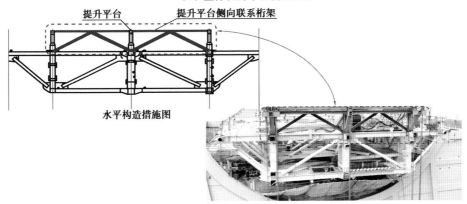

（b）整体提升平台西立面图

图 5.65　提升平台结构图

（2）提升结构工况分析

①提升结构工况分析

采用 SAP2000 结构计算软件对主桁架提升平台结构及塔楼顶部预装连廊结构进行整体建模,结果如图 5.66、图 5.67 所示。根据模拟结果优化调整吊点位置,确保提升过程中结构下挠及结构内部各杆件应力比满足要求。

根据本工法工程实践经验总结,模拟分析过程中,整体提升工况下,跨中下挠不宜超过 8 mm,结构内各杆件应力比不宜超过 0.6。

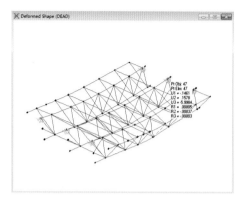

图 5.66　结构下挠模拟结果

图 5.67　结构杆件应力比

②提升平台工况分析

采用 SAP2000 结构计算软件对主桁架提升平台结构及塔楼顶部预装连廊结构进行整体建模,竖向荷载即为同步提升荷载,水平荷载分为 F_x、F_y,水平荷载按竖向荷载的 5% 进行取值,提升平台的荷载分项系数取值为 1.4。结果如图 5.68 所示。

根据本工法工程实践经验总结,模拟分析过程中,整体提升工况下,跨中下挠值不宜超过 15 mm,结构内各杆件应力比不宜超过 0.8。

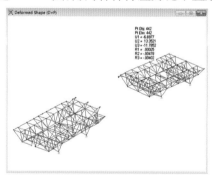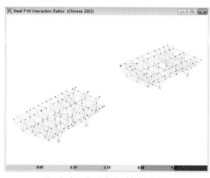

（a）提升平台变形　　　　　　　　　　（b）提升平台杆件应力比

图 5.68　提升平台工况分析

③吊点吊具工况分析

下吊点吊具采用 ANSYS 进行有限元分析(见图 5.69、图 5.70),按最大提升荷载进行计算,结果如下:

不考虑应力集中点,吊具中的最大应力为 233 MPa,最大变形为 0.6 mm。构件材质采用 Q345B,可以满足提升要求。下吊具设置在桁架的上弦杆件上,分为两种形式(见图 5.71):

吊具一:为单提升器吊点,直接将吊具焊接在桁架的上弦杆件上;

吊具二:为双提升器吊点,吊具与焊接在桁架上弦杆件上的耳板通过销轴相连。

吊具材质均为 Q345B,销轴材质采用 40Cr,调质处理 HB240~280。

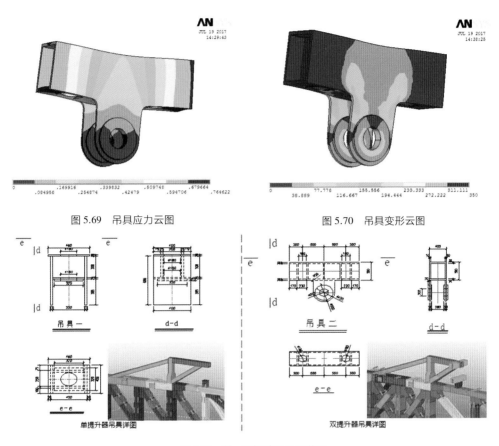

图 5.69　吊具应力云图　　　　　　　　　　图 5.70　吊具变形云图

单提升器吊具详图　　　　　　　　　　双提升器吊具详图

图 5.71　单、双提升器吊具详图

（3）提升器的安全系数控制

提升器：型号 TLJ-2000，额定提升能力 200 t，单点配置 1~2 个提升器。

钢绞线：规格 1×7-17.8 mm；单根钢绞线破断拉力为 36 t。

安全系数：提升器的安全系数>1.25，钢绞线的安全系数>2.0，满足《重型结构和设备整体提升技术规范》（GB 51162—2016）相关规定要求（见图 5.72）。

吊点编号	吊点反力	提升器配置	提升器安全系数	钢绞线根数	钢绞线安全系数
A1	1822	2*TLJ-2000	2.2	18	3.56
A2	1495	TLJ-2000	1.34	12	2.89
A3	1774	2*TLJ-2000	2.25	18	3.65
A4	1986	2*TLJ-2000	2.01	18	3.26
A5	1241	TLJ-2000	1.61	12	3.48
A6	1930	2*TLJ-2000	2.07	18	3.36
B1	1581	TLJ-2000	1.27	12	2.73
B2	1286	TLJ-2000	1.56	12	3.36
B3	1766	2*TLJ-2000	2.27	18	3.67
B4	1559	TLJ-2000	1.28	12	2.77
B5	1050	TLJ-2000	1.9	12	4.11
B6	1685	2*TLJ-2000	2.37	18	3.85
C1	1868	2*TLJ-2000	2.14	18	3.47
C2	1815	2*TLJ-2000	2.2	18	3.57
C3	1877	2*TLJ-2000	2.13	18	3.45
C4	1990	2*TLJ-2000	2.01	18	3.26
C5	1307	TLJ-2000	1.53	12	3.31
C6	2007	2*TLJ-2000	1.99	18	3.23

提升用液压油缸

60kW 的液压变频泵站

图 5.72　提升器参数图

（4）确保提升段与塔楼不发生碰撞

由于平行于空中连廊的方向迎风面积较小，且由塔楼作为挡风结构，所以不考虑该方向风荷载的影响，仅对垂直于空中连廊方向的风荷载进行计算，风荷载值与高度变化关系曲线如图5.73所示。

空中连廊提升区域迎风面积约 $A=200 \ m^2$。空中连廊提升至约60 m高度时，风荷载作用下的水平位移达到最大值（见图5.74），约为0.55 m，该高度空中连廊受到的风荷载值约为37 kN。

提升之前密切关注天气预报，选择在风小的天气进行提升作业。一旦风力超过6级，即停止提升作业，采用导链将提升段与塔楼主体进行临时拉结，待天气情况满足要求后，方可拆除导链，继续进行整体提升作业。

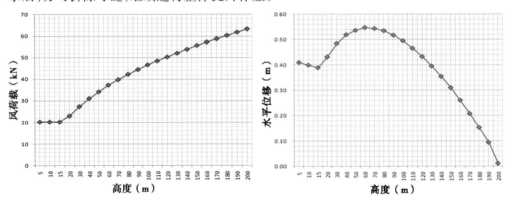

图5.73　风荷载与高度变化关系曲线图　　　图5.74　风荷载作用下的结构水平位移与高度变化关系曲线图

预留避难层及两个避难层中间一处楼层的点窗，通过气象部门的风速预测，大风来临前提前将提升段拉结到预留楼层的外框柱上（见图5.75）。

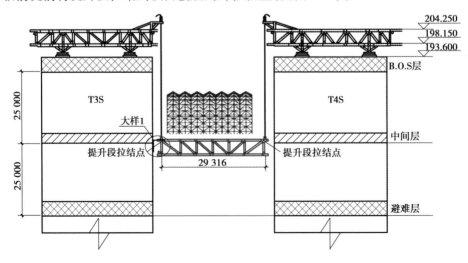

图5.75　提升段拉结示意图

提升速度约 8 m/h，预留楼层高差约 25 m，故需预测 3~4 h 内的风速情况。

2）地面拼装

地面拼装前，对进场钢构件进行验收，并在构件上做好相应的安装标高及位置线，根据标高及位置线确定钢构件在地面的拼装位置。桁架在地面拼装时，在每个接口位置处设拼装台。为了保证拼装精度，利用箱型梁和工字梁做底座，在钢梁上放置不同厚度的钢板，以保证桁架的起拱值（见图 5.76）。拼装台用高精度的仪器（经纬仪、水准仪等）严格抄平、放线。保证支架稳定，在拼装期间不发生变形。

图 5.76　拼装过程图

钢桁架的弦杆分为上、下弦，按照由下向上，由中间向两侧的顺序进行拼装。两榀桁架拼装完毕后，立刻安装桁架间的连系杆，使之形成稳定的整体（见图 5.77）。桁架拼装过程中，确保当天拼装的构件形成结构稳定体系。桁架拼装完毕要先拧高强螺栓后焊接，焊接时先焊桁架主弦杆，后焊腹杆。焊接前测量桁架矢高，确保桁架与劲性柱牛腿矢高相同无偏差。

图 5.77　拼装完成图

3）设备安装

（1）提升平台施工（见图 5.78）

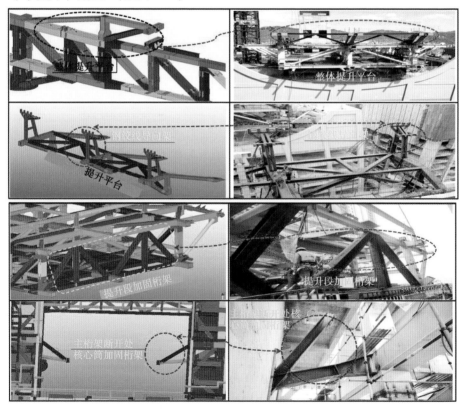

图 5.78　提升平台示意图

（2）提升器及应力应变监测设备安装

首先根据优化后的提升吊点位置布置方案进行现场测量定位,确定各提升器准确位置,提升器钢绞线外接孔与支承通孔中心对齐,钢绞线与支撑通孔壁不能碰擦。提升器的液压锁方位要便于与液压泵站之间的油管装拆。提升器就位后用压板进行定位,每个提升器需用 3 块 L 形压板固定(见图 5.79)。

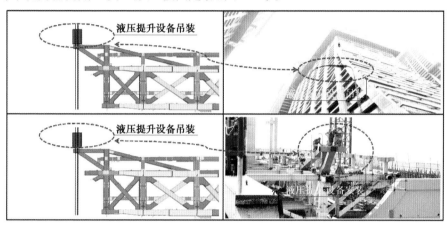

图 5.79　提升吊点吊具安装

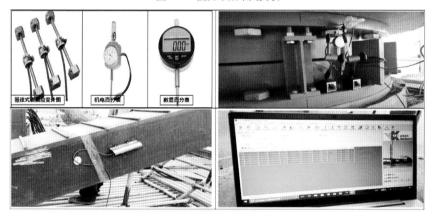

图 5.80　应力应变监测设备安装

①满足连体桁架钢结构液压提升力的要求,尽量使每台液压设备受载均匀。

②尽量保证每台液压泵站驱动的液压设备数量相等,提高液压泵站的利用率。

③在总体布置时,要认真考虑系统的安全性和可靠性,降低工程风险。各提升点提升设备配置应考虑一定的安全系数,根据《重型结构和设备液压整体提升技术规范》(GB 51162—2016)相关规定:提升器安全系数不小于 1.25,钢绞线安全系数不小于 2.0。

④安装应力应变监测设备并做好调试工作(见图 5.80)。

（3）钢绞线导向架安装

钢绞线导向架用于提升过程中钢绞线的疏导,防止钢绞线缠绕。导向架导出方向以方便装拆油管、传感器和不影响钢绞线自由下坠为原则。导向架横梁离安全锚高1.5~2 m。钢绞线导出部分后,把钢绞线扎成捆便于疏导(见图5.81、图5.82)。

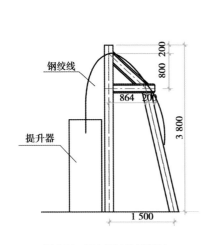 

图5.81 导向架结构示意图　　　　图5.82 导向架结构实景图

(4)地锚安装

上下吊点的垂直偏斜小于1.5°,用L形压板将地锚固定于提升吊具中(每个地锚用3块压板固定),留有一定空隙,使地锚可沿圆周方向自由转动,钢绞线与孔壁不能碰擦(见图5.83)。

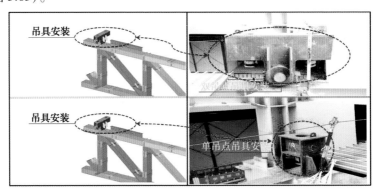

图5.83 地锚安装

(5)液压泵站与提升器的油管连接

检查液压泵站、控制系统与液压提升器编号是否对应,油管连接使主液压缸伸、缩,锚具液压缸松、紧是否正确(见图5.84)。

(6)各传感器与控制系统的连接

①行程传感器安装时要调整好位置,确保在提升器伸缩油缸时不受干扰,拉线垂直,调整好传感器拉线位置。

②上、下锚具传感器是有区别的,要安装正确、牢固,上锚具的信号线在运动中要不受干涉。

图 5.84　液压泵站与提升器的油管连接

③油压传感器接在主缸大腔,做好传感器信号线的防水措施。

④要做好传感器及其信号线的防水措施。

⑤应保证提升(下降)结构的空中稳定,以便提升单元结构能正确就位,也即要求各个吊点在上升或下降过程中能够保持一定的同步性。

(7)提升器与液压泵站电缆连接

连接传感器线和提升器线,注意主液压缸和截止阀的对应关系。

(8)液压泵站与控制系统线路连接

施工中依据提升器的数量及泵站流量配置液压变频泵站。每台泵站有两个独立工作的单泵,每个单泵最多可驱动两个吊点位置的提升器作业。

(9)液压泵站动力电缆连接

连接动力电缆应在无电情况下操作,本系统使用 380 V 三相五线交流工业电源,要注意电源的漏电保护方式。

(10)液压整体提升控制系统电源连接

液压整体提升控制系统输入电源为 220 V 交流电源。现场的提升电源应尽量从总盘箱拉设专用线路,以确保提升作业过程中的不间断供电(见图 5.85)。

图 5.85　液压整体提升控制系统

4) 设备检查及调试

设备检查及调试的内容包括:液压泵站检查;电机旋转方向检查;电磁换向阀动作检查;油管连接检查;锚具检查;系统检查;钢绞线张拉(见图 5.86)。

用适当方法使每根钢绞线处于基本相同的张紧状态。

图 5.86　现场检查

5) 结构正式提升

(1) 提升分级加载

通过试提升过程中对桁架结构、提升设施、提升设备系统的观察和监测,确认符合模拟工况计算和设计条件,保证提升过程的安全。

以计算机仿真计算的各提升吊点反力值为依据,对连廊桁架钢结构单元进行分级加载(试提升),各吊点处的液压提升系统伸缸压力应缓慢分级增加,依次为 20%,40%,60%,80%;在确认各部分无异常的情况下,可继续加载到 90%,95%,100%,直至连廊桁架钢结构全部脱离拼装胎架(见图 5.87)。

图 5.87　结构提升

当分级加载至结构即将离开拼装胎架时,可能存在各点不同时离地,此时应降低提升速度,并密切观察各点离地情况,必要时做"单点动"提升。确保连廊桁架钢结构离地平稳,各点同步。

(2)结构离地检查

桁架结构单元离开拼装胎架约 100 mm 后,利用液压提升系统设备锁定,空中停留 12 h 以上做全面检查(包括吊点结构、承重体系和提升设备等),并将检查结果以书面形式报告现场总指挥部。各项检查正常无误,再进行正式提升(见图 5.88)。

图 5.88 结构离地检查

(3)姿态检测调整

用测量仪器检测各吊点的离地距离,计算出各吊点相对高差。通过液压提升系统设备调整各吊点高度,使结构达到水平姿态。

(4)整体同步提升

"液压同步提升技术"采用液压提升器作为提升机具,柔性钢绞线作为承重索具。液压提升器为穿芯式结构,以钢绞线作为提升索具。液压提升器两端的楔形锚具具有单向自锁作用。当锚具工作(紧)时,自动锁紧钢绞线;锚具不工作(松)时,放开钢绞线,钢绞线可上下活动。液压同步提升施工技术采用行程及位移传感监测和计算机控制,通过数据反馈和控制指令传递,可全自动实现同步动作、负载均衡、姿态矫正、受力控制、操作闭锁、过程显示和故障报警。

姿态检测调整后的各吊点高度为新的起始位置,复位位移传感器。在结构整体提升过程中,保持该姿态直至提升到设计标高附近(见图 5.89)。

(5)提升速度

整体提升施工过程中,影响构件提升速度的因素主要有液压油管的长度及泵站的配置数量。按照本方案的设备配置,整体提升速度约 10 m/h。

(6)提升过程的微调

结构在提升及下降过程中,因为空中姿态调整和杆件对口等需要进行高度微调。在微调开始前,将计算机同步控制系统由自动模式切换成手动模式。根据需要,对整个液压提升系统中各个吊点的液压提升器进行同步微动(上升或下降),或者对单台液压提升器进行微动调整。微动即点动调整精度可以达到毫米级,完全可以满足连廊桁架钢结构单元安装的精度需要。

图 5.89　结构提升过程

6)提升就位

结构提升至设计位置后,暂停;各吊点微调使主桁架各层弦杆精确提升到达设计位置;液压提升系统设备暂停工作,保持结构单元的空中姿态,主桁架中部分段各层弦杆与端部分段之间对口焊接固定;安装斜腹杆后装分段,使其与两端已装分段结构形成整体稳定受力体系。液压提升系统设备同步卸载,至钢绞线完全松弛;进行连廊桁架钢结构的后续高空安装;拆除液压提升系统设备及相关临时措施,完成桁架结构单元的整体提升安装(见图 5.90~5.92)。

图 5.90　正式提升结构至设计标高下约 100 mm

7)结构卸载

后装杆件全部安装完成后,进行卸载工作。按计算的提升载荷为基准,所有吊点同时下降卸载 10%。在此过程中会出现载荷转移现象,即卸载速度较快的点将载荷转移到卸载速度较慢的点上,以致个别点超载。因此,需调整泵站频率,放慢下降速度,密切监控计算机控制系统中的压力和位移值。万一某些吊点载荷超过卸载前载荷的 10%,或者吊点位移不同步达到 10 mm,则立即停止其他点卸载,而单独卸载这些异常点。如此往复,直至钢绞线彻底松弛(见图 5.93)。

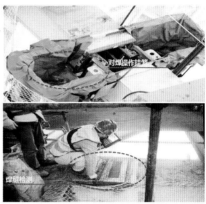

图 5.91　各吊点微调操作

图 5.92　合拢焊接完成

8)监测监控措施

(1)计算机监测监控

①"液压同步提升施工技术"采用传感检测和计算机集中控制,通过数据反馈和控制指令传递,可实现同步动作、负载均衡、姿态矫正、应力控制、操作闭锁、过程显示和故障报警等多种功能。

②操作人员可在中央控制室通过液压同步计算机控制系统人机界面进行液压顶推过程及相关数据的观察和控制指令的发布。

③通过计算机人机界面的操作,可以实现自动控制、顺控(单行程动作)、手动控制以及单台提升器的点动操作,从而达到钢桁架整体提升安装工艺中所需要的同步位移、安装位移调整、单点微调等特殊要求。

图 5.93　油缸及胎架卸载

④提升就位后,测量人员可通过测量仪器配合测量各监测点位移的准确数值。

（2）测量工具监测监控

结构提升过程中,提升器每个行程的数值可由提升器自带的传感器测出,结构整体的提升高度需要利用测量仪器进行测量,测量点设置在吊点位置。

提升测量主要分以下几个阶段:第一阶段为结构刚离地,正式提升之前,需要对各个吊点的初始位置进行测量,根据测量的结果,利用提升器对各个吊点的高度进行调整,使各个吊点在同一高度上,保证结构姿态满足设计要求;第二阶段为正式提升阶段,随着提升高度的增加,每提升约 10 m 进行一次测量,每次测量完后,根据测量结果调整各吊点高度,至各个吊点在同一高度上;第三阶段为提升就位阶段,当结构提升至距设计高度约 20 cm 时,各个吊点位置需要进行对口测量,本阶段提升器频率需要调低,配合测量人员进行对口测量,保证结构杆件精确对口。

（3）激光测距

本工法中采用的 TLC-01 型计算机控制系统,由计算机、动力源模块、测量反馈模块、传感模块和相应的配套软件组成,通过 CAN 串行通信协议组建局域网。它是建立在反馈原理基础之上的闭环控制系统,通过高精度传感器不断采集设备的压力和行程信息,从而确保油缸顺利工作,同时还能过激光传感器不断采集构件每个受力点的位移信息,在计算机端定期比较多点测量值误差和期望误差的偏差,然后对系统进行调节控制,获得很高的控制性能（见图 5.94、图 5.95）。

全自动激光测距仪每隔 4 s 发射一次激光并测量反馈位移数据,计算机在收到数据后分析各测量点的距离并与上个周期比较不同步值。如果位移相差值在 10 mm 以内且不同步值稳定时可继续提升,如果不同步值与前一周期相比增大则立刻改变相应泵的流量以改善不同步状况,并在下一个采集周期内观察不同步值。如此反复控制,直至提升到位（见图 5.96）。

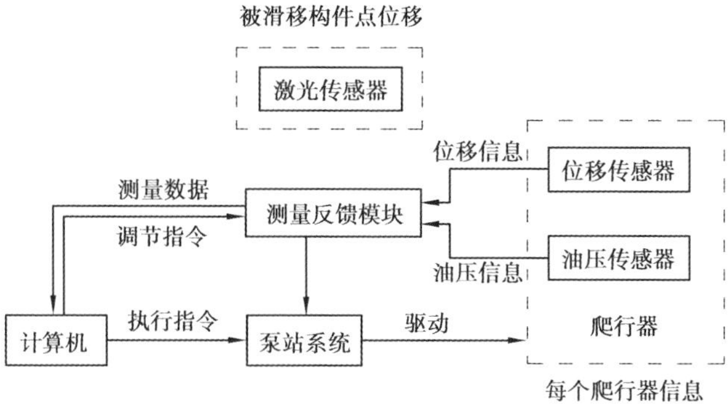

被滑移构件点位移

激光传感器

测量数据

调节指令

测量反馈模块

位移信息　位移传感器

油压信息　油压传感器

计算机　执行指令　泵站系统　驱动　爬行器

每个爬行器信息

图 5.94　控制原理图

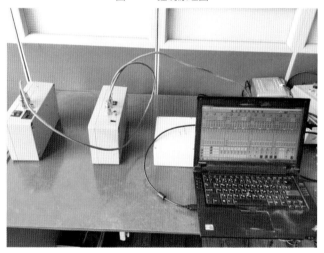

图 5.95　工作中的激光测距系统

图 5.96　整体提升完成

5.8 空中连廊幕墙整体提升技术

5.8.1 空中连廊幕墙提升概况

空中连廊底部幕墙距裙楼屋面达 200 m,且空中连廊塔楼之间间距达到 50 m。底部幕墙单元属于超大、超宽、超重完整单元体(见图 5.97、图 5.98)。单元 38.5 m 长、11 m 宽超规模单元板块,相当于一栋 10 层高楼整个立面幕墙进行一次性总体提升。一般幕墙单元都属于竖向吊装,幕墙吊装施工从未有过如此超规模单元吊装先例。由于板块尺寸超大,横向水平提升对单元整体的强度要求极高,又属于超高层,不能用常规的措施进行吊装。为此,项目采用了空中连廊幕墙整体提升技术进行连廊底板幕墙施工。

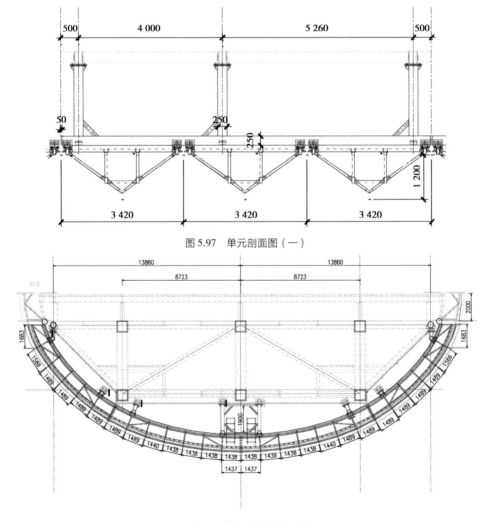

图 5.97 单元剖面图(一)

图 5.98 单元剖面图(二)

5.8.2　研究内容

（1）超大集成单元整体 BIM 分析

本工程运用 BIM 技术,进行施工模拟分析及碰撞检查分析,解决幕墙整体同步提升过程吊点位置需要准确定位的难题。

（2）超大集成单元整体组装胎架平台施工技术

为了满足幕墙施工提前插入的要求,改变传统胎架模式,形成工厂定制化的组装式 3 m 长成品桁架,便于现场安装。

（3）超大集成单元整体提升技术

为了实现超大集成单元幕墙在临江风口处的整体提升,保证施工过程的平稳安全,需要解决好吊装流程、风载监控、高空滑移等问题。

5.8.3　关键技术应用

1）超大集成单元整体 BIM 分析

（1）同步提升过程 BIM 模拟分析方法

为了不让液压提升设备的钢绞线与钢结构发生碰撞,首先需要把理论吊点与钢结构模型进行整合、对比分析,确保不会与钢结构发生碰撞(见图 5.99)。钢结构总共有

（a）空中连廊主体钢结构模型

（b）提升钢铰线与连廊主体钢结构碰撞模型

图 5.99　钢绞线与钢结构模型整合

4层,吊点需要穿透钢结构复杂4层钢梁并满足幕墙提升吊点位置,提升设备架设在主结构层L4层。游泳池和树坑位置吊点设置避让难度更大,为了不穿透游泳池位置的楼板,吊点和支撑钢梁的设置经过多次调整。

（2）碰撞检查分析

在进行碰撞检查后,根据检查结果调整相应的碰撞位置吊点布置,错开钢结构。然后把调整后的钢绞线放到模型里面进一步检查,最终确定预留孔洞的位置,在浇筑混凝土楼板中安装预留法兰。

2）同步提升单元连接强度计算

同步提升状态下,结构竖向相对变形最大值为-4 mm,如图5.100所示。

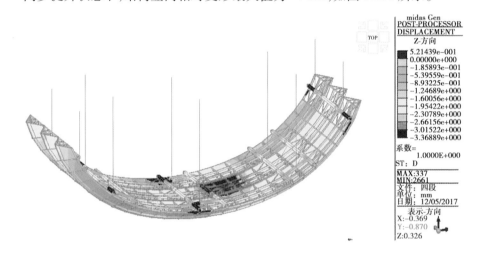

图 5.100　提升状态结构位移图（单位：mm）

同步提升状态下,结构各杆件最大应力比为0.62,满足要求,杆件应力比如图5.101所示。

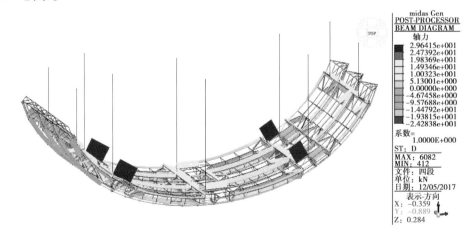

图 5.101　提升状态结构杆件应力比

3）超大集成单元整体组装胎架平台施工技术（见表 5.8）

表 5.8　胎架平台施工技术

序号	技术介绍
1	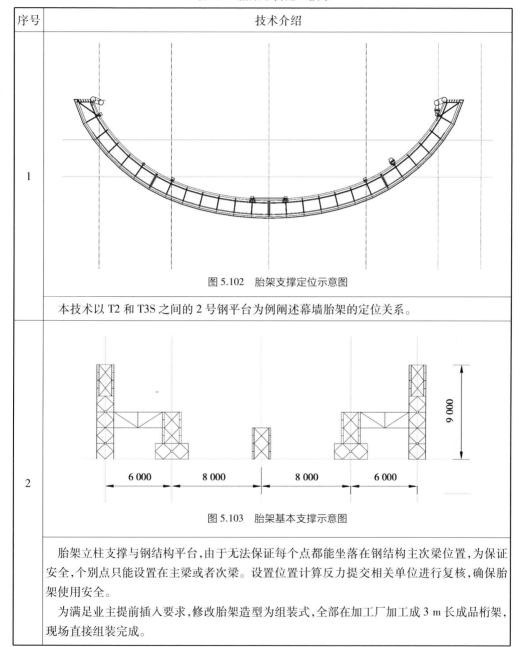 图 5.102　胎架支撑定位示意图
	本技术以 T2 和 T3S 之间的 2 号钢平台为例阐述幕墙胎架的定位关系。
2	图 5.103　胎架基本支撑示意图
	胎架立柱支撑与钢结构平台，由于无法保证每个点都能坐落在钢结构主次梁位置，为保证安全，个别点只能设置在主梁或者次梁。设置位置计算反力提交相关单位进行复核，确保胎架使用安全。 　　为满足业主提前插入要求，修改胎架造型为组装式，全部在加工厂加工成 3 m 长成品桁架，现场直接组装完成。

续表

序号	技术介绍
3	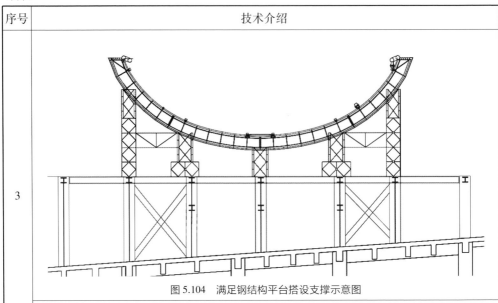 图 5.104　满足钢结构平台搭设支撑示意图 　　由于钢平台主次梁分布较密,且最上面覆盖了一层 16 mm 厚钢板,整体刚度较大。而且幕墙胎架柱脚为 1 500 mm×1 500 mm 的框架,所以幕墙胎架在安装时,用工字钢作为胎架立柱的底盘与钢平台主次梁焊接固定。
4	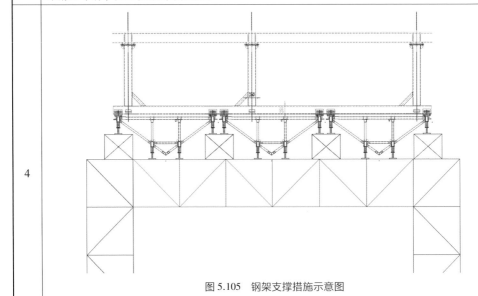 图 5.105　钢架支撑措施示意图 　　胎架搭设完成后,由项目部组织监理现场验收,通过验收后进行下一步工作。 　　胎架安装完成,定位安装钢架支撑措施托顶,用于支撑铝板单元 V 形架安装。

序号	技术介绍
5	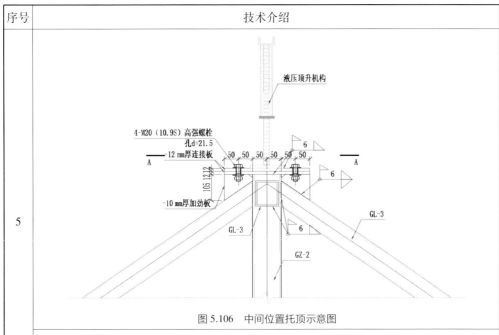 图 5.106　中间位置托顶示意图 　　托顶安装调位后,安装铝板单元 V 形钢架龙骨,在过程中通过每个小单元钢架托顶调整钢架的精度尺寸,保证符合安装要求。 　　钢架安装完成后,安装铝板。铝板安装过程中由于托顶位置铝板无法安装,采用另外措施进行安装补板。
6	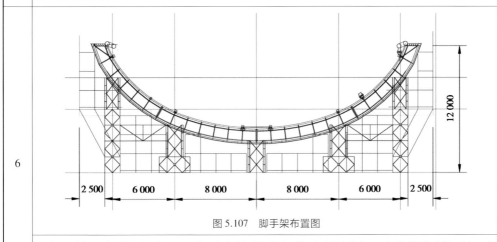 图 5.107　脚手架布置图 　　由于胎架两侧最高处有 12 m 高,为方便胎架的组装,必须随胎架一起搭设满堂脚手架,进行胎架组装连接工作。完成胎架安装后,满堂架作为铝板单元组装的安装措施,满堂架搭设高度为 12 m,在满堂架外侧进行抛撑加固,等胎架安装完成后,进行连墙件拉结,拉结点设置在胎架钢架合适位置。脚手架步距 1 800 mm,横距 1 500 mm,纵距 1 500 mm。

4)V形钢架从V形钢架组装平台转移至胎架(见图5.108)

图5.108　在胎架完成V形架拼装

5)E形钢架安装

待铝板龙骨组装完成后,要进行E形钢架与铝板单元的V形钢架连接固定(见图5.109)。

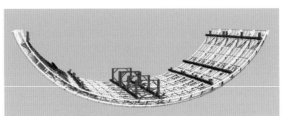

(a)E形钢架与铝板单元的V形钢架三维模型

(b)E形钢架与铝板单元的V形钢架现场组装

图5.109　E形架安装

6) 铝板安装(见图 5.110、图 5.111)

图 5.110　铝板面板安装效果图

图 5.111　铝板面板安装实景图

7) 超大集成单元整体提升技术

(1) 液压提升设备安装

① 导向架制作及安装

在液压提升器提升或下降过程中,其顶部必须预留一定长度的钢绞线。每台液压提升器必须事先配置好导向架,方便其顶部预留钢绞线的导出顺畅。多余的钢绞线可沿提升平台自由向后、向下疏导。

导向架安装于液压提升器上方,导向架的导出方向以方便安装油管、传感器和不影响钢绞线自由下坠为原则。导向架横梁离天锚高 1.5～2 m,偏离液压提升器中心 5～10 cm 为宜。具体可在现场用角钢或脚手管架临时制作。

②专用地锚的安装

每一台液压提升器对应一套专用地锚结构。地锚结构安装在提升下吊点专用吊具的内部,要求每套地锚与其正上方的液压提升器、提升吊点结构开孔垂直对应、同心安装(见图 5.112)。

图 5.112　专用地锚

③钢绞线的安装

本工程中最大单根钢绞线长度约 250 m,共有 10 台液压提升器,每台穿 1 根钢绞线,总用量为 10 根钢绞线。

穿钢绞线采取由下至上穿法(暂定),即自液压提升器底部穿入从顶部穿出。应尽量使每束钢绞线底部持平,穿好的钢绞线上端通过夹头和锚片固定。

待液压提升器钢绞线安装完毕后,再将钢绞线束的下端穿入正下方对应的下吊点地锚结构内,调整好后锁定。每台液压提升器顶部预留的钢绞线应沿导向架朝预定方向疏导。

④液压管路的连接

液压泵源系统与液压提升器的油管连接:

a.连接油管时,油管接头内的组合垫圈应取出,对应管接头或对接头上应有 O 形圈;

b.应先接低位置油管,防止油管中的油倒流出来。液压泵源系统与液压提升器间油管要一一对应,逐根连接;

c.依照方案制定的并联或串连方式连接油管,确保正确,接完后进行全面复查。

⑤控制、动力线的连接

a.各类传感器的连接;

b.液压泵源系统与液压提升器之间的控制信号线连接;

c.液压泵源系统与计算机同步控制系统之间的连接;

d.液压泵源系统与配电箱之间的动力线的连接;

e.计算机控制系统电源线的连接。

（2）设备的检查及调试

①调试前的检查工作

调试前的检查工作包括:提升临时措施结构状态检查;设备电气、油管、节点的检查;提升结构临时固定措施是否拆除;将提升过程可能产生影响的障碍物清除。

②系统调试

液压系统安装完成后,按下列步骤进行调试:检查液压泵站上所有阀或油管的接头是否有松动,检查溢流阀的调压弹簧是否完全处于放松状态。检查液压泵站控制柜与液压提升器之间电源线、通讯电缆的连接是否正确。检查液压泵站与液压提升器主油缸之间的油管连接是否正确。检查系统送电、检查液压泵主轴转动方向是否正确。

在液压泵站不启动的情况下,手动操作控制柜中相应按钮,检查电磁阀和截止阀的动作是否正常,截止阀编号和液压顶推器编号是否对应。

检查行程传感器,使控制盒中相应的信号灯发讯。

操作前检查:启动液压泵站,调节一定的压力,伸缩液压提升器主油缸;检查 A 腔、B 腔的油管连接是否正确;检查截止阀能否截止对应的油缸。

③分级加载试提升

待液压系统设备检测无误后开始试提升。经计算,确定液压提升器所需的伸缸压力(考虑压力损失)和缩缸压力。

开始试提升时,液压提升器伸缸压力逐渐上调,依次为所需压力的 20%,40%,在一切都正常的情况下,可继续加载到 60%,80%,90%,95%,100%。

钢结构各层在刚开始有移动时暂停作业,保持液压设备系统压力。对液压提升器及设备系统、结构系统进行全面检查,在确认整体结构的稳定性及安全性绝无问题的情况下,才能开始正式提升。

（3）正式提升

为确保弧形铝板单元及钢结构提升过程的平稳、安全,根据弧形铝板单元的特性,拟采用"吊点油压均衡,结构姿态调整,位移同步控制,分级卸载就位"的同步提升和卸载落位控制策略。

①同步吊点设置

本工程中最大提升单元共有 10 台液压提升器。在每台液压提升器处各设置一套同步传感器,用以测量提升过程中各台液压提升器的提升位移同步性。主控计算机根据这 10 个传感器的位移检测信号及其差值,构成"传感器—计算机—泵源控制阀—提升器控制阀—液压提升器—钢结构单元"的闭环系统,控制整个提升过程的同步性。

②提升分级加载

通过试提升过程中对弧形铝板单元、提升设施、提升设备系统的观察和监测,确认符合模拟工况计算和设计条件,保证提升过程的安全。

以计算机仿真计算的各提升吊点反力值为依据,对钢结构单元进行分级加载,各吊点处的液压提升系统伸缸压力应缓慢分级增加,依次为 20%,40%,60%,80%;在确认各部分无异常的情况下,可继续加载到 90%,95%,100%,直至弧形铝板单元全部脱离拼装胎架。

当分级加载至弧形铝板单元即将离开拼装胎架时,可能存在各点不同时离地,此时应降低提升速度,并密切观察各点离地情况,必要时做"单点动"提升。确保弧形铝板单元离地平稳,各点同步。

(4)脱离胎架斜起吊摆正

①脱离胎架

脱离胎架的瞬间危险系数极大,稍有差池,将会对单元幕墙钢结构钢架、幕墙铝龙骨架以及装饰面板成品造成损坏或变形。通过水平拉结平衡提升瞬间两个平面方向摆动力,再通过逐步施加提升荷载,直到单元完全脱离胎架(见图 5.113)。

图 5.113　脱离胎架

②提升补板

脱离胎架后,对整个提升系统和单元拉结进行检查,检查完成后对支撑位置铝板斜起吊 500 mm 补板,补板前进行 1 h 的静载试验(见图 5.114)。

③斜提升摆正

支撑在波谷位置的托顶与单元波峰存在碰撞,需要斜提升 2 m 后才能摆正到垂直提升位置。由于钢结构平台尺寸和位置限制,组装胎架不在提升正下方,存在东南两个方向的偏移,为此在整体幕墙提升距平台 2 m 过程中通过水平拉结同步放松和收紧对整体提升幕墙单元进行摆正(见图 5.115、图 5.116)。

图 5.114　提升补板

图 5.115　补板完成检查　　　　　　图 5.116　斜提升摆正后现场照片

④垂直提升(见图 5.117~5.119)

⑤注意事项

a.测量定位。钢绞线提升一个行程为 250 mm,每个行程中的每根钢绞线都存在因液压同步提升系统、缆风拉结、风速等因素影响造成的误差,通过采用液压提升系统荷载误差分析控制、全站仪精度测量、激光测距监控数据综合分析、提升钢绞线的伸长量测量分析仪等措施对综合测量进行纠偏调整,防止累计误差超过限值(见图 5.120、图 5.121)。

b.缆风系统及风力即时监控。本工程幕墙整体提升单元,相对钢结构提升重量轻、装饰面板安装后迎风面积大,外加整体提升单元的柔性较大,所以提升吊点的合理布置成为幕墙整体提升的关键。

图 5.117　正式起吊

图 5.118　提升过程现场

图 5.119　整体提升幕墙连接固定

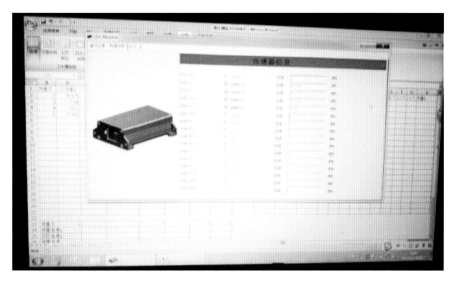

图 5.120　激光测距传感器数据分析界面

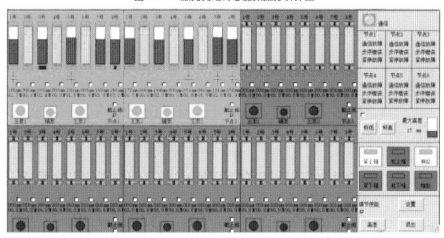

图 5.121　现场液压提升系统软件界面

现场在钢平台和提升顶部位置安装测风仪随时监控风速,提升前与气象服务中心取得近期天气状况,并根据往年重庆当地天气记录分析确定最佳提升时间段。采用自主研发的一种简易式全程实时索道拉结缆风系统,以钢绞线作为竖向缆风拉结索道,水平拉结采用钢丝绳双挂钩模式,保障了整体提升过程中的水平拉结(见图5.122~5.127)。

整体提升需要两天时间,夜间停留必须与结构可靠连接,确保安全。双挂钩缆风可以满足一个挂钩与竖向缆风索道连接,另一个挂钩与结构拉结形成缆风双保险。

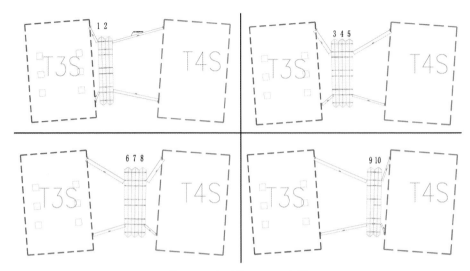

图 5.122　提升缆风平面示意图

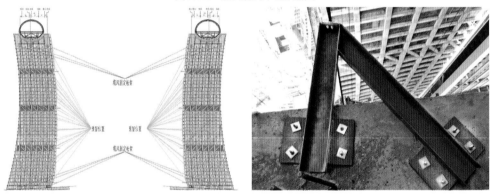

图 5.123　T4S 预留洞口位置　　　　　　　图 5.124　层间竖向索道固定点

图 5.125　竖向索道缆风系统钢架　　　　　图 5.126　缆风双挂钩现场图片

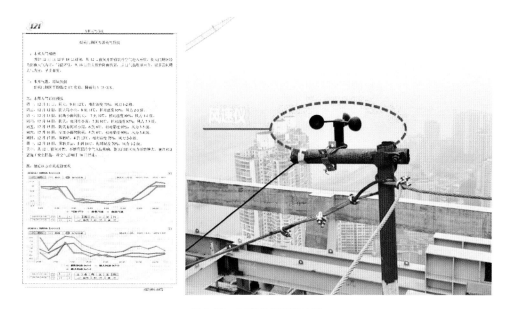

图 5.127　气象报告和测风仪

第6章
大型商业机电安装关键技术

6.1 机电工程深化设计

1）机电深化设计主要内容

机电深化设计主要工作有：主要管道及设备的复核，机房和管井内管道及设备的布置，平面管线布置，根据控制标高调整管道的综合排布并出具重点部位的剖面详图，根据管道的综合布置调整管线的预留预埋、各专业的管线布置、组合支架的设置、风口灯具等与精装修配合的吊顶布置等。

2）机电深化设计实施及管理要点

机电深化设计实施要点详见表6.1。

表6.1 机电深化设计实施及管理要点

序号	深化设计内容	实施及管理控制要点
1	各专业系统完善和参数的复核	必须对设计要求的各系统功能及设备各项参数有充分的理解，同时了解相关行业类似产品的情况及行业发展动态。 根据当前各系统的适用规范或行业标准，对相关参数进行核定，对差距大的提出调整意见及计算数据，对各专业系统的相互衔接和完善细化，报请顾问及业主审核。
2	机电综合管线图及剖面详图	协调各专业对图纸进行集中的会审，要求所有专业的人员配合，各专业提供数据用于完成综合机电施工图。 协调各专业的管线布置及标高，对确实无法满足要求的，及时与顾问及业主沟通解决。 经济合理地布置综合支架，深化设计时考虑综合支架的规格及形式，管道排布要考虑支架的空间。 管线之间空间的布置要充分考虑管线上配件的空间、施工的操作空间和后期的维护空间。 合理安排出图时间，充分考虑图纸往返及修改调整的时间，确保后期的施工不受影响。 重点部位或管线较多的部位的剖面详图的绘制。

序号	深化设计内容	实施及管理控制要点
3	预留预埋图	在综合管线图完成获批后调整各专业的预埋管线和预留孔洞、套管。 重点标注预留预埋的定位尺寸。
4	综合管线支架布置平面图	根据综合机电施工图的布置,合理调整各个专业系统管线的走向和布置。 保证各个专业的完整性。 合理美观地设置联合支架,解决复杂密集管线支架的有效布置。
5	管井、机房等重点部位专业深化大样详图	熟悉每根管线的连接形式,根据其连接形式的不同布置合理的操作空间。 管线的排布要充分考虑管井内阀门等配件的安装空间和操作空间,预留管井的维修操作空间。 提供机房的水管和风管支撑、吊架、托架及支架方案,提供深化施工图纸,供顾问及业主审核。 保证管线的完整性。
6	综合机电设备施工图及综合土建要求配合图	协调各相关单位,进行综合机电设备施工图及综合土建要求配合图的制作。 要求对每个设备的规格尺寸、运行重量等都有详细的数据,重点协调、了解其他分包的设备规格尺寸。 对有基础预埋件或减震措施的要标注其预埋件的种类、规格型号和定位尺寸。
7	吊顶天花配合图	加强和精装修等专业的协调,了解吊顶板、幕墙等的安装尺寸,合理调整末端的风口、灯具等的布置。

3)机电深化设计协调管理

机电深化图由于包含专业较多,需统一做好深化图绘图标准及出图标准。结合BIM 模型,按照 BIM 实施策划及标准中对各系统的参数设置要求,对各专业管线分配相应的颜色、线型、填充样式等,保证综合图纸能够明确区分各专业系统。并设置统一的尺寸比例,标注明确。

机电设计协调、深化图报审、设计进度管理、接口管理、会议管理等内容参照项目设计管理部分内容。

6.2 复杂机电工程管线综合

本项目为大型综合体项目,涉及业态众多,且塔楼顶部用作空中连廊支座、停机坪等,机房均分布于塔楼避难层及裙房地下室区域,对机电安装工程的综合协调、施工质量和施工管理提出了更高的要求。项目基于 BIM 系统进行深化设计及施工指导,对结构、机电管线复杂区域乃至整个项目的整体情况进行了综合考虑。通过对建筑、结构、精装造型的建模,有助于深入理解建筑内部空间造型的限制和发挥余地,再经过综合机电图纸的深化和管线模型的综合排布及空间协调、优化过程,能充分利用建筑各层次空间,在满足设计要求的情况下,提高了建筑品质和观感。项目机电管线综合流程如图6.1所示。

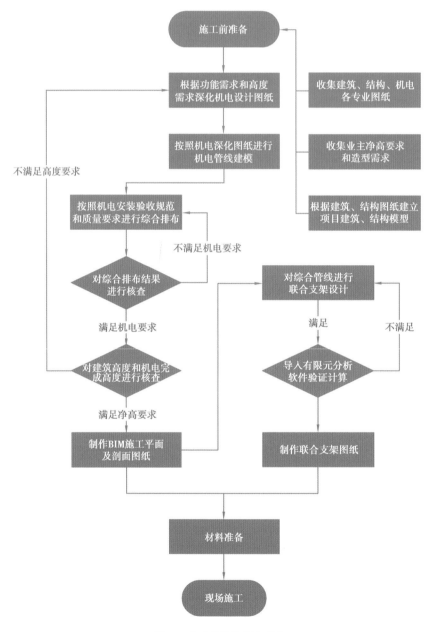

图6.1　机电管线综合流程图

1)前期准备

前期准备主要分为两方面,一是资料准备,二是模型准备。

资料准备主要是收集业主提供的建筑、结构、机电和精装修图纸,建立项目图纸资料库,详细了解项目建筑各组成部分的净高要求,了解相关精装吊顶造型设计及注意事项,结合业主需求编制项目建筑净高需求表,备注吊顶天花注意事项。

模型准备主要是根据建筑结构图纸,运用 Revit 软件建立项目建筑结构模型。建模过程中必须统一工作标准,保证项目原点或项目基准点为同一个点(详见 BIM 技术应用相关内容)。

2)机电管线分专业深化设计

根据机电各专业设计规范和业主需要,完成机电各专业的深化设计,保证机电系统的功能性、完备性和易用性,满足建筑功能需求。机电系统的深化设计主要应注意以下内容:

①熟悉和审查招标图纸,明确业主需求和设计方向,熟悉并理解各专业的工艺流程,对设计参数进行复核检查,如风量、流量、流速、扬程、容积、容量、热量、换气次数等。

②对比国家设计及施工规范标准,不违背国家强制性标准,对重要部位进行复核,如消防水箱的容积、不利点的压力、风量平衡、配电柜出现容量分配及电缆规格核对等。

③在满足基本功能的情况下对各专业进行综合设计,提出安装条件和配合要求。

④配合其他单位对机电功能需求的提资,配合精装单位、内装部分等的装修造型要求等。

3)机电管线专业建模

根据深化完成后的机电图纸进行管线精确建模。根据 BIM 协调方案确定的各专业颜色编码、代号等规则进行建模。为保证模型与现场完全吻合从而实现预定效果,需对软件中的管道类型、连接方式、显示设置等根据项目实际情况进行自定义编辑和开发,示例如图6.2所示。

图6.2　管道自定义编辑参数(以给排水管道为例)

机电管线在项目进行的各个阶段均有不同的建模标准,在不同阶段输出精度不同的模型,设计沟通阶段主要输出设备的类似形状、大概尺寸、位置用途等,深化设计阶段需进一步明确精确尺寸、材质等,出具施工图时,需明确设备型号、精确尺寸、位置、用途、编号、构件尺寸及详图等。根据以上设置,完成项目的综合管线模型,机电综合模型示例如图6.3、图6.4所示。

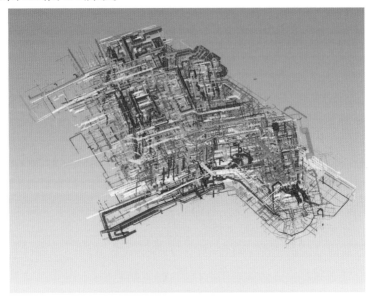

图6.3 项目裙房部分管线综合模型

图6.4 管线模型局部效果示例

4)管线综合排布

建模完成后还需要对管线进行综合排布。排布过程在满足机电各专业的需求的情况下,还需要考虑精装修造型的需要,更要考虑后期管线的施工工序、设备调试、维修、更换所需的操作空间。主要排布原则如下:

①电气桥架管线、无压管道为第一层级管线,需首先协调和安排位置。

②大管优先,小管让大管。

③有压管让无压管。

④低压管避让高压管。

⑤常温管让高温、低温管。

⑥可弯管线让不可弯管线、分支管线让主干管线。

⑦附件少的管线避让附件多的管线。

⑧电气管线避热避水,在热水管线、通气管线上方及水管的垂直下方不宜布置电气线路。

⑨管线安装、维修空间大于或等于 500 mm。

⑩根据设备样本预留管廊内柜机、风机盘管等设备的拆装距离。

⑪管廊内吊顶标高需预留精装空间。

⑫商铺租赁线以外 400 mm 距离内尽可能不要布置管线,用作检修空间。

⑬管廊内靠近中庭一侧预留卷帘门位置。

5)净高协调

在机电管线完成综合排布后,运用 Fuzor 软件对机电净高进行分析,并根据净高结果制作净高报告,反映建筑各部分的净高情况,并以此为结果与业主、设计方进行沟通,对不满足净高的地方进行二次优化。净高测量示意图如图 6.5 所示,输出的净高报告如图 6.6 所示。

图 6.5　Fuzor 软件测量建筑内净高示例

6)出具各专业施工图

模型确认完成,管线排布完毕,净高确定可行后,对机电管线最终排布结果进行输出,制作各专业相应的 BIM 施工专业平面图纸和剖面图纸。对于复杂截面,制作了相应局部三维和放大示意图,极大地降低了现场工人识图和施工的难度。图纸示例如图 6.7~6.9 所示。

7)联合支架设计与校核

根据最终协调确定的综合剖面,运用 Revit 在综合模型中设计管线联合支架,并

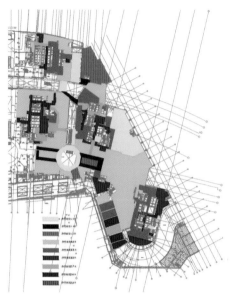

图 6.6　裙房商业部分净高报告示例

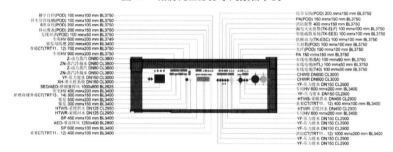

图 6.7　管线综合图示例

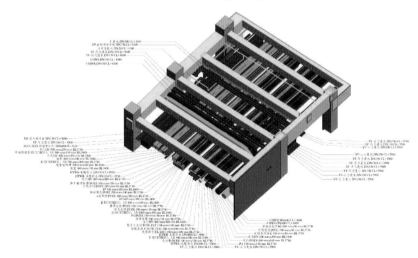

图 6.8　复杂管廊排布三维示意图

将联合支架各部分承受荷载进行计算统计,以用于支架校核。由于流体的黏滞阻力会反向施加一个力造成支架变形,在设计校核过程中不能只计算管段本身及管段内流体的质量,还要乘以 1.1~1.2 的动荷载系数。管道联合支架设计示例如图 6.10 所示。

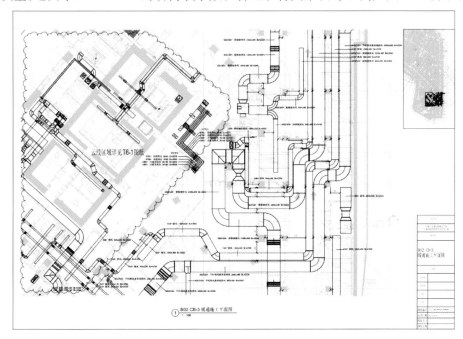

图 6.9　施工图示例

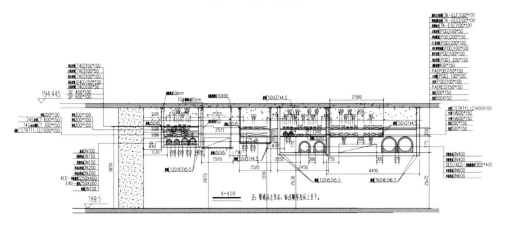

图 6.10　管道联合支架设计大样图示例

　　在 Revit 软件建立联合支架模型,并将支架模型导入 ansys 结构有限元分析软件中进行受力分析和形变分析,以确保联合支架的稳固性和安全性,分析过程如表 6.2 所示。

表 6.2 联合支架受力和变形分析

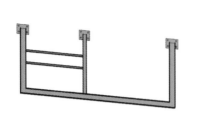	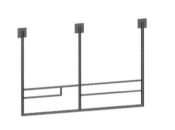
1.计算联合支架各受力位置荷载,运用 Revit 软件进行联合支架建模	
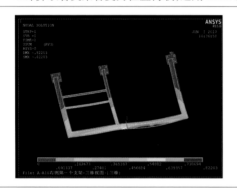	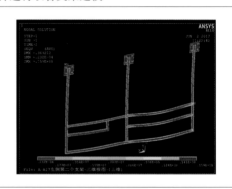
2.将模型导入 ansys 软件并将荷载加载到相应位置进行应力分析,使联合支架最大应力位置仍在钢材的许用应力范围之内以保证应力满足要求。	
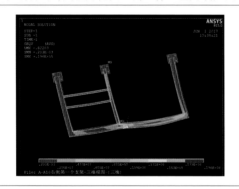	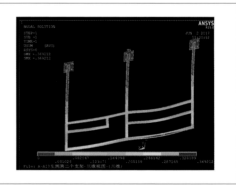
3.将模型导入 ansys 软件并将荷载加载到相应位置进行应力分析,使联合支架最大形变处在钢材的许用最大形变范围之内以保证形变满足要求	

8)联合支架及综合管廊施工管理

待机电现场施工 BIM 图纸及通过校核计算的联合支架大样图完成之后,在面积狭小或结构形式多变、不利于大面积开展的机电综合管廊区域,可以按照先制作联合支架并就位、再上管线的传统方式进行施工,在面积较开阔、结构变化不大的区域,可以采取管线和联合支架整体装配后再利用液压顶升或电动葫芦吊装等方式进行整体提升安装的方案进行施工,提高施工效率。联合支架安装实例如图 6.11 所示。

图 6.11　联合支架及管道安装实例

6.3　机房安装技术

1)机房综合排布

(1)工艺方法

①在设备、管线参数确定后,设备间机电工程施工前完成深化设计。

②利用深化设计软件对安装各专业图纸进行叠加,找出管线、设备碰撞位置,并有效控制振动和噪声。

③对于碰撞的管线、设备,调整时遵循下列原则:a.确定设备尺寸及管线进出口位置;b.布置达到设备基础的中心线或外边沿、设备中心线或边沿、立管中心线、支架、仪表、阀门操作手柄等标高、朝向一致;c.管线宜靠近墙、梁集中合理布设。

④出具深化图,原设计单位确认后实施。

⑤安装各专业统一按照深化设计图规定的空间位置进行设备间施工。

(2)控制要点

支吊架验算、布局合理、成行成线、维护方便、照明灯具设置合理。

(3)质量要求

设备排列整齐,成行成排,部件标高、朝向一致(见图 6.12)。

2)空气处理机组安装

(1)工艺方法

保证安装现场必须平整,加工好的空调箱槽钢底座就位并找正、找平。从空调设备上的一端开始,将设备抬上底座校正位置。若为组合式机组需加上衬垫将相邻的两个段体用螺栓连接、严密牢固。每连接一个段体前,将内部清除干净。安装完的空调机组,应整体平直,检查门开启灵活,水路畅通。

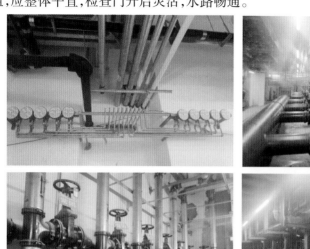

图 6.12　机房安装实例

（2）控制要点

平正就位,凝结水合理排放,减振器明露,与强弱电自控接口合理,做好成品保护。

（3）质量要求

①空调机组的混凝土基础达到养护强度,表面平整,位置、尺寸、标高、预留孔洞预埋件符合设计要求。考虑检修位置,相邻机组间距宜不小于 1.5 m。

②水管道与机组连接宜采用橡胶柔性接头,管道应设置独立支吊架;机组接管最低点应设泄水阀、最高点应设放气阀;阀门、仪表应安装齐全,规格、位置应正确,同类型的标高一致,风阀开启方向应顺气流方向;在冬季使用时,应有防止盘管、管路冻结的措施。

③机组与风管采用柔性短管连接,其绝热性能应符合风管系统的要求。空调机组的过滤网应在单机试运转完成后安装（见图 6.13）。

3）风机安装

（1）工艺方法

先将风机放在基础上,使底座的螺栓孔对正基础上的预留螺栓孔,把地脚螺栓一端插入基础的螺栓孔内,带丝扣的一端穿过底座的螺栓孔,并挂上螺母,丝扣应高出螺母 1~1.5 扣的高度。用撬杠把风机拨正,用垫铁把风机垫平,然后用 1∶2 的水泥砂浆浇筑地脚螺栓孔,待水泥砂浆凝固后,再上紧螺母。

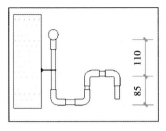
（a）空调机组的冷凝水排水管示意图

（b）空调机组冷凝水管安装实例

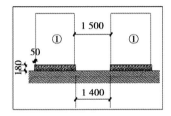
（c）机组安装示意图

（d）机组安装实例

图6.13　空气处理机组设计及安装实例

（2）控制要点

平正就位，减振及支架核算、选型满足要求，软接严密。

（3）质量要求

①风机型号、规格符合设计规定，出口方向应正确；叶轮旋转平稳，停转后不应每次停留在同一位置上。

②现场组装的轴流风机叶片安装角度应一致，达到在同一平面内运转，叶轮与筒体之间间隙应均匀，水平度允许偏差为1/1 000。

③悬吊式风机机座与吊框间应使用减振垫或减振器，并用螺栓固定，其吊杆与吊框固定时应采用上下螺母锁定，横担底部双螺母固定，并有防松装置。吊框焊接应牢固，焊缝应饱满、均匀。

④风机与风管连接时，应采用柔性短管连接，风机的进出风管、阀件应设置独立的支吊架。

⑤风机的进气、排气系统的管路、大型阀件、调节装置、冷却装置等管路均应有单独的支承，并与基础或其他建筑物连接牢固。

⑥与风机进、出气口法兰相连的直管段上，不得有阻碍热胀冷缩的固定支撑。

⑦各管路与风机连接时，法兰面应对中并平行。

⑧管路与机壳连接时，机壳不应承受外力；连接后，应复测机组的安装水平和主要间隙，并应符合要求。

⑨风机传动装置的外露部分、直接通大气的进出口，其防护罩（网）在试运转前应安装完毕。

⑩减振采用减振吊钩，减振吊钩应为成套产品，随设备订货。

⑪用于通风机空调系统,无防火要求时,柔性软接短管可选用帆布软接;用于防排烟系统时,应按设计或规范要求选用防火材质的软接。风机接线采用专用的电源线,且所有电源线、控制线必须用阻燃 PVC 管或波纹管穿管安装。如果有接头,必须使用接线盒(见图 6.14)。

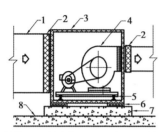
1—风管;2—软连接;3—机箱;4—排风机;
5—弹簧减震器;6—橡胶垫;7—基础;8—地面

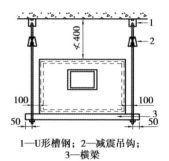
1—U形槽钢;2—减震吊钩;
3—横梁

图 6.14　风机设计及安装实例

4)水泵安装

(1)工艺方法

基础坐标、标高、尺寸、预留孔洞应符合设计要求。基础表面平整、混凝土强度达到设备安装要求。将水泵放置在基础上,用垫铁将水泵找正、找平。

水泵安装后同一组垫铁应点焊在一起,以免受力时松动。用水平仪和线坠在对水泵进出口法兰和底座加工面上进行测量与调整,对水泵进行精安装。整体安装的水泵,卧式泵体水平度不应大于 0.1/1 000,立式泵体垂直度不应大于 0.1/1 000。

(2)控制要点

水泵找平、找正,减振器选型,水泵试运转,成排水泵间距,有组织排水,软接不受力安装。

(3)质量要求

①水泵等设备安装当采用减振基座时,减振基座可采用型钢制作或钢筋混凝土浇筑;减振装置应安装在减振基座下面,并成对放置,不应有偏心或变形现象;弹簧减振器安装时,应有限制位移措施;水泵吸入管、出水管道的重力不应直接压在水泵泵体上,应单独设定支、吊架。

②水泵就位时,其纵向中心轴线应与基础中心线重合对齐,并找平、找正;水泵与减振基座应固定牢靠,地脚螺栓应有防松动措施。

③水泵吸入管水平段应有沿水流方向连续上升的不小于 0.5% 坡度;水泵吸入口处应有不小于 2 倍管径的直管段,吸入口不应直接安装弯头;吸入管水平段上严禁因避让其他管道而安装向上或向下的弯管;吸入管变径时,应做偏心变径管,管顶上平;吸入管与泵体连接处应设置可挠曲软接头,不宜采用金属软管。

④水泵出水管变径应采用同心变径。

⑤泵房设备布置,同型号的设备应安装在一条轴线上,同类阀门、管件、支吊架安

装应标高一致、牢固可靠、整齐美观。

⑥设备上的配件应安装齐全、牢固、朝向合理一致,便于观察和操作。

⑦卧式泵弹簧减振适用于隔振要求比较高的场所,减振垫减振适用于一般场所;当机房设置于楼层内时,应设置浮筑基础。立式水泵采用减振垫和减振器减振,不应采用弹簧减振器减振。

⑧水泵进出水口应设置弯头辅助支座,水泵水平管段上当软接安装空间距离不够时将软接在立管上安装,并采用不同的减振方式。限位杆及限位角钢用于固定基础的位置,在调试、试运行、检修,特别是试压时,更应注意限位的作用(见图6.15)。

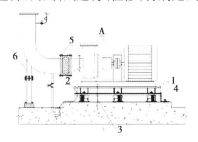 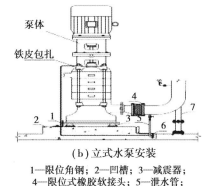

(a)卧式水泵安装详图　　　　　　　　(b)立式水泵安装
1—混凝土惰性块(亦可型钢基础);　　　1—限位角钢;2—凹槽;3—减震器;
2—不等边角钢;3—限位杆;4—限位角钢　　4—限位式橡胶软接头;5—泄水管;
5—限位橡胶软接头;6—弯头辅助支座　　　6—预留排水管;7—弯头辅助支座

图6.15　水泵设计及安装实例

5)冷水机组安装

(1)工艺方法

放线预埋→基础检查验收→设备开箱检查→设备吊运就位→找平、找正→试运转、调试。

(2)控制要点

平正就位、减振核算、水冲洗(试压)时设备隔离、水冲洗时过滤为粗网、成品保护。

(3)质量要求

①制冷设备基础表面应平整,无蜂窝、裂纹、麻面和露筋;基础应坚固,强度经测试满足机组运行时的荷载要求;基础若采用预埋件安装,则预留螺栓孔位置、深度、垂直度应满足螺栓安装要求,预埋件应无损坏;基础四周应有排水设施。

②同规格设备成排就位时,尺寸应一致;采用弹簧减振器时,每个减振器的压缩量偏差值不应大于2 mm,并应设有防止机组水平位移的定位装置;当采用垫铁调整机组水平度时,垫铁放置位置应准确、接触紧密,每组不超过3块。

③整体安装的制冷机组机身纵横水平度、辅助设备的水平度或垂直度允许偏差均为1/1 000;安装后的设备不应作为其他受力的支点。

④管道应先冲(吹)洗合格后再与机组连接,连接时应设置软接头,管道设置独立支吊架,压力表距阀门位置不宜小于200 mm。

⑤软化水装置的电控器上方或沿电控器开启方向应预留不小于 600 mm 的检修空间;盐罐安装位置应靠近树脂罐,并应尽量缩短吸盐管的长度;过滤型的软化水装置应按设备上的水流方向标识安装,不可装反;非过滤型的软化水装置根据实际情况选择进出口。

⑥软化水装置配管应设独立支吊架;进出水管道上应装有压力表、手动阀门,进出水管道之间应安装旁通阀,出水管阀门前应安装取样管,进水管道宜安装 Y 形过滤器;排水管道上不应安装阀门,不应直接与污水管道连接。

⑦定压稳压装置的罐顶至建筑物结构最低点的距离不应小于 0.1 m,罐与罐之间及罐壁与墙面的净距不宜小于 0.7 m。

⑧电子净化装置、过滤装置安装位置应准确,便于维修和清理。

⑨机组进出水口应设置弯头辅助支座,辅助支座间用法兰连接,法兰片间加绝热措施(见图 6.16)。

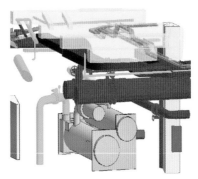

(a)冷水机组管道BIM图

(b)冷水机组安装实例图

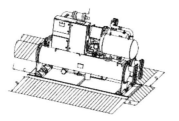

(c)冷水机组运行空间示意图

A=600 mm,B=600 mm,
C=2 600 mm,D=1 000 mm,H=500 mm

(d)冷水机组安装实例图

图 6.16　冷水机组设计与安装实例

6)换热设备安装

(1)工艺方法

换热设备应安装在坚硬的水泥基础地面上,地面应设有地漏下水道。换热器周围应留有足够的空间,以便观察和检修。换热机组设计与安装如图 6.17 所示。

(2)控制要点

平正就位、成品保护、水冲洗(试压)时设备隔离、水冲洗时过滤为粗网。

（3）质量要求

①换热设备安装前应将设备上的油污、灰尘等杂物清理干净，设备所有的孔塞或盖，在安装前不应拆除；应按施工图纸核对设备的管口方位、中心线和重心位置，确认无误后再就位。

②换热设备与管道冷热介质进出口的接管应符合设计及产品技术文件的要求，并应在管道上安装阀门、压力表、温度计、过滤器等。

③不锈钢换热设备的壳体、管束及板片等，不应与碳钢设备及碳钢材料接触、混放；采用氮气密封或其他惰性气体密封的换热设备应保持气封压力。

④对于设置在楼层的热交换站，在设备安装时，应避免设备、安装材料集中堆放，以防楼板超载而发生事故。

⑤板式换热机组螺栓伸出部分采用PVC护套处理。

（a）板式换热器各部件组成图　（b）板式换热机组管道安装实例图

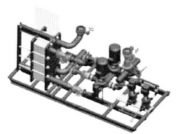 

（c）板式换热器接管模拟图　（d）板式换热机组安装实例图

图6.17　换热机组设计与安装实例

7）SP机房安装

本项目制冷机房及各换热站主要设备由新加坡市瑞能源公司（简称SP）提供，故将相应机房简称为SP机房。

国内传统施工验收规范要求设备、管道接驳处安装软连接，但由于软接的老化及承压等因素，机房在试压、冲洗及后期运营管理中，经常发生跑水事故。在后期运营管理中，需要经常检查软接并定期更换，给运营管理带来了巨大安全隐患。

为了保证运营的安全稳定，本项目SP机房采用设备与管道硬连接方案，将工业管道施工技术首次应用在民用建筑施工中，对发展民用建筑空调管道系统管道硬连接、支架布置、运营维保等提供坚实的基础，有效解决了后期由于软接老化及承压问题造成的漏水事故,减少机房后期运营管理成本。

(1)精确建立机房内管道综合排布模型

本项目 SP 机房空间极其狭小,在对机房进度建模时必须精确,所有设备及主要阀门需按订货尺寸建模,然后对机房内管道进行综合排布,排布模型如图6.18 所示。

图 6.18　服务公寓高低区能源站 BIM 模型(局部)

(2)建立管道及设备模型、设计支撑形式

本项目采用 CAESAR-II 软件对管道及设备建模,添加支撑点及支撑形式,并进行应力计算。管道建模及计算有以下步骤:

①收集设备信息,包括设备尺寸、设备接口应力、设备接口材质等信息(见图6.19、图 6.20)。

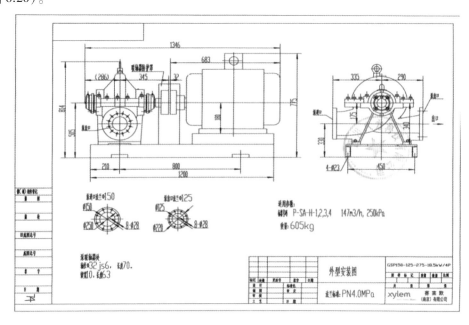

图 6.19　设备尺寸详图示例(水泵)

A1标段端吸泵力和力矩数据			进口					出口				
序号	标签号码	更新型号	Fymax (N)	Fzmax (N)	Fxmax (N)	ΣFmax (N)	ΣMmax (N.m)	Fymax (N)	Fzmax (N)	Fxmax (N)	ΣFmax (N)	ΣMmax (N.m)
2	WCP 14,15,16,	e 1610 6D 37KW-4P	1900	2300	2100	3700	1700	1400	1800	1500	2700	1300
4	WCDP 14,15,16,	e 1610 8D 45KW-4P	6800	8400	7500	13100	6600	3800	4700	4200	7300	3400
5	DSP 11,12	e 1610 6C 22KW-4P	1900	2300	2100	3700	1700	1400	1800	1500	2700	1300
6	DSP 13,14	e 1610 6C 22KW-4P	1900	2300	2100	3700	1700	1400	1800	1500	2700	1300
7	TSP 11,12,13	e1610 3.25C 7.5KW-	1000	900	1200	1800	900	700	900	800	1400	800
8	HPEP-11,12,13	e 1610 2.5B 3KW-4P	800.0	700	900	1400	800	600	700	600	1200	800
9	PHWP-11,12,13	e1610 4A 4KW-4P	1100	1400	1200	2200	1100	900	1200	1100	1800	900
10	HWSP-11,12,13	e1610 2.5A 1.5KW-4P	800	700	900	1400	800	600	700	600	1200	800
11	SHWP-11,12,13	e1610 2.5C 4KW-4P	800	700	900	1400	800	600	700	600	1200	800
12	HWFP-11、12	5HM05N07T5RVBE	水泵为丝扣连接无力和力矩数据要求									
13	FCDP-11,12,13,14	e 1610 5C 15KW-4P	1400	1800	1600	2700	1300	1100	1400	1200	2200	1100
14	FCP-11,12,13,14	e 1610 5C 15KW-4P	1400	1800	1600	2700	1300	1100	1400	1200	2200	1100
15	CTMUP-11,12	e 1610 3.25D 15KW-	1000	900	1200	1800	900	700	900	800	1400	800
17	P-P-E-6,7	e16103.25D 11KW-	1000	900	1200	1800	900	700	900	800	1400	800
20	P-HT-L-1,2,3	e1610 4C 11KW-4P	1100	1400	1200	2200	1100	900	1200	1100	1800	900
26	P-SA-L-1,2,3	e 1610 2.5C 5.5KW-	800	700	900	1400	800	600	700	600	1200	800
27	P-SA-HW-1,2,3	e1610 1.25AS 3KW-	500	500	600	900	700	300	400	300	600	600
28	P-HT-HW-1,2,3	e1610 1.25AS 3KW-	500	500	600	900	700	300	400	300	600	600

图 6.20　管道进出口力矩数据示例（水泵管道）

②收集管道材质信息，包括管道外径、壁厚、材质、保温厚度、保温材质、设计压力、操作温度、设计温度。

③收集阀门信息，包括阀门的类型、阀门尺寸、重量、压力等级等。

④通过 CAESAR-Ⅱ 软件对管道及设备建模，添加支撑点及支撑形式，将收集到的相关信息录入模型参数设置中，并进行应力计算（见图 6.21、图 6.22）。

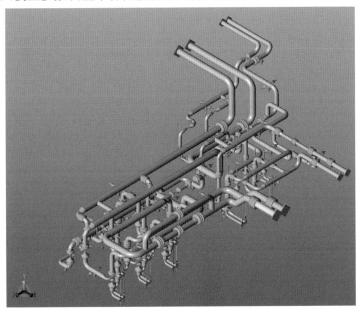

图 6.21　CAESAR-Ⅱ 软件对管道及设备建模

⑤出具支架点位图。根据计算结果进行优化选型，绘制支架点位图及支架大样图，支吊架的选型、布置应符合设计和有关技术标准的要求（见图 6.23）。

⑥支架制作与安装。支架制作安装以应力计算结果为准。支架如图 6.24 及图 6.25所示。

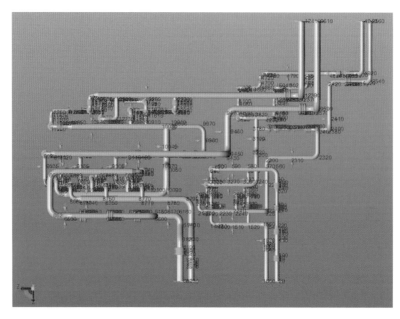

图 6.22　管道应力计算

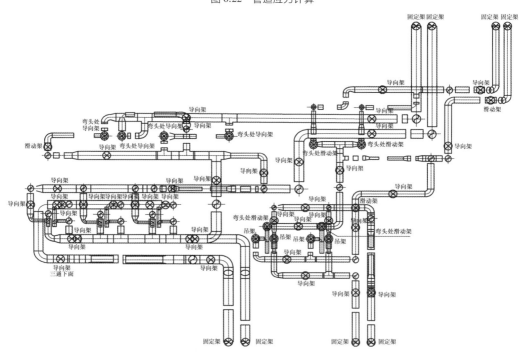

图 6.23　支架单位图示例

　　支吊架连接采用焊接方法,焊接要求应符合焊接的质量标准,支架与结构连接位置牢固可靠。

　　管道支吊架安装前要应检查预留孔洞或预埋钢板的标高及位置是否合理并符合要求,预埋钢板上的砂浆或油漆应清除干净。支架本体找标高后误差不得超过 3 mm,

使用钢板调误差,不允许使用垫多片四氟垫片的办法调整标高。

保温管道支吊架应设置在保温层外部,支架处的保温应随支架一同安装,并在支吊架与管道之间使用聚四氟乙烯板隔离冷桥减小摩擦力。

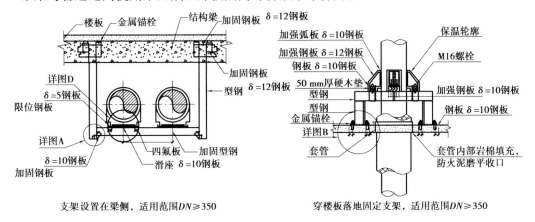

图 6.24　支架大样图示例

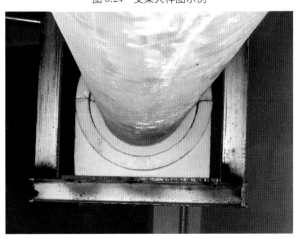

图 6.25　支架实例图

⑦管道预制分段加工。管道预制分段要便于安装,同时应尽量减少焊缝数量。两条环焊缝之间的距离应该不小于 6 倍的管道壁厚或 50 mm 两者之间的较大值。

管道、管件的坡口采用 V 形坡口,坡口具体选用形式及尺寸按照规范 GB 50236—2011 进行,如图 6.26 所示。坡口加工采用机械加工或氧气-乙炔火焰热加工,坡口必须打磨去除油脂等污染物且露出金属光泽,尤其是氩弧焊打底时,管道坡口内外壁均应打磨,且不小于 30 mm。

碳素钢和合金钢焊条电弧焊、气体保护电弧焊、自保护药芯焊丝电弧焊和气焊的坡口形式与尺寸

序号	厚度 δ（mm）	坡口名称	坡口形式	坡口尺寸			备　注
				间隙 c（mm）	钝边 p（mm）	坡口角度 $c(β)$（°）	
1	1~3	I 形坡口		0~1.5	—	—	单面焊
	3~6			0~2.5			双面焊
2	3~9	V 形坡口		0~2	0~2	60~65	—
	9~26			0~3	0~3	55~60	

图 6.26　管道坡口选型规范截图

⑧管道连接安装。管道现场安装有两种连接方式，分别为焊接与法兰连接，如图6.27 及图 6.28 所示。

图 6.27　管道硬连接实例图

图 6.28　设备与管道硬连接实例图

　　a.焊接。焊接类型为钨极氩气保护电弧焊-电弧焊联合焊接(简称"氩电联焊")。氩电联焊为手工焊接,氩弧焊为首道打底焊缝,电弧焊为盖面焊缝,焊接管道口径范围覆盖本工程所有尺寸管道厚度。

　　管道焊接前,应将管道接口处清理干净并采用对口型式组对,管子端面与管子轴线垂直,偏斜值最大不超过 1.5 mm。先将两管端部点焊牢,管径 100 mm 以上点焊 4点,对焊焊缝的错边量不大于管道壁厚的 10% 且不大于 2 mm。若因管道椭圆度问题引起管道对口错边严重,应将管口修正至要求的范围内再进行点焊组对。

　　固定焊口的焊接,应自下而上进行,引弧位置的焊接横焊应该错开 20 mm 以上,焊接固定焊口和横口时,应采用短弧(2~3 mm)焊接。焊成的焊缝应有一定的加强面。

　　管道施焊时,每道焊波的宽度不宜大于焊条直径的 2~3 倍,高度不大于 5 mm,一层接一层,每层保证焊波熔合良好。管道焊接后,应立即去除焊接药皮、飞溅等,清理焊缝表面,焊缝表面不应有烧穿、裂纹、结瘤、夹渣、气孔等缺陷。

　　管道接口应牢固,焊缝要有一定的深度、宽度并有一定的保护高度。为确保焊接质量,管内应清洁,管内接口应平滑,避免焊渣、飞溅滞留管内。焊接完成后依据焊缝编号方案对每道焊缝进行编号标记,以便探伤检测。管道编号如图 6.29 所示。

图 6.29　管道焊缝编号示意图

　　b.法兰连接。本项目法兰中 DN600 及以下采用带颈平焊法兰,DN600 以上采用带颈对焊法兰,密封面均为凸面;法兰垫片采用成品丁腈橡胶垫片;螺栓为外六角镀锌螺栓。法兰大样图如图 6.30 所示。

　　管材与平焊法兰盘焊接,应先将管材插入法兰盘内,点焊后用角尺找正、找平后再满焊。法兰盘应两面焊接,其内侧焊缝不得突出法兰盘密封面,其法兰内侧(法兰密封面侧)角焊缝的焊脚尺寸应为支管名义厚度与 6 mm 两者中的较小值;法兰外侧角焊缝的最小焊脚尺寸应为支管名义厚度的 1.4 倍与法兰颈部厚度两者中的较小值。平焊法兰连接如图 6.31 所示。

　　法兰安装时,检查法兰密封门及密封垫片,不得有划痕、斑点等缺陷。

　　法兰安装应与管道同心,并应保证螺栓自由穿入,法兰螺栓孔应跨中安装,法兰间应保持平行,不得用强紧螺栓的方法消除歪斜,且螺栓需根据实际情况采取相应的防腐措施。

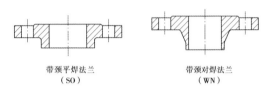

带颈平焊法兰　　　　　　　　带颈对焊法兰
（SO）　　　　　　　　　　　（WN）

图 6.30　管道法兰形式

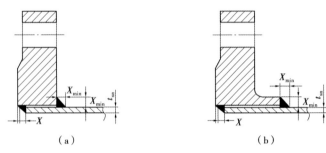

（a）　　　　　　　　　　　　　（b）

t_{sn}—直管名义厚度；X—角焊缝焊脚尺寸；X_{min}—角焊缝最小焊脚尺寸

图 6.31　平焊法兰与管道连接（GB 50235—2010）

　　法兰连接应使用同一规格螺栓,安装方向由内到外。螺栓对称紧固,紧固后与法兰紧贴,不得有楔缝。所有螺母全部拧入螺栓,且紧固后的螺栓与螺母宜齐平,露出 2~3 丝为宜。法兰垫片不允许使用双层垫片,垫片厚度按技规执行。法兰安装应与墙留有一定的空间便于维修。

　　法兰安装完成后,根据标准校核是否合格,不合格应拆卸重新安装,直到达标为止。法兰连接如图 6.32 所示。

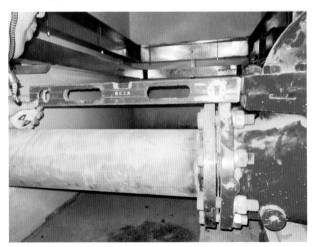

图 6.32　法兰连接实例图

　　⑨连接参数验证及检测。设备及管道安装施工完成后,需按照规范要求进行质量检查。保证安装工艺及安装效果满足规范及设计要求。

6.4　大型综合体机电工程施工协调

（1）与总承包单位的协调配合

表 6.3　与总承包协调配合内容

序号	协调重点	协调配合内容
1	深化设计	1.组织机电技术人员与总承包技术人员进行相互间的技术交底,以便相互了解工程的总体情况和各专业的具体状况。 2.编制机电深化设计的实施配合方案,制备机电综合管线图,配合总承包方完成综合预留预埋图。 3.机电大型吊装方案及设备基础与建设总承包单位共同完成,总包单位提供参考意见。 4.技术资料的管理及整理与总承包单位同步,以便各施工阶段各级领导的检查,保证项目的完整性。
2	施工作业面	1.现场统一服从于总承包项目的现场管理要求,共同协调管理。 2.与总承包方共同确定土建、机电工作面移交计划,建立"机房优先""机电作业面优先"的工作原则,优先为机电安装提供楼层工作面、管井竖井内工作面。尽早完成工序交接工作,并按时交回工作面给其他承包单位。 3.与总承包单位定期开展现场安全文明施工检查,接受建设总承包单位的检查意见。
3	计划管理	1.每周、每月、每季定期收集其他机电专业的计划,将我方的施工进度计划报告给总承包单位,并取得其相关的进度计划,以便协调双方的进度,使进度同步。 2.总承包参加机电施工进度分析会,共同协商改进方法。 3.定期与总承包制订新的工期网络计划,并报业主及相关方,以使各方能很好地对工程进度进行监督。
4	临水临电	1.与总承包方就现场临时用水、调试用水等进行协调。 2.与总承包方就现场临时用电、施工机具用电、调试用电等进行协调。
5	施工机具	1.与总承包方对涉及现场施工的施工电梯、塔吊、脚手架、吊篮等进行协调。 2.大型设备及材料进场及吊装时间汇总成计划表,再与总承包单位协商,安排使用。
6	与相关单位检查验收工作	1.在过程中配合总承包方完成政府相关部门进行的质量、安全等方面的检查验收工作。 2.与总承包单位定期开展现场质量检查,并开展质量竞赛。

续表

序号	协调重点	协调配合内容
7	成品/半成品保护	1.协商相关部位的施工工序,以达到一次成品的施工目的。 2.编制成品/半成品保护方案,与总承包方在综合机电专业分包已完成的成品/半成品保护方面进行协调。
8	LEED认证管理	1.对机电专业或施工范围的LEED认证管理负责,同总包共同制订、实施专项管理方案,以满足认证目标的要求。 2.接受总承包方的统一管理与监督。

（2）与业主的协调配合

表6.4　与业主配合事项

序号	协调重点	协调配合内容
1	工程管理	1.严格执行业主的决议,服从业主的管理。 2.根据业主对工程施工的意见,对业主提出的问题及时予以答复、处理,不断改进现场工作。
2	施工协调	1.定期通过总承包单位向业主汇报工程进展情况,沟通解决工程进展过程中所涉及的相关问题。 2.在业主的统筹管理下协调解决与其他分包单位间的相关问题。 3.依据合同文件通过总承包单位及时向业主提供材料设备厂家资料,供业主审批。
3	技术管理	积极配合工程修改、方案确定、技术论证,提出建议。

（3）与设计、顾问公司的协调配合

表6.5　与设计、顾问公司配合事项

序号	协调重点	协调配合内容
1	深化设计	1.设置专门的协调部门,与设计、顾问公司协调解决施工中的相关技术问题。 2.及时绘制综合管线图提供给总承包单位,并及时跟进图纸审批进度,保证现场工期进度要求。 3.积极参加设计交底,进行设计、施工方面的工程技术协调。 4.定期组织商讨相关技术问题,并及时联系设计、顾问协商解决。
2	材料设备	依据合同文件通过总承包单位及时向顾问提供材料设备厂家资料,供顾问审批。
3	现场施工	积极主动向设计、顾问汇报项目实施情况,征询其对工程施工过程中的各项意见及建议,有效地实施优化的方案及措施。

序号	协调重点	协调配合内容
4	资料管理	1.确保对设计、顾问公司呈报资料的准确,及时为设计、顾问公司决策、管理提供有效的基础数据,按时上报日报、月报、季度报。 2.现场各项测量资料、项目监测结果反馈、工况计算资料等及时递交业主及设计顾问,供专业顾问公司随时查验。

(4)与监理公司的协调配合

表6.6　与监理公司协调配合事项

序号	协调重点	协调配合内容
1	质量安全	1.积极主动配合监理解决施工中所涉及的质量、安全等方面的问题。 2.服从监理在质量控制、安全控制上的管理。
2	技术方案	根据工程进展,及时将相关技术方案报监理审批。
3	材料设备	1.依据合同文件通过总承包单位及时向监理提供材料设备厂家资料,供监理审批。 2.及时向监理报送材料设备样品,供监理审核。
4	现场验收	1.积极主动联系监理公司进行过程中的验收工作。 2.建立健全的"三检"制度,检验合格后报监理,经监理验收合格后方可进行下道工序施工。
5	监理例会	配合监理例会的开展,积极传达、落实监理例会精神及决议。

(5)与精装修单位的协调配合

表6.7　与精装修单位协调配合事项

序号	协调重点	协调配合内容
1	深化设计	1.与业主沟通,机电设计人员全程参与精装修布局设计阶段的设计,使双方人员及时了解工程各部位的装修要求,以便更好地对各专业进行深化设计,并及时调整。 2.做好精装二次平面的布局深化工作,调整图纸,使各部位的天花图、墙面图、大样图达到最佳的效果,并得到业主方的认可。 3.了解工程各部位空间的标高要求,与精装单位配合,满足设计要求。机电提前进行线路排布,合理安排施工布局,以免造成不必要的返工,达到节省工期的目的。

续表

序号	协调重点	协调配合内容
2	现场配合	1.及时与精装修及其他专业分包单位管理人员及现场施工人员取得联系,经常进行施工要求方面的交流,以使工作人员之间比较了解。 2.在施工过程中,相互提醒对方需要注意的方面,遇到比较难解决的问题,相互商量,达成一致。 3.在同一个场地施工时,做好各自的材料堆放,合理划分管理区域,做到材料堆放整齐、不零乱,达到文明施工的要求。
3	施工工序	1.各方就关键部位的施工工序进行针对性的沟通,达成一个有效的施工工序流程,报业主及监理方审批,以作为双方施工的依据。 2.需要进行特殊部位施工工序流程编制的部位有:a.卫生间的施工;b.装修隔墙的施工;c.有特殊布置墙面的施工;d.天花施工;e.综合管线的布置等。 3.在特殊部位工序施工流程中,要标明先做哪道工序、做到什么程度再做下道工程、每道工序的施工时间及施工时对上道工序的保护等。
4	现场成品保护方面	1.与各单位共同制订成品保护方案。 2.与总承包联合组织,各施工单位共同组成现场成品保护小组。 3.施工时,在保护好本单位的施工产品时,同时对其他单位的产品进行保护,相互照看。
5	界面划分及移交	1.与精装修确定工作范围、工作界面、接驳点的标高等参数。 2.制定施行工序交接单,每完成一道工序,验收合格后,与下一道工序的施工单位进行中间交接,并由双方签字。

(6)与其他专业分包单位的协调配合

表 6.8   与其他专业分包单位协调配合事项

序号	专业系统	相关专业	协调配合内容
1	给排水系统	消防工程	确定工作界面及接驳点,为各喷淋控制阀房内及各消防水泵试压/泄压排水口提供给水接驳口及消防系统排水管。
2		园林绿化	协调园林范围的供水点及排水点的最终位置。
3		幕墙及铝合金门窗工程	协调幕墙范围的供水点及排水点的最终开孔及回填位置,及双方交接驳口的准确位置。
4		电梯系统	协调电梯井道内及井坑内排水系统的管道走向、排水泵检修空间及相关配件的定位,以确保日常操作及日后维修保养工作能顺利进行。
5		擦窗机系统	协调擦窗机工作用水点位置。
6		独立供应商	协调确定水泵及热交换设备的参数、型号及进场时间。

序号	专业系统	相关专业	协调配合内容
7	空调系统	消防工程	确定工作界面及接驳点,协调双方的楼宇中央管理系统交接驳口,议定准确的接驳点位置。
8		园林绿化	协调园林范围的进风及排风百叶的最终位置。
9		幕墙及铝合金门窗工程	协调所有百叶开洞位置、尺寸、压力要求及净空间比率。
10		电梯系统	就电梯机房内有关设备散热量的数据进行复核;协调双方交接驳口的准确位置。
11		独立供应商	协调复核冷水机组、冷却塔、AHU 的参数、型号及其进场时间。
12	电气系统	消防系统及消防火灾自动报警系统	确定工作界面及接驳点,协调与消防系统及消防火灾自动报警系统交接驳口的准确位置及双方的工作接口。
13		燃气系统	供应、安装及接驳应急电源电缆从配电箱至快速式切断阀、燃气泄漏报警及控制屏旁的供电点;为以上各相关设备提供接地装置完成接地系统;协调议定双方的交接驳口的准确位置。
14		电梯系统	协调电梯电源接驳口的准确位置并提供电源给电梯。
15		擦窗机系统	协调擦窗机所需供电点的准确位置及双方的工作接口。
16		音响视频会议设施	协调相关负荷开关或配电箱交接驳口,议定准确位置及双方的工作接口。
17		信息技术设施	协调电源电缆从低压配电屏或配电箱至信息技术设备,包括所需配电箱、断路器、线管、电缆、负荷开关及插座等交接驳口准确位置及双方的工作接口。
18	电气系统	调光系统	协调调光系统电源电缆从低压配电屏或配电箱至调光系统的负荷开关或配电箱交接驳口准确位置及双方的工作接口。
19		高压配电系统	协调变配电房内安装的高低压电缆桥架走向,并就双方的交接驳口议定准确位置及双方的工作接口。
20		弱电系统	协调弱电桥架走向,并就双方的交接驳口议定准确位置及双方的工作接口。
21		独立供应商	协调复核配电箱/柜的参数及进场时间。

（7）与运营单位的协调配合

表 6.9　与运营单位协调配合事项

序号	协调重点	协调配合内容
1	现场协调	1.协调机电各专业在竣工移交及工程入驻前期,现场保留合适的劳动力,配置各专业人员,并保留易损配件、材料,及时有效地提供维保服务。 2.对运营单位相关工作人员进行必要的培训。
2	移交运营节点	1.提前进行机电深化设计。针对商场提前运营,在进行裙楼深化设计的同时,建议业主及运营单位,在相应位置增加塔楼的专用检修口以及专门的施工通道,减少商场提前运营后对塔楼施工的影响。 2.增加施工作业班组,形成多个楼层同时施工的局面,保证机电工程施工进度。 3.积极协调地下室提前通水、通电。 4.提前进行各专业系统调试及消防联动调试,联系公安消防机构进行消防工程验收。
3	移交计划	1.确定移交工作面,保证顺利移交。 2.积极参加总承包单位组织的总包物业移交会议,协调机电系统相关物业移交问题。 3.与运营单位协调编制物业移交计划,包括设备机房提前使用,物业移交计划。
4	成品保护	与运营单位就装修期间我公司的成品保护工作进行协调。
5	后期维保	1.组建维保小组,在维修保养期内,针对出现的质量问题积极配合运营单位协调解决。 2.保修年限外,定期电话、实地回访。

（8）与租户的协调配合

表 6.10　与租户协调配合事项

序号	协调重点	协调配合内容
1	移交内容	与各租户就前期合同范围内移交尺寸及要求进行现场确认。
2	现场变更	1.积极应租户需求洽商有关改动工程,满足租户所需。 2.应租户要求进行一些在"租户工程量清单"内没有列明的项目时,共同协商有关项目的造价。
3	质量保证	定期与租户对现场作业面进行检查,确保质量,做好成品/半成品保护工作。
4	移交计划	与租户洽商,编制移交计划,确保按时交接。
5	后期维保	组建维保小组,在维修保养期内,针对出现的质量问题积极配合整改;保修期外,同样积极配合。

（9）项目不同标段的协调配合

表 6.11　项目不同标段协调配合事项

序号	协调重点	协调配合内容
1	界面划分	由总承包单位牵头，积极联系各个标段的负责人，就土建、机电、精装修等进行界面划分确定。
2	深化设计	1.深化设计时相互协调配合，确保各系统参数、管道位置等方面保持一致。 2.各单位以本标段为主导，积极与其他标段协调各个系统相关接驳口，复核标高等各参数。
3	物料管理	1.相互沟通，统一相关材料参数，协调材料进场计划。 2.协调物料堆放场地。 3.组织协调材料报审。
4	进度计划	各单位以本标段进度为主导，收集其他标段进度计划，积极与其协调施工进度计划相关内容，合理有效率地进行施工作业。
5	联合调试	根据验收需要，机电相邻标段统一分阶段进行联合调试，确保相关功能完整。
6	质量配合	机电各标段共同管理现场质量安全，共同组织例行检查，相互监督，实行统一管理制度。
7	协调例会	各标段定期召开协调会议，沟通解决现场有关问题。

第7章

BIM 技术应用与创新

7.1 BIM 实施策划及标准

1）编制说明及编制依据

（1）编制说明

为了将 BIM 技术成功实施在重庆来福士广场 A 标段项目工程上，项目制订了施工阶段的"重庆来福士项目 BIM 实施计划书"（以下简称"BIM 实施计划书"）。

BIM 实施计划书定义了 BIM 技术在重庆来福士广场项目施工阶段的应用方向（如深化设计协调、碰撞检查、施工模拟等），及实施要求。施工过程中，施工总承包单位和各分包单位需严格遵守 BIM 实施计划书中制订的执行方案。

（2）BIM 实施计划目标

为使项目 BIM 实施目标顺利完成，需要各分包单位积极配合总承包 BIM 工作。要求综合机电、幕墙等分包单位进场时，要各自制订相应的 BIM 执行计划，并报与业主和总包单位进行审核。

（3）BIM 组织架构及职责分工（见图 7.1）

2）项目施工阶段各参与方 BIM 职责分工

（1）业主单位

作为项目 BIM 实施的发起及最终成果使用方，业主负责组织管理本项目的 BIM 实施工作，并在合同中规定各参建方所需承担的相关内容，监督施工阶段各参与方的 BIM 执行情况，并管理各参与方提交的 BIM 成果。

（2）顾问单位

各顾问方和总承包积极参与施工过程中的 BIM 工作，设计顾问的 BIM 职责详见下面流程图。

作为本项目的 BIM 顾问，应依据合同约定，及时将 BIM 模型移交给总承包单位，配合总承包单位的 BIM 工作，同时对总包及其他分包的 BIM 模型及其信息进行监督管理。

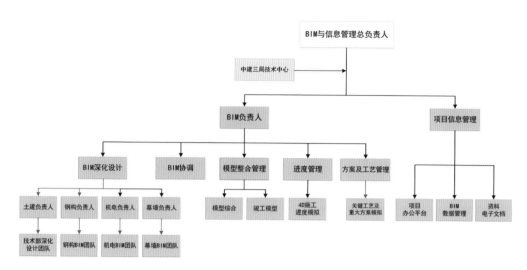

图 7.1　施工阶段 BIM 组织架构

（3）总承包单位

作为项目总承包单位，负责合同范围内的管理、协调，并整合各专业承包单位 BIM 模型，同时对业主提供的 BIM 模型进行施工阶段的深化、更新和维护，并将 BIM 最新的成果指导现场施工。

（4）各分包单位

作为项目的专业承包单位，依据合同要求建立项目所需的 BIM 模型，并进行自身范围内的 BIM 维护、管理、汇总模型及使用的族文件等工作。各分包单位需提供施工深化设计模型及图纸，参加每周的施工协调会议，协助总承包单位进行施工模型冲突检查及协调，并及时对模型进行维护与更新。

（5）其他参与方

作为本项目的其他参与方，在合同范围内，完成本项目 BIM 要求对应的工作。按照合同规定，与项目其他参与方使用 BIM 进行信息协同，提供相应的 BIM 应用成果（包含族库）。

3）总承包 BIM 实施管理流程

总承包 BIM 实施管理流程见图 7.2。

4）总承包 BIM 综合协调管理制度及流程

（1）BIM 综合协调管理制度

模型的综合协调拟订每周二和周五进行，在每个区域施工前 1 个月第一周的星期一，各专业分包需向总承包单位提交深化设计模型，并配合总包单位完成总体模型汇总、碰撞检测，查找问题并列出问题清单。第二周主要工作是综合协调，第三周协同的结果得到业主认可后出施工图并进行下一步结构的综合协调。以此类推。

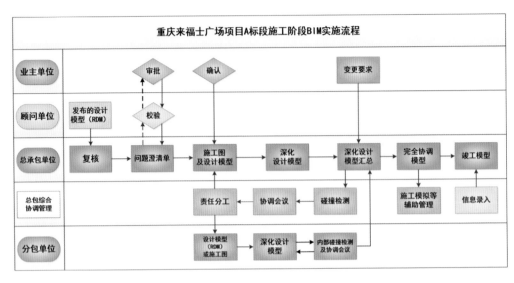

图 7.2　总承包 BIM 实施管理流程

（2）BIM 综合协调各专业分包管理流程

BIM 综合协调各专业分包管理流程详见图 7.3~7.5。

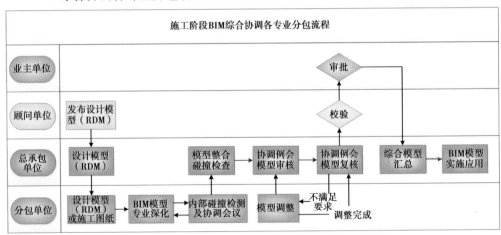

图 7.3　总承包 BIM 综合协调各专业分包管理流程

总包会牵头组织 BIM 阶段验收会,由业主、BIM 顾问、总包 BIM 团队、分包 BIM 团队共同参加。总结各阶段各方取得的 BIM 成果、工作中存在的不足,并商讨制订各方下一段的 BIM 工作计划。

5）项目 BIM 标准要求

（1）基点、标高和单位

《RCCQ 总包 BIM 执行方案》中规定了 BIM 模型的基点、标高。各分包商在施工深化设计过程中需严格遵守。

各分包单位施工深化模型需使用项目统一的轴网、标高的模板文件,模板文件为 Revit 和 AutoCAD 格式,各分包导入模板文件需使用"原点—原点"方式。

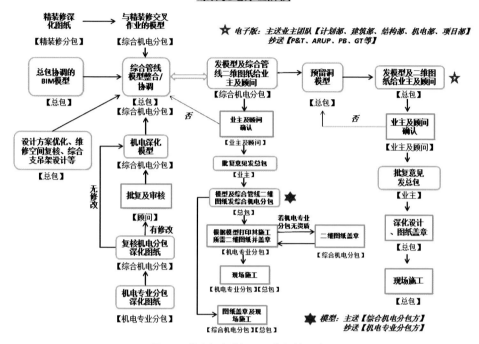

图 7.4　综合机电分包 BIM 协调管理流程

幕墙分包阶段

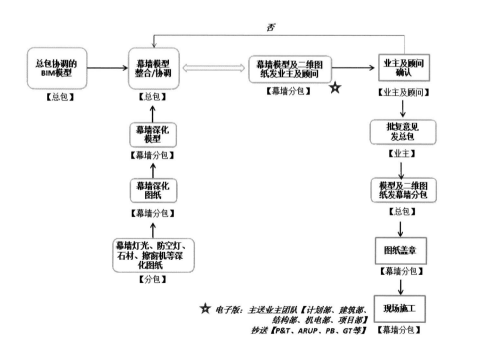

图 7.5　幕墙分包 BIM 协调管理流程

（2）模型颜色编码

①建筑及结构模型颜色编码详见图 7.6。

			red	green	blue	hexadecimal
Architecture						
	wall	建筑墙	255	255	255	#ffffff
	finishing	建筑完成面	采用材质颜色(material color)			
	furniture	家居摆设	采用材质颜色(material color)			
	loose furniture	活动家居	采用材质颜色(material color)			
Structure						
	beam	梁	255	204	0	#ffcc00
	column	柱	153	153	153	#999999
	slab	楼板	153	153	153	#999999
	core wall	核心筒	204	255	255	#ccffff
	stair	楼梯	153	153	153	#999999
	ramp	斜坡	204	204	204	#cccccc

图 7.6　建筑及结构模型颜色编码

②综合机电分包模型颜色编码详见图 7.7。

Name of Pipe 管道的名称	RGB 三原色	Name of Pipe 管道的名称	RGB 三原色	Name of Pipe 管道的名称	RGB 三原色
Cold, hot water supply pipe 冷热水供水管	255,153,0	Fire hydrant pipe 消防栓管	255,0,0	High-Voltage electrical cable tray 强电桥架	255,0,255
Cold, hot water return pipe 冷热水回水管		Automatic fire sprinkler system 自动喷淋灭火系统	0,153,255	Low-Voltage electrical cable tray 弱电桥架	0,255,255
Chilled water supply pipe 冷冻水供水管	0,255,255	domestic water pipe 生活给水管	0,255,0	Fire services cable tray 消防桥架	255,0,0
Chilled water return pipe 冷冻水回水管		Heating water pipe 热水给水管	128,0,0	Kitchen Exhaust Smoke 厨房排油烟	153,51,51
Cooling water supply pipe 冷却水供应管	102,153,255	Waste water-gravity 污水-重力	153,153,0	Exhaust Smoke 排烟	128,128,0
Cooling water return pipe 冷却水回水管		Waste water-pressure 污水-压力	0,128,128	Exhaust air 排气	255,153,0
Heating water supply pipe 热水供水管	255,0,255	Gravity -waste water pipe 重力-废水	153,51,51	Fresh Air 新风	0,255,0
Heating water return pipe 热水回水管		Pressure- waste water pipe 压力-废水	102,153,255	Positive pressure Air Supply System 正压送风	0,0,255
Condensing water pipe 冷凝水管	0,0,255	Rainwater pipe 雨水管	255,255,0	AC Return Air 空调回风	255,153,255
Refrigerat pipe 冷媒管	102,0,255	Ventilation pipe 通气管	51,0,51	AC Supply Air 空调送风	102,153,255
AC refill pipe 空调补水管	0,153,50	Flexible water pipe 软化水管	128,128	Air Intake/refill 送风/补风	0,153,255
Expandable water pipe 膨胀水管	51,153,153				

图 7.7　综合机电分包模型颜色编码

③综合幕墙分包模型颜色编码详见图 7.8。

塔楼颜色编码	RGB三原色
金属面板	255,255,255
玻璃板	0,255,255(50%透明度)
裙房颜色编码	RGB三原色
石材面板	255,128,128
装饰条	255,255,255
玻璃板	0,255,255(50%透明度)
其他部分	按材质颜色

图 7.8　综合幕墙分包模型颜色编码表

（3）模型转交流程

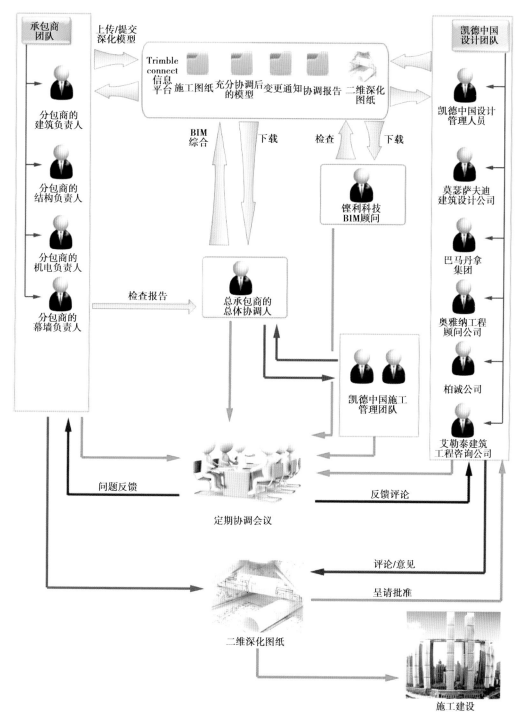

图 7.9　顾问驻场阶段 BIM 施工阶段流程图

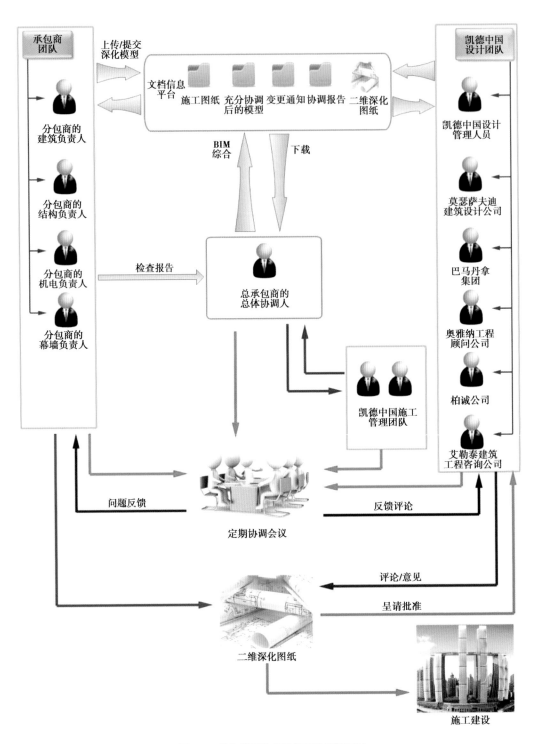

图 7.10　总包管理的 BIM 施工阶段流程图

图 7.9 为业主 BIM 顾问驻场阶段项目 BIM 交付过程流程图。在项目特定信息和要求的基础上,该过程计划按照图 7.9 流程实施(可根据实际情况进行微调)。图 7.10 为在 BIM 顾问离场以后总包管理的 BIM 管理流程图。基于项目特定的信息和需求,该过程计划按照图 7.10 流程实施(可根据实际情况进行微调)。

(4)竣工信息管理

根据业主对竣工验收阶段 BIM 工作的要求,在施工阶段确定的设备信息,各分包需及时添加入 BIM 模型,对施工过程中产生的变更,各单位需及时更新 BIM 模型。

在施工区域竣工后一周内,各专业分包需向总承包单位提交竣工模型和相应竣工信息,总承包单位在每区域竣工后 20 d 内将所有模型与信息整合。模型构件所包含信息需包括设备参数、厂商资料、保修年限等。如分包单位使用 Revit 或其他任何 BIM 软件,总承包单位和分包单位可直接将信息作为参数添加至模型中。

BIM 竣工模型综合平台为 Naviswork。竣工信息的录入方式包括模型直接导入和外部链接。对于竣工 BIM 模型构件中已有的信息,总承包单位将直接导入至综合模型平台;对于无法直接在模型中添加的信息,如图纸、报告等,总承包单位协调各分包单位将信息整理为电子文档,并上传至业主指定 aconex 平台,再将文档地址链接于模型中。

7.2　BIM 综合技术应用

1)基于 BIM 的技术管理

(1)施工图审核及优化

项目在设计阶段提前介入并开展图纸审核工作。利用 BIM 模型直观可视化的优点,对设计院提供的施工图审核并优化。截至主体结构施工阶段,审查图纸及模型 350 余份,主要问题 1 000 余项;提出优化建议 350 余项。项目 BIM 模型见图 7.11,项目基于 BIM 的施工图审核及优化见图 7.12。

图 7.11　项目 BIM 模型

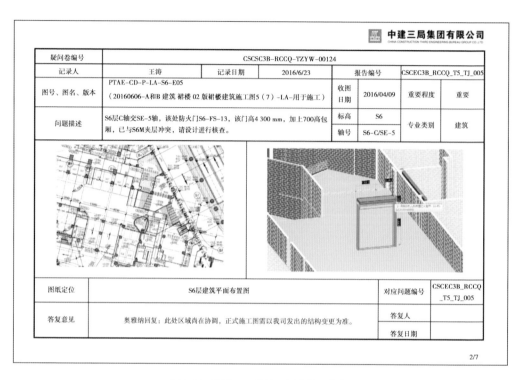

图 7.12　基于 BIM 的施工图审核及优化

（2）施工图深化设计

项目采用 Revit 软件结合钢结构 tekla 软件进行土建复杂钢骨梁柱节点钢筋深化设计。使用 Revit 软件将劲性混凝土复杂节点的 tekla 模型导出的 IFC 链接后，进行钢筋连接深化。对于不能穿过的钢筋深化套筒或连接板等连接方式。深化完成后将审核通过后的复杂钢筋节点对现场管理人员及工人进行交底，确保深化的复杂钢筋节点能够准确地施工。深化设计过程见图 7.13、图 7.14。

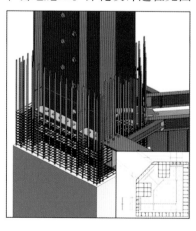

梁柱复杂节点钢筋深化设计

图 7.13　复杂钢骨梁柱节点钢筋深化

使用 Revit 软件针对项目复杂的塔楼坑中坑进行深化设计，将深化后的 BIM 模型用于现场工人技术交底,保障现场深基坑开挖过程中的标高控制及施工安全。使用 Revit mep 对项目机电进行主体结构预留预埋深化设计,将深化过程的暖通、电气、给排水等专业的管线进行管线综合排布,发现问题及时进行专业间的沟通及协调,将最新协调完成后的综合排布深化出具深化设计图纸,指导现场施工。机电安装的深化过程见图 7.15。

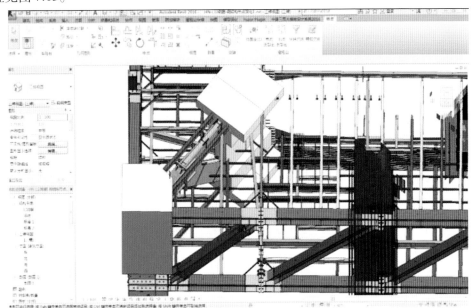

图 7.14　复杂钢骨梁柱节点构造深化

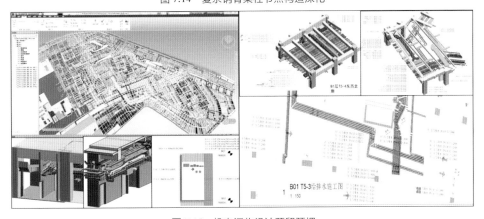

图 7.15　机电深化设计预留预埋

利用相关软件自动识别管线最低点位置,并出具结构净高分析报告给业主及建筑顾问,及时调整管线排布。净高分析报告见图 7.16。

项目采用 tekla 软件对项目塔楼、裙楼及空中连廊的钢结构进行深化设计及出图,并将复杂施工节点进行细化后导入 Midas 软件中,进行结构应力应变复核。将复核合格后的结果及深化设计模型通过项目云管理平台发给钢结构分包进行节点深化,深化后的 BIM 模型用于指导工厂预制加工。基于 BIM 的钢结构深化设计见图 7.17、图 7.18。

图 7.16　结构净高分析报告

图 7.17　钢结构深化设计

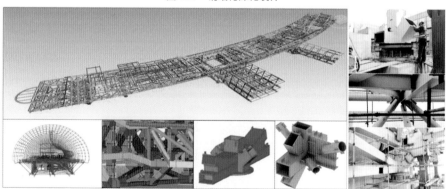

图 7.18　空中连廊钢结构深化设计

　　幕墙使用犀牛进行点窗节点深化、弧形风帆铝板幕墙深化及空中连廊螺旋异形曲面幕墙整体的深化设计,并出加工图纸。将出具的料单及加工图纸直接输入到设备机床上进行现场幕墙边框的加工及制作。幕墙的深化设计见图 7.19。

　　2) 复杂施工方案分析模拟

　　本工程结构复杂,施工难度大,对技术方案要求高。为满足现场施工需要,项目利用 Revit、Navisworks 及 3Dmax 等 BIM 软件对复杂的施工方案进行精细化建模,并通过

Navisworks 软件进行查看讨论,将讨论得到的初步结果进行施工预模拟或施工预建造(见图 7.20)。将模拟过程中发现的问题及时进行反馈并修正,将预实施的方案进行优化,提前预判实施过程中的安全及质量问题,从而提高了技术方案的深度及科学性。

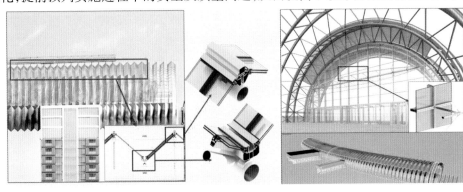

图 7.19　幕墙深化设计

图 7.20　施工方案模拟

3)基于 BIM 的进度及总平面管理

(1)基于 BIM 的进度考核管控

利用 BIM 模型结合项目 P6 进度管理软件,分阶段进行现场施工 4D 模拟。首先通过 P6 阶段性的提取先锋线预警的进度计划,将提取后的进度计划关键节点作为 4D 模拟的重点监控对象。BIM 模型按照现场的总平面分区进行建立,4D 模拟过程中对分区模型与进度节点进行关联,检查无误后进行 4D 模拟(见图 7.21)。对模拟过程中发现进度滞后的节点进行追踪并及时纠偏。将最终的进度节点及时反馈给施工现场,并敦促现场采取相应的进度管理措施避免进度的滞后,保证项目进度目标的实现。

(2)BIM+航拍的总平面管理

本工程场地狭小,场平布置异常困难。项目将无人机拍摄的高清视频及图片,通过 ContextCapture 软件建立现场的实际总平 BIM 模型,并与原有总平 BIM 模型对比,根据现场实际情况及时进行调整,保障总平管理的科学性及合理性。

项目航拍无人机可以做到无死角拍摄,对现场高处临边、悬挑架结构外立面、大型设备尖端部危险区域等盲区进行监控。通过航拍无人机的高清摄像头将拍摄的画面实时传输到地面,可进行多角度拍照或视频录制,从而实现了现场全过程、全方位、全覆盖安全监管(见图7.22)。

图 7.21　施工 4D 模拟

图 7.22　BIM+航拍辅助现场总平管理

4)基于 BIM 的物资管理

(1)混凝土精细化管理

利用 Revit 模型算量软件,按照楼层统计每次需浇筑区域内墙、柱、梁、板各标号的混凝土用量,为项目物资部提供混凝土采购清单。当浇筑完成后将 BIM 统计的混凝土与商务、现场实际工程算量进行三方算量对比分析,发现混凝土使用过程中的问题,供项目部对混凝土用量进行管控。项目的混凝土用量统计已全部使用 BIM 模型自动进行,工作效率得到提高的同时加强了对混凝土使用过程中的管控,做到混凝土的精细化管理(见图7.23)。

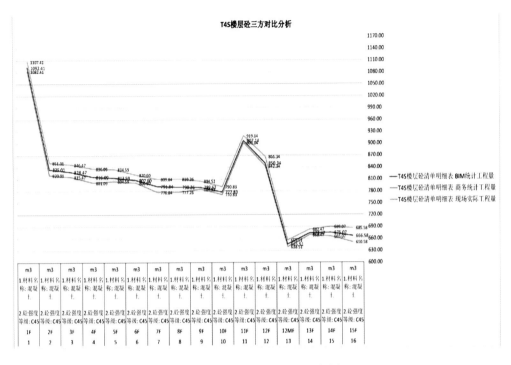

图 7.23　BIM 算混凝土量三方对比分析

（2）物资动态管理

项目订制开发了物资动态地图,可实时对进出场材料进行跟踪,确保项目现场近 3 000 人施工物资的调配、转运、调拨、进出场等高效管理。该系统还可将物资管理中的计划提报、供应管理收料、领料验收、结算办理集成到手机端与电脑同步处理,定期更新数据,定期堆码盘点公示。同时,可跟踪各施工层材料消耗的数量、积压情况,减小消耗成本（见图 7.24）。

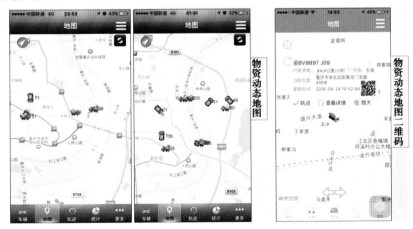

图 7.24　物资动态管理

5）基于 BIM 的质量面管理

（1）BIM 模型轻量化应用

项目将 BIM 模型进行轻量优化并上传至云端，通过模型生成的二维码信息直接与现场实体结构进行关联。通过用移动端扫描二维码，可以直接定位现场梁柱在模型中的位置。在模型中可以直接查看浇筑信息及施工班组进行辅助质量管控（见图7.25）。

图 7.25　模型轻量化应用

（2）移动端质量查询系统

项目使用 BIM 技术结合 aconex 移动端质量查询系统，施工过程中查看现场质量存在问题，并及时提交相关人员进行问题跟踪，责任到人，及时解决质量问题（见图7.26）。

图 7.26　移动端质量查询系统

6）基于 BIM 的安全管理

（1）安全逃生模拟

工程地库及裙楼空间大，结构复杂。为保障人员安全，项目通过 Revit+Navisworks 软件提前模拟施工现场逃生路线，并根据模拟后的最优路线在现场进行标识指引，保障人员生命的安全（见图 7.27）。

图 7.27　安全逃生模拟

（2）临边洞口识别预警

项目结构施工阶段,现场临边洞口众多,安全风险大。项目采用 Revit 结合项目的安全识别软件对项目模型提前进行安全临边位置模拟分析。确定临边洞口等安全隐患的位置,并对现场进行三维安全交底,合理部署安全防护措施,有效地清除现场安全隐患,保障现场施工安全(见图 7.28)。

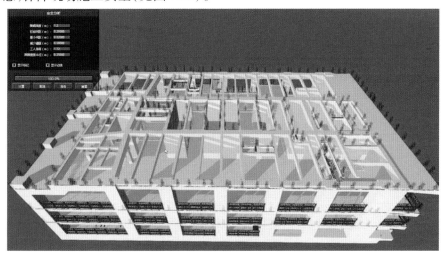

图 7.28　临边洞口识别预警

7)基于 BIM 的项目云端管理

项目根据工程需要开发了重庆来福士项目协同管理云平台。项目云平台主要用于项目过程中 BIM 数据管理、图纸管理、工作资料管理、工程建设信息大数据协同共享。同时,云平台与业主使用的 aconex 项目管理平台对接,协同其他参建单位工作,提升了项目的管理效率(见图 7.29)。

图 7.29　项目云端管理平台

7.3　BIM 创新技术应用

1）基于 BIM 模板智能放样配模系统

以项目为依托,进行了施工模板 BIM 放样系统开发。该系统可以通过项目已建成的梁、柱、墙板模型进行识别并直接生成施工模板 BIM 模型。施工模板模型检查无误后可直接生成配模装配图纸及料表,指导现场模板工程施工并节约项目成本(见图7.30)。

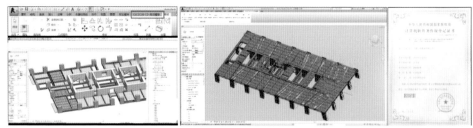

图 7.30　基于 BIM 模板智能放样配模系统

2）BIM 结合三维扫描

项目对已完主体结构进行三维扫描并生成实体的三维点云数据模型。在形成的点云数据模型中测量距离、楼层净高,并与全站仪测量数据对比分析,将分析得出的结果进行总结提炼,形成分析报告,为项目实体质量的检查提供依据。同时,将实体结构数据及时调整到施工 BIM 模型中,将修订后的施工 BIM 模型提供给安装、幕墙及装饰装修单位,作为下道工序施工的数据基础(见图 7.31)。

使用三维扫描对空中连廊整体提升段的合拢端口进行扫描,生成点云数据模型。使用点云数据模型进行虚拟预提升,提前发现问题并及时提出解决方案(见图 7.32)。

图 7.31　BIM 结合三维扫描实测

图 7.32　BIM 结合三维扫描虚拟预提升

3）基于 BIM 的标准化施工样板引路系统

利用 BIM 技术对细部构造的精细建模，定制施工的样板引路系统。在现场布置触摸显示屏，用于现场进行三维技术交底，指导现场施工，减少质量通病的发生（见图 7.33、图 7.34）。

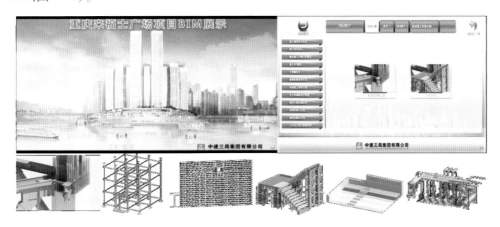

图 7.33　基于 BIM 的标准化施工样板引路系统

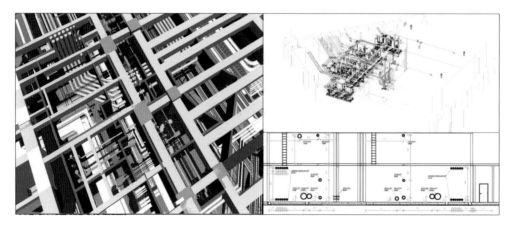

图 7.34　三维技术交底提升施工质量

4）BIM+3D 打印技术应用

项目独特的风帆造型及超高、超长空中连廊的建筑设计，导致项目的主体结构设计异常复杂。项目存在大量的劲性钢结构、混凝土结构复杂节点，为了保证复杂节点施工的顺利进行。项目通过 Revit 及 Tekla 软件进行建模，将导出的模型按照 1∶5 等比例缩放导入 3D 打印机中进行复杂节点模型打印。项目将 3D 打印的复杂节点用于论证施工工序及施工方案，辅助解决一系列复杂节点工序安装的难题。这不仅加强了技术指导的深度，同时提高了工效，避免了返工情况的发生（见图 7.35）。

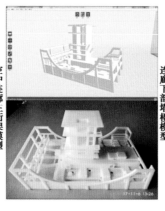
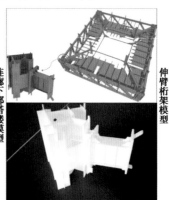

空中连廊土桁架模型　连廊下部塔楼模型　伸臂桁架模型

图 7.35　3D 打印模型

5）基于 BIM 的 VR 技术应用

VR 技术通过模型模拟仿真，将虚拟的模型信息应用到真实世界。带上 VR 眼镜，工程师就能以真实的比例对建筑模型进行观察。由于项目场地较为狭窄，不便于设立安全教育体验馆。项目为了保障对现场工人的安全教育，通过 BIM 技术对一些重大危险源进行安全模拟，结合 VR 技术对现场工人进行安全教育。同时，利用 VR 良好的交互性能，将项目复杂的施工样板进行 BIM 模拟，利用 VR 技术进行质量教育，辅助提高施工现场安全及质量的管理水平（见图 7.36）。

图 7.36　基于 BIM 的 VR 技术质量样板教育

6）BIM 应用效果

（1）深基坑图纸优化

通过 BIM 建模优化 4 栋塔楼深基坑设计。将大放坡开挖基坑优化变更为垂直支护开挖，减少土方开挖工程量 3 150 m³，节约 3 125 m³ 混凝土及 124 t 钢筋，减少资源浪费。

（2）空中连廊钢结构设计优化

通过 BIM 软件优化空中连廊次桁架截面尺寸及复杂节点的连接方式。减少空中连廊总用钢量 2.5%，节约钢材 225 t。

（3）安装管线综合优化预留预埋

将土建、机电安装提交的模型，导入文件 Navisworks 中，进行碰撞检查，无问题后出具管线综合预留图纸。与原结构预留图纸对比，减少二次开洞 345 处，减少现场返工的同时降低因错误下料及返工造成的材料损耗。

（4）BIM 指导现场施工模板放样

项目采用 BIM 模板配模系统出具的模板放样图纸，指导现场模板放样施工。节约项目总模板用量 34 万 m² 的 8%，减少损耗材料，节约资源。

（5）总平面布置方案对比优选

将施工现场场地、道路、堆场以及塔吊等施工机械的布置科学模拟，以满足现场施工需要、提高施工效率为原则，进行总平面优化。在桩基施工阶段，优化 ZSL380 塔吊布置 1 台。

（6）优化管线综合排布

将专业系统管线进行综合排布，减少现场管线碰撞和返工，提高工作效率，节省工期；并通过优化空间，为业主争取了车位等结构空中优化。

7）总结

建议设计阶段使用 BIM 技术进行正向设计，将设计模型直接传递到施工阶段，减少信息传递过程中的遗漏。同时，也需要施工单位全员使用 BIM 技术进行过程管理，保证交流过程中的信息通畅。项目 BIM 实施之前，做好项目 BIM 实施策划。项目 BIM 实施过程中先易后难，先实施点，以点带面逐渐铺开，最终将让 BIM 在实施过程中落地。

参考文献

［1］ Henry C.Huang.Efficiency of the motion amplification device with viscous dampers and its application in high-rise buildings［J］.Earthquake Engineering and Engineering Vibration,2009,8(04):521-536.

［2］ S.R. Pant and D.P.Adhikary. Implicit and Explicit Modelling of Flexural Buckling of Foliated Rock Slopes［J］. Rock Mech.Rock Engng. 1999,32(2).

［3］ YX. Zhang,K.Yin. Numerical simulation of exeavation of the permanent ship lock in the Three Gorges Frojecx Slope Stabilit Engineering.Yagi,YamagainceViang. 1999: 345-348.

［4］ Griffiths D V Lane P A. Slope stability analysis by finite element. Geotechnique. 1999, 49(3):93-99.

［5］ F. Tschuchnigg,H.F. Schweiger,S.W. Sloan. Slope stability analysis by means of finite element limit analysis and finite element strength reduction techniques. Part II: Back analyses of a case history［J］. Computers and Geotechnics,2015,70.

［6］ Antonio Moralea-Estcban,José Luis de Justo,J. Reyes,J. Miguel Azañón,Percy Durand,Francisco Martínez-Álvarez. Stability analysis of a slope subject to real accelerograms by finite elements. Application to San Pedro cliff at the Alhambra in Granada ［J］. Soil Dynamics and Earthquake Engineering,2015,69.

［7］ Hansoo Kim,Sukhee Cho.Column shortening of concrete cores and composite columns in a tall building［J］.The structural design of Tall and Special Buildings,2005 ,Vol. 14(2):173-190.

［8］ Changmin Kim,Hyojoo Son,Changwan Kim. Automated construction progress measurement using a 4D building information model and 3D data［J］. Automation in Construction,2013,31.

［9］ Frédéric Bosché. Plane-based registration of construction laser scans with 3D/4D building models［J］. Advanced Engineering Informatics,2011,26(1).

［10］ Pingbo Tang,Daniel Huber,Burcu Akinci,Robert Lipman,Alan Lytle. Automatic reconstruction of as-built building information models from laser-scanned point clouds:

A review of related techniques[J].Automation in Construction,2010,19(7).

[11] Chen Jingdao,Kira Zsolt,Cho Yong K.Deep Learning Approach to Point Cloud Scene Understanding for Automated Scan to 3D Reconstruction[J].Journal of Computing in Civil Engineering,2019,33(4)

[12] Hyojoo Son,Changwan Kim.3D structural component recognition and modeling method using color and 3D data for construction progress monitoring[J].Automation in Construction,2010,19(7).

[13] Qiqi Lu,Yuen Hung Wong.A BIM-based approach to automate the design and coordination process of mechanical,electrical,and plumbing systems[J].HKIE Transactions,2018,25(4).

[14] 朱立刚,柳杰,张长,等.重庆来福士广场北塔楼四巨柱体系研究与改进[J].建筑结构,2015,45(24):16-21.

[15] 刘志刚,侯悦琪,朱立刚,等.重庆来福士广场空中连桥减隔震设计[J].建筑结构,2015,45(24):9-15.

[16] 盖学武,林侨兴,杨登宝,等.重庆来福士广场场地稳定性分析与评估[J].建筑结构,2015,45(24):37-43.

[17] 张正维,杜平,Andrew Allsop,等.重庆来福士广场抗风设计[J].建筑结构,2015,45(24):29-36.

[18] 韩小娟,朱立刚,涂望龙,等.重庆来福士广场南塔结构设计[J].建筑结构,2015,45(24):1-8.

[19] 陈敏,戴超,武雄飞,等.驱动器全套管跟进旋挖成孔灌注桩施工技术[J].施工技术,2017,46(S1):212-214.

[20] 赵长江,黄和飞,刘五常,等.建筑工人安全遵守行为调查分析[J].环球市场,2017,(32):201.

[21] 王涛,侯春明,刘五常,等.BIM技术辅助建筑结构预留预埋深化设计研究[J].环球市场,2017,(32):292.

[22] 王江波,陈敏,黄和飞,等.临江地区复杂地质条件下大直径人工挖孔桩施工创新技术研究[J].施工技术,2018,47(01):11-14.

[23] 黄和飞,戴超,武雄飞,等.重庆来福士广场多层弧形吊柱高空无胎架支撑施工关键技术[J].施工技术,2018,47(S1):316-318.

[24] 侯春明,戴超,武雄飞,等.重庆来福士广场超高层大吨位外挂式塔式起重机附墙加固施工技术[J].施工技术,2018,47(23):7-10+23.

[25] 赵长江,侯春明,任志平,等.重庆来福士广场超高层施工电梯整体基础转换施工技术[J].施工技术,2018,47(23):11-14.

[26] 刘旭冉,侯春明,黄和飞,等.重庆来福士广场超大截面弧形SRC巨柱爬模施工关键技术[J].施工技术,2018,47(23):15-18.

[27] 刘旭冉,戴超,武雄飞,等.重庆来福士广场型钢混凝土组合伸臂结构施工关键技术[J].施工技术,2018,47(23):19-23.

[28] 侯春明,任志平,张兴志,等.重庆来福士广场高空超长水晶连廊设计与建造管理[J].施工技术,2018,47(23):1-6.

[29] 祝兆平,武杰,张兴志,等.超高层建筑斜向型钢混凝土组合柱的斜率控制[J].建筑施工,2018,40(03):350-352.

[30] 侯春明,任志平,张兴志,等.重庆来福士广场(A标段)项目BIM技术应用[J].中国高新科技,2018(22):26-32.

[31] 黄和飞,张兴志,戴超,等.临江景区群体建筑零场地施工组织探索与实践[J].施工技术,2018,47(S4):1020-1022.

[32] 王涛,任志平,戴超,等.钢混组合结构超大截面叠合梁施工技术[J].施工技术,2018,47(S4):678-681.

[33] 侯春明,戴超,武雄飞,等.重庆来福士广场超高层大吨位外挂式塔式起重机附墙加固施工技术[J].施工技术,2018,47(23):7-10+23.

[34] 张昊楠,任志平,张兴志,等.BIM和现实捕捉技术在重庆来福士广场超高层空中连廊数字预拼装中的应用[J].施工技术,2019,48(12):8-11.

[35] 侯春明,任志平,张兴志,等.多塔超长空中水晶连廊深化设计管理[J].施工技术,2019,48(18):4-7+19.

[36] 刘旭冉,侯春明,戴超,等.重庆来福士广场风帆塔楼弧曲面幕墙施工关键技术[J].施工技术,2019,48(18):1-3+15.

[37] 刘旭冉,任志平,侯春明,等.重庆来福士广场异形建筑升降机超远附着关键技术[J].施工技术,2019,48(18):8-10.

[38] 黄和飞,刘旭冉,侯春明,等.超高层外附塔式起重机钢基础整体存储及爬升优化技术[J].施工技术,2018,47(S4):1740-1742.

[39] 朱立刚,柳杰,张长,等.重庆来福士广场北塔楼四巨柱体系研究与改进[J].建筑结构,2015,45(24):16-21.

[40] 刘志刚,侯悦琪,朱立刚,等.重庆来福士广场空中连桥减隔震设计[J].建筑结构,2015,45(24):9-15.

[41] 盖学武,林侨兴,杨登宝,等.重庆来福士广场场地稳定性分析与评估[J].建筑结构,2015,45(24):37-43.

[42] 张正维,杜平,Andrew Allsop,等.重庆来福士广场抗风设计[J].建筑结构,2015,45(24):29-36.

[43] 韩小娟,朱立刚,涂望龙,等.重庆来福士广场南塔结构设计[J].建筑结构,2015,45(24):1-8.